高等学校教学改革系列教材

概率论与数理统计

主 编 孙 妍

副主编 谢玉粉 杨 洁 周 平

参 编 亢芳圆 赵建喜 邹庆荣 王 娜

机械工业出版社

本书是高等学校"概率论与数理统计"课程教材。前 5 章是概率论基本内容，包括概率论的基本概念、随机变量及其分布、多维随机变量及其分布、随机变量的数字特征、极限定理等，为接下来学习数理统计准备必要的理论基础；后 3 章是在概率论基础上介绍数理统计方法，内容包括数理统计基础知识、参数估计、假设检验等，以帮助学生分析解决实际问题。每章后均附有 R 实验，方便读者实践练习。

　　本书可作为普通高等院校理工、经管类各专业本科生的概率统计教材，也可作为相关科研人员的参考书。

图书在版编目（CIP）数据

概率论与数理统计/孙妍主编 . —北京：机械工业出版社，2023.12
（2025.1 重印）
高等学校教学改革系列教材
ISBN 978-7-111-74211-1

Ⅰ. ①概⋯　Ⅱ. ①孙⋯　Ⅲ. ①概率论-高等学校-教材②数理统计-高等学校-教材　Ⅳ. ①O21

中国国家版本馆 CIP 数据核字（2023）第 214765 号

机械工业出版社（北京市百万庄大街 22 号　邮政编码 100037）
策划编辑：韩效杰　　　　　　　责任编辑：韩效杰　李　乐
责任校对：龚思文　李　婷　　　封面设计：王　旭
责任印制：单爱军
北京虎彩文化传播有限公司印刷
2025 年 1 月第 1 版第 2 次印刷
184mm×260mm · 16.5 印张 · 396 千字
标准书号：ISBN 978-7-111-74211-1
定价：51.90 元

电话服务　　　　　　　　　　　网络服务
客服电话：010- 88361066　　　机　工　官　网：www.cmpbook.com
　　　　　010- 88379833　　　机　工　官　博：weibo.com/cmp1952
　　　　　010- 68326294　　　金　书　网：www.golden- book.com
封底无防伪标均为盗版　　　机工教育服务网：www.cmpedu.com

前　言

随着各学科交叉融合的深化，数学已普遍成为各专业的科学工具。概率论与数理统计课程是学生掌握数学工具的主要课程，是学生培养理性思维的主要载体，概率论与数理统计的理论和方法已经广泛地应用于自然科学、技术科学和社会科学的各个领域，也正成为处理信息、制定决策、进行科学计算的重要理论和方法。为发挥概率论与数理统计课程作为一门高校学生必修的公共基础课程在价值引领、知识传递、能力培养等方面的作用，本书编写组以教材建设为起点，以课程改革为目的，以培养学生为目标，力争建设一本适应时代发展、适应不同时期学生的兴趣取向、适应不同专业学生的后续课程的立体式教材。

编者在长期的教学实践中立足于北京信息科技大学信息特色和军工特色，不断进行教学内容的改革和积累，因此，本书的内容（特别是例题）更贴合新时代中国的发展变化，通过概率统计的视角引导学生观察世界，理解事物变化规律，从而激发学生的学习兴趣。本书每章都设有"R实验"，结合计算机手段，使学生能够利用R语言编程实现对实际问题的建模和解决，从应用的角度提升学生对概率统计课程的学习动力，真正做到理论联系实际。

本书第1、第5章由孙妍、王娜编写，第2、第3章由杨洁编写，第4章由邹庆荣编写，第6章由亢芳圆编写，第7章由赵建喜编写，第8章由谢玉粉编写，全书"R实验"部分由周平编写，全书由孙妍统稿。

限于编者水平，本书中的不妥和谬误之处在所难免，欢迎广大读者批评指正。

编　者

扫码查看下载本书源代码

目　录

第 1 章

概率论的基本概念

什么是概率？在日常生活中，我们经常会说出"据说今天下雨的概率是 30%，我出门不想带伞了"或者"这次考试我大概有 80% 的概率能通过"之类的话。这时候，概率指的是人们对自己的说法的确信程度的一种度量，或者是表明了人们对某种情况（事件）的主观估计，被称为"主观概率"。而这里介绍的概率主要基于著名数学家柯尔莫哥洛夫在 1933 年出版的《概率论基础》一书中提出的概率论公理体系。概率论是研究随机现象统计规律性的数学分支。那么，我们首先就要了解什么是随机现象，以及与之相关的样本空间等概念。

1.1 样本空间与随机事件

1.1.1 随机现象与随机试验

在自然界和人类社会中存在着两类现象。

一类现象是在一定条件下必然会发生某种确定结果的现象，例如：在一个标准大气压下，水加热到 100℃ 时必然会沸腾；在没有外力作用的条件下，一个运动的物体必然做等速直线运动等。这类现象称为**确定性现象**。

还有一类现象是在一定条件下进行观察和试验时，其结果不能事先确定的现象，例如：抛掷一枚硬币，可能出现正面也可能出现反面，在抛掷前不能断定必然会出现哪一面。这类现象称为**随机现象**。

随机现象在一次试验和观察中结果不确定，呈现出偶然性，但是在大量的试验和观察中却呈现出某种规律性。例如：同一门炮射出的炮弹落点虽然不同，但这些落点形成一个椭圆，中心处密集，边缘处稀疏，而且每天射击后的落点分布大致相同；销售同一种货物，每一天的销售量不等，但是记录观察每一年当中的月销售量数据却发现呈现大致相同的波动性。这说明随机现象中蕴含着某种确定的规律，这种规律只有在大量的试验和观察中才能显现出来，这种试验被称为**随机试验**。

随机试验具有以下特征：

1）在相同条件下，该试验可以重复进行；

2）试验的结果不止一个，每次试验只能出现其中一个结果且事先不能断定必然要出现哪个结果；

3）能够事先明确试验的所有可能结果。

由于试验出现什么结果不能事先确定，故呈现随机性，但因试验能重复进行，从而可以从大量的试验观测中寻求其统计规律。这一点很重要，它说明概率论研究的随机现象并不是孤立的、不能再现的、纯属偶然的现象。

本书中以后提到的试验全部指随机试验。

1.1.2 样本空间

定义 1.1 试验中每个可能出现的结果叫作**样本点**，全体样本点构成的集合叫作**样本空间**（sample space），记为 S。

以下是样本空间的一些例子。

例 1.1.1 若试验是观察新生儿的性别，那么所有可能结果的集合

$$S = \{g, b\}$$

是一个样本空间，其中 g 表示"女孩"，b 表示"男孩"。

例 1.1.2 若试验是对目标进行射击，直到击中目标为止。若用"0"表示未击中，用"1"表示击中来表示每次射击的结果，则这个试验的可能结果有

$e_1 =$ "1"（第一次射击就击中目标），

$e_2 =$ "01"（第一次未击中，第二次射击才击中目标），

$\vdots$

$e_n =$ "0$\cdots$01"（前 n-1 次未击中，第 n 次射击才击中目标），

$\vdots$

这个试验有无穷多个可能结果，样本空间

$$S = \{e_1, e_2, \cdots, e_n, \cdots\}。$$

例 1.1.3 若试验是检查一部手机的使用寿命，那么 $[0, +\infty)$ 中的任意实数都有可能是某部手机的寿命，因而样本空间

$$S = [0, +\infty) \text{ 或 } S = \{t : t \geq 0\},$$

其中 t 表示手机寿命。

例 1.1.4 若试验是观察一门大炮在同一发射条件下射击时炮弹的落点，则每个落点都是一个样本点。若在地面上建立一个坐标系，则每一个样本点都是一个二维向量 (x,y)，$x,y \in R$，我们可以把整个平面作为样本空间，即

$$S = \{(x,y): x,y \in R\}$$

应该注意的是，样本点和样本空间是由试验进行的条件和方式决定的，当试验进行的条件和方式改变时，应当看作另一个试验，所得到的样本空间也不一样。例如：

例 1.1.5 从数字 1，2，3，4，5 中任取两个数，但取的方式不一样，得到的样本空间也不同。

1）如果取出的两个数不计次序，则样本点有 10 个，分别是

$$
\begin{array}{cccc}
(1,2) & (1,3) & (1,4) & (1,5) \\
& (2,3) & (2,4) & (2,5) \\
& & (3,4) & (3,5) \\
& & & (4,5)
\end{array}
$$

2）如果每次取一个数，取后不放回，连续取两次，则样本点有 20 个。此时，$(1,2)$ 和 $(2,1)$ 是两个不同的样本点，样本空间中除包含 1）的样本点外，还包含两个数字交换位置后的样本点。

3）如果每次取一个数，取后放回，连续取两次，则样本点有 25 个。此时，样本空间中除包含 2）的样本点外，还要加上 $(1,1)$，$(2,2)$，$(3,3)$，$(4,4)$，$(5,5)$。

1.1.3 随机事件

定义 1.2 样本空间 S 中具有某种性质的样本点构成的集合称为**随机事件**，简称为**事件**。

随机事件是样本空间的子集，通常用字母 $A,B,\cdots$ 或 $A_i, i=1, 2,\cdots$ 表示。例如在例 1.1.5 的 1）中，可以用字母 A 表示事件"所取的两个数字中包含数字 1"，即 $A = \{(1,2),(1,3),(1,4), (1,5)\}$。

关于定义 1.2，有以下几点说明：

1）仅包含一个样本点的事件称为**基本事件**，它是一个单点集。

2）事件 A 发生当且仅当 A 中某一样本点出现。

3）任何一个样本空间都有两个特殊的子集，即空集∅和 S 自身。空集∅不包含任何一个样本点，它在任何一次试验中都不可能发生，因此称空集∅为**不可能事件**；而 S 包含所有样本点，它在每次试验中必然发生，因此称 S 为**必然事件**。

在概率论中常用一个长方形表示样本空间 S，用圆或其他几何图形表示事件 A，这类图形称为维恩（Venn）图，接下来用集合的运算表示随机事件之间的关系时，我们会使用维恩图进行直观的展示。

1.1.4　事件间的关系与运算

因为随机事件的本质是一个集合，那么很自然地事件间的关系和运算可以按照集合之间的关系和运算来表示，事件间的关系和集合间的关系一样主要有以下三种：

（1）**事件的包含**　设在同一个试验中有两个事件 A 与 B，若事件 A 中的任一样本点必在 B 中，则称 A 包含于 B，或 B 包含 A，记为 $A \subset B$ 或 $B \supset A$，这时，事件 A 的发生导致事件 B 的发生，如图 1-1 所示。例如，抛掷一枚骰子，观察出现的点数时，事件 A = "出现 1 点"必然导致事件 B = "出现奇数点"的发生，此时 $A \subset B$。

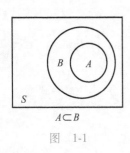

$A \subset B$

图　1-1

（2）**事件的相等**　设在同一个试验中有两个事件 A 与 B，若 $A \subset B$ 的同时，$B \subset A$，则 $A = B$。

（3）**事件的互不相容**　设在同一个试验中有两个事件 A 与 B，若两个事件没有相同的样本点，则称 A 与 B 互不相容，也叫作 A 与 B 互斥，这时，事件 A 与 B 不可能同时发生，如图 1-2 所示。例如，抛掷一枚硬币时，正面和反面就不可能同时向上。

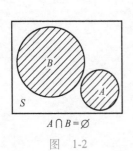

$A \cap B = \emptyset$

图　1-2

两个事件的互不相容性可以推广到多个事件的互不相容性。设在同一个试验中有 n 个事件 $A_1, A_2, \cdots, A_n$，若其中任意两个事件都互不相容，则称这 n 个事件互不相容。例如，抛掷一枚骰子，观察出现的点数时，事件"出现 1 点"和"出现 2 点""出现 3 点"等这些基本事件都是两两互不相容的。

事件的基本运算有四种：和、对立、积和差，对应集合的四种基本运算：并、余、交和差。

（1）**和事件**　由事件 A 和事件 B 中所有样本点组成的一个新事件，称为事件 A 和事件 B 的和事件，记作 $A \cup B$，如图 1-3 所示，这时，事件 A 和事件 B 当中至少有一个发生。

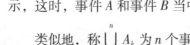

图 1-3　$A \cup B$

类似地，称 $\bigcup\limits_{k=1}^{n} A_k$ 为 n 个事件 $A_1, A_2, \cdots, A_n$ 的和事件，称 $\bigcup\limits_{k=1}^{\infty} A_k$

为可列多个事件 $A_1, A_2, \cdots$ 的和事件。

（2）**对立事件**　设 A 表示"事件 A 出现"，则"事件 A 不出现"称为事件 A 的对立事件或逆事件，记作 $\bar{A}$，如图 1-4 所示。

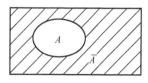

图 1-4　A 的对立事件

由图可知，对立事件和互斥事件的最大区别是，一对对立事件构成整个样本空间，即 $A \cup B = S$ 且 $AB = \varnothing$。

（3）**积事件**　由事件 A 和事件 B 中公共的样本点组成的一个新事件称为两个事件的交或积事件，记为 $A \cap B$ 或 AB，如图 1-5 所示，这时，事件 A 和事件 B 同时发生。

类似地，称 $\bigcap\limits_{k=1}^{n} A_k$ 为 n 个事件 $A_1, A_2, \cdots, A_n$ 的积事件，称 $\bigcap\limits_{k=1}^{\infty} A_k$ 为可列多个事件 $A_1, A_2, \cdots$ 的积事件。

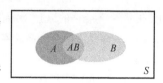

图 1-5　积事件

（4）**事件的差**　由事件 A 出现而事件 B 不出现所组成的事件称为事件 A 与 B 的差，记作 $A-B$，如图 1-6 所示，$A-B = A \cap \bar{B}$。

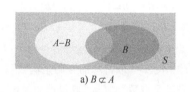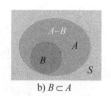

a) $B \not\subset A$　　　b) $B \subset A$

图 1-6　两种情况下的 A 与 B 的差

除了这些基本运算外，还有下述常用运算规律。设 A, B, C 为事件，则有：

（1）**交换律**　$A \cup B = B \cup A$，$AB = BA$。

（2）**结合律**　$(A \cup B) \cup C = A \cup (B \cup C)$，$(AB)C = A(BC)$。

（3）**分配律**　$(A \cup B) \cap C = (A \cap C) \cup (B \cap C) = AC \cup BC$，

$(A \cap B) \cup C = (A \cup C) \cap (B \cup C) = (A \cup C)(B \cup C)$。

（4）**德·摩根律**　$\overline{A \cup B} = \bar{A} \cap \bar{B}$，$\overline{A \cap B} = \bar{A} \cup \bar{B}$。

请读者自行画出以上规律的维恩图并理解事件之间的关系。

例 1.1.6　设 A, B, C 表示三个随机事件，试将下列事件用 A, B, C 表示出来。

（1）A 出现，B，C 不出现；

（2）三个事件中至少有一个出现；

（3）三个事件都不出现；

（4）三个事件中恰好有两个出现。

解　（1）$A\bar{B}\bar{C}$；（2）$A \cup B \cup C$；（3）$\bar{A}\bar{B}\bar{C}$；

（4）$AB\bar{C} + A\bar{B}C + \bar{A}BC$。

习题 1.1

1. 写出下列随机事件的样本空间 S：

(1) 记录一个班一次数学考试的平均分数（设以百分制记分）；

(2) 生产产品直到有 10 件正品为止，记录生产产品的总件数；

(3) 对某工厂出厂的产品进行检查，合格的记上"正品"，不合格的记上"次品"，如连续查出了 2 件次品或已检查了 4 件产品就停止检查，记录检查的结果；

(4) 在单位圆内任取一点，记录它的坐标；

(5) 将一尺之棰折成三段，观察各段的长度。

2. 写出下列随机试验的样本空间 S 与随机事件 A：

(1) 抛掷三枚均匀的硬币，事件 A = "至少两枚硬币是正面朝上"；

(2) 对一密码进行破译，记录破译成功时总的破译次数，事件 A = "总次数不超过 8 次"；

(3) 从一批手机中随机选取一个，测试它的电池使用时间长度，事件 A = "使用时间在 72~108h 之间"。

3. 设 A,B,C 为三个事件，用 A,B,C 的运算关系表示下列各事件：

(1) A 发生，B 与 C 不发生；

(2) A 与 B 都发生而 C 不发生；

(3) A,B,C 中至少有一个发生；

(4) A,B,C 都发生；

(5) A,B,C 都不发生；

(6) A,B,C 中不多于一个发生；

(7) A,B,C 中不多于两个发生；

(8) A,B,C 中至少有两个发生。

4. 设三个元件的寿命分别为 T_1,T_2,T_3，它们并联成一个系统，则只要有一个元件能正常工作，系统便能正常工作，事件"系统的寿命超过 t"可表示为（　　）。

(A) $\{T_1+T_2+T_3>t\}$

(B) $\{T_1T_2T_3>t\}$

(C) $\{\min\{T_1,T_2,T_3\}>t\}$

(D) $\{\max\{T_1,T_2,T_3\}>t\}$

5. A,B 是两个事件，则下列关系正确的是（　　）。

(A) $(A-B)\cup B=A$ 　　　(B) $AB\cup(A-B)=A$

(C) $(A\cup B)-B=A$ 　　　(D) $(AB\cup A)-B=A$

6. 袋中有 10 个球，分别编有号码 1~10，从中任取一球，设 A = "取得球的号码是偶数"，B = "取得球的号码是奇数"，C = "取得球的号码小于 5"，问下列运算表示什么事件？

(1) $A\cup B$；　(2) AB；　(3) AC；　(4) $\overline{AC}$；

(5) $\overline{A}\cap\overline{C}$；　(6) $\overline{B\cup C}$；　(7) $A-C$。

7. 一批产品中有合格品和废品，从中有放回地抽取三个产品，设事件 A_i = "第 i 次抽到废品"，试用 A_i 的运算表示下列各事件：

(1) 第一次、第二次中至少有一次抽到废品；

(2) 只有第一次抽到废品；

(3) 三次都抽到废品；

(4) 至少有一次抽到合格品；

(5) 只有两次抽到废品。

1.2 概率的公理化定义与性质

事件的概率是事件本身的固有属性，是一个确定的数，不会因为某一次具体的试验出现的结果而改变。它和物体的长度、面积、质量等概念一样，是客观存在的，不以人的意志而变化。概率的客观存在性的一个重要证据就是事件出现的频率呈现稳定性。

定义 1.3 将试验重复进行 n 次，其中事件 A 出现了 k 次（$0\leqslant k\leqslant n$），则比值 k/n 就叫作事件 A 出现的频率，记为 $\mu(A)$。

根据频率的定义，不难证明频率具有以下性质：

（1）$0\leqslant\mu(A)\leqslant1$；

（2）$\mu(S)=1$，$\mu(\varnothing)=0$；

（3）若 $A_1,A_2,\cdots,A_k$ 是两两互不相容的事件，则

$$\mu(A_1\cup A_2\cup\cdots\cup A_k)=\mu(A_1)+\mu(A_2)+\cdots+\mu(A_k)。$$

历史上，很多数学家通过抛掷硬币的数学试验（见表1-1）验证了频率虽然不是一个固定的数字，即随着试验次数 n 的不同，事件 A 出现的频率也不相同，但是，频率总会围绕一个固定不变的常数上下波动，这个常数正是事件 A 的概率，它反映了一个事件在试验中发生的可能性大小。

表 1-1 抛硬币试验

实验者	n	k	$\mu(A)$
德·摩根	2048	1061	0.5181
蒲丰	4040	2048	0.5069
皮尔逊	12000	6019	0.5016
皮尔逊	24000	12012	0.5005

大量试验证明，当试验次数 n 增大的时候，频率与概率的偏差越来越小，只是偶尔有较大的偏差，这种性质叫作频率的稳定性，我们将在本书的极限理论部分给出它的理论证明。

正是从频率的稳定性和频率的性质得到了启发，著名的**概率的公理化定义**得以提出。

定义 1.4 假设一个随机试验的样本空间为 S，对于 S 中的任意一个随机事件 A，定义一个数 $P(A)$，如果 $P(A)$ 满足以下三个条件：

（1）非负性 对于每一个事件 A，有 $P(A)\geqslant0$；

（2）规范性 对于必然事件 S，有 $P(S)=1$；

（3）可列可加性 设 $A_1,A_2,\cdots$ 是两两互不相容的事件，即对于 $A_iA_j=\varnothing,i\neq j,i,j=1,2,\cdots$，则有

$$P(A_1\cup A_2\cup\cdots)=P(A_1)+P(A_2)+\cdots,$$

则称 $P(A)$ 为随机事件 A 的概率。

由概率的定义，可以推导出一些概率的重要性质，具体如下：

性质 1 $P(\varnothing)=0$。

证 令 $A_n=\varnothing(n=1,2,\cdots)$，则 $\bigcup\limits_{n=1}^{\infty}A_n=\varnothing$，且 $A_iA_j=\varnothing,i\neq j$，$i,j=1,2,\cdots$，由概率的可列可加性得

$$P(\varnothing)=P\left(\bigcup_{n=1}^{\infty}A_n\right)=\sum_{n=1}^{\infty}P(A_n)=\sum_{n=1}^{\infty}P(\varnothing)。$$

再由概率的非负性可知 $P(\varnothing)\geqslant 0$，故 $P(\varnothing)=0$。

性质 2（有限可加性） 若 $A_1,A_2,\cdots,A_n$ 是两两互不相容的事件，则有

$$P(A_1\cup A_2\cup\cdots\cup A_n)=P(A_1)+P(A_2)+\cdots+P(A_n)。$$

证 令 $A_{n+1}=A_{n+2}=\cdots=\varnothing$，则 $A_iA_j=\varnothing$，$i\neq j,i,j=1,2,\cdots$。由概率的可列可加性得

$$P(A_1\cup A_2\cup\cdots\cup A_n)=P\left(\bigcup_{k=1}^{\infty}A_k\right)=\sum_{k=1}^{\infty}P(A_k)=\sum_{k=1}^{n}P(A_k)+0$$
$$=P(A_1)+P(A_2)+\cdots+P(A_n)。$$

性质 3 设 A，B 为两个事件，且 $A\subset B$，则
$$P(A)\leqslant P(B)，\quad P(B-A)=P(B)-P(A)。$$

证 因为 $A\subset B$，所以 $B=A\cup(B-A)$。又 $(B-A)\cap A=\varnothing$，得 $P(B)=P(A)+P(B-A)$。于是 $P(B-A)=P(B)-P(A)$。又因 $P(B-A)\geqslant 0$，故 $P(A)\leqslant P(B)$。

性质 4 对于任一事件 A，$P(A)\leqslant 1$。

证 因为 $A\subset S$，由性质 3 得 $P(A)\leqslant P(S)=1$，故 $P(A)\leqslant 1$。

性质 5 设 $\bar{A}$ 是 A 的对立事件，则 $P(\bar{A})=1-P(A)$。

证 因为 $A\cup\bar{A}=S$，$A\cap\bar{A}=\varnothing$，$P(S)=1$，所以
$$1=P(S)=P(A\cup\bar{A})=P(A)+P(\bar{A})。$$

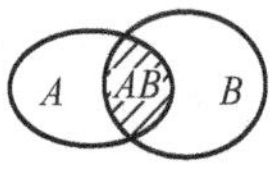

图 1-7 事件 A 与
B 间的关系

性质 6（加法公式） 对于任意两事件 A，B 有
$$P(A\cup B)=P(A)+P(B)-P(AB)。\tag{1.1}$$

证 由图 1-7 可得 $A\cup B=A+(B-AB)$，
且 $A\cap(B-AB)=\varnothing$，故 $P(A\cup B)=P(A)+P(B-AB)$。

又由性质 3 得　　　　$P(B-AB)=P(B)-P(AB)$，

故　　　　　　　　$P(A\cup B)=P(A)+P(B)-P(AB)$。

两个事件的加法公式还能推广到多个事件的情况。设 A_1,A_2，A_3 为试验中任意三个事件，则有

$$P(A_1\cup A_2\cup A_3)=P(A_1)+P(A_2)+P(A_3)-P(A_1A_2)-P(A_2A_3)-$$
$$P(A_1A_3)+P(A_1A_2A_3)。 \tag{1.2}$$

对于任意 n 个事件 $A_1,A_2,\cdots,A_n$，可以用数学归纳法证明

$$P(A_1\cup A_2\cup\cdots\cup A_n)=\sum_{i=1}^{n}P(A_i)-\sum_{1\le i<j\le n}P(A_iA_j)+$$
$$\sum_{1\le i<j<k\le n}P(A_iA_jA_k)+\cdots+(-1)^{n-1}P(A_1A_2\cdots A_n)。$$
$$\tag{1.3}$$

例 1.2.1　设 $P(A)=\dfrac{1}{4}$，$P(B)=\dfrac{1}{2}$，若 $P(AB)=\dfrac{1}{9}$，求 $P(B\overline{A})$。

解　由事件的运算性质可知 $B\overline{A}=B-A=B-AB$，而 $AB\subset B$，故有

$$P(B\overline{A})=P(B)-P(AB)=\dfrac{1}{2}-\dfrac{1}{9}=\dfrac{7}{18}。$$

习题 1.2

1. 随机事件 A 与 B 互不相容，且 $A=B$，则 $P(A)=$ _____。

2. 如果事件 A，B，C 两两互不相容，$A+B+C=S$，则 $\overline{A}+\overline{B}+\overline{C}$ 与 S 的关系为 _____，$\overline{A}\,\overline{B}$ 与 $\varnothing$ 的关系为 _____。

3.（1）设 A，B，C 是三个事件，且 $P(A)=P(B)=P(C)=\dfrac{1}{4}$，$P(AB)=P(BC)=0$，$P(AC)=\dfrac{1}{8}$，求 A，B，C 至少有一个发生的概率；

（2）已知 $P(A)=\dfrac{1}{2}$，$P(B)=\dfrac{1}{3}$，$P(C)=\dfrac{1}{5}$，$P(AB)=\dfrac{1}{10}$，$P(AC)=\dfrac{1}{15}$，$P(BC)=\dfrac{1}{20}$，$P(ABC)=\dfrac{1}{30}$，求 $A\cup B$，$\overline{A}\,\overline{B}$，$A\cup B\cup C$，$\overline{A}\,\overline{B}\,\overline{C}$，$\overline{A}\,\overline{B}\,C$，$\overline{A}\,\overline{B}\cup C$ 的概率；

（3）已知 $P(A)=\dfrac{1}{2}$，①若 A，B 互不相容，求 $P(A\overline{B})$，②若 $P(AB)=\dfrac{1}{8}$，求 $P(A\overline{B})$。

4. 设 A，B 是两个事件，

（1）已知 $A\overline{B}=\overline{A}B$，验证 $A=B$；

（2）验证事件 A 和事件 B 恰有一个发生的概率为 $P(A)+P(B)-2P(AB)$。

5. 已知 $P(B)=0.4$，$P(AB)=0.2$，$P(A\overline{B})=0.6$，则 $P(\overline{A}\,\overline{B})=$ _____。

6. 若 $P(AB)=0$，则（　　）。

(A) A 与 B 不相容

(B) $\overline{A}$ 与 $\overline{B}$ 不相容

(C) $P(A-B)=P(A)$

(D) $P(A-B)=P(A)-P(B)$

7. 设 A 与 B 是任意两个概率不为 0 的不相容事件，则下列结论中肯定正确的是（　　）。

(A) $\overline{A}$ 与 $\overline{B}$ 不相容　　(B) $\overline{A}$ 与 $\overline{B}$ 相容

(C) $P(AB)=P(A)P(B)$　(D) $P(A-B)=P(A)$

8. 设当事件 A 与 B 同时发生时，事件 C 必发

生，则（　　）。

 （A）$P(C) \leqslant P(A) + P(B) - 1$

 （B）$P(C) \geqslant P(A) + P(B) - 1$

 （C）$P(C) = P(AB)$

 （D）$P(C) = P(A \cup B)$

 9. 设 A, B 是两个事件，已知 $P(A) = 0.5$，$P(B) = 0.7$，$P(A \cup B) = 0.8$，试求：

 （1）$P(AB)$；（2）$P(A-B)$；（3）$P(B-A)$。

 10. 对任意的随机事件 A, B, C，证明：

 （1）$P(AB) \geqslant P(A) + P(B) - 1$；

 （2）$P(AB) + P(AC) + P(BC) \geqslant P(A) + P(B) + P(C) - 1$。

 11. 设 $P(A) = 0.6$，$P(B) = 0.7$，证明 $0.3 \leqslant P(AB) \leqslant 0.6$。

1.3 古典概型（等可能概型）中概率的直接计算

  在很多试验中，一个很自然的假设是，样本空间中的样本点出现的可能性都是一样的，例如抛掷一枚骰子观察出现的点数，对产品的合格率进行抽样检查等。在这种情况下，事件的概率可以直接计算，并且在概率论开始形成时研究的就是这种类型的问题，因此这一类型的试验被称为古典概型，也叫作等可能概型。

1.3.1 古典概型定义及概率计算公式

  定义 1.5 若随机试验具有以下性质：

  （1）只有有限个样本点；

  （2）每个样本点在试验中出现的可能性相同，

则称此试验为古典概型，或等可能概型。

  需要注意的是，等可能性的确定是否正确，要受到实践的检验。例如，婴儿的性别只有男性和女性两个可能结果，但它们不具有等可能性。历史上做过大量的统计，发现男婴的出现频率总是在 $\frac{22}{43} \approx 0.5116$ 左右摆动。因此，在实际问题中，要先判断其基本事件是否具有等可能性。

  对于古典概型，不妨设其样本空间为 $S = \{e_1, e_2, \cdots, e_n\}$，由基本事件的等可能性得

$$P(\{e_1\}) = P(\{e_2\}) = \cdots = P(\{e_n\})。$$

又由于基本事件是两两互不相容的，于是

$$P(\{e_1\}) + P(\{e_2\}) + \cdots + P(\{e_n\}) = 1，$$

因此， $P(\{e_1\}) = P(\{e_2\}) = \cdots = P(\{e_n\}) = \dfrac{1}{n}$。

  若随机事件 A 包含 k 个基本事件，则

$$P(A) = \frac{\text{事件 } A \text{ 中包含的基本事件数}}{\text{样本空间 } S \text{ 中包含的基本事件数}} = \frac{k}{n}。 \qquad (1.4)$$

式(1.4)就是古典概型中事件概率的计算公式。下面将通过一些例子说明如何使用式(1.4)计算古典概型中事件的概率，这要涉及一些排列组合知识。

1.3.2　常用排列与组合公式

排列与组合是两类计数公式，它们的推导主要基于以下两条原理：

1. 加法原理

完成一件事有 k 类方法，第一类方法中有 m_1 种不同方法，第二类方法中有 m_2 种不同方法，$\cdots$，第 k 类方法中有 m_k 种不同方法，则完成此件事的不同方法数为 $m_1 + m_2 + \cdots + m_k$。

例如，由城市 A 到城市 B 旅游，有飞机 3 个班次，火车 6 个班次(见图 1-8)，则由城市 A 到城市 B 共有 $3+6=9$ 种出行方式供选择。

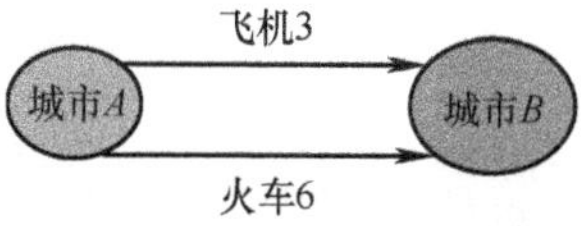

图 1-8　城市 A 到城市 B 的出行方式

2. 乘法原理

完成一件事需 k 个步骤，完成第一步有 m_1 种不同方法，完成第二步有 m_2 种不同方法，$\cdots$，完成第 k 步有 m_k 种不同方法，则完成此件事的不同方法数为 $m_1 \times m_2 \times \cdots \times m_k$。

例如，由城市 A 到城市 B 有 9 种出行方式供选择，由城市 B 到城市 C 有 6 种出行方式供选择，则由城市 A 途径城市 B 去往城市 C 共有 $9 \times 6 = 54$ 种出行方式可供选择，如图 1-9 所示。

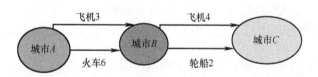

图 1-9　城市 A 到城市 B 再到城市 C 的出行方式

3. 排列

(1) 从 n 个不同元素中，不放回地取出 $r(r \leqslant n)$ 个元素，按一定次序排成一排，则排列数为 $A_n^r = n(n-1)(n-2) \cdots (n-r+1)$。

(2) 从 n 个不同元素中，有放回地取出 $r(r \leqslant n)$ 个元素，按一定次序排成一排，则排列数为 n^r。

4. 组合

从 n 个不同元素中，任意取出 $r(r \leqslant n)$ 个元素，不考虑取出的元素的顺序，则组合数为 $\quad C_n^r = \binom{n}{r} = \dfrac{n!}{r!(n-r)!} = \dfrac{A_n^r}{r!}$。

1.3.3 古典概型常见案例

视频：随机抽样

例 1.3.1（随机抽样） 设有 N 件产品，其中有 M 件次品，今从中任取 n 件，问其中恰有 $m(m \leqslant M)$ 件次品的概率是多少？

解 抽样方式通常有两种：有放回抽样和无放回抽样。顾名思义，有放回抽样指的是一次取一件产品，检测后放回产品中，以备下次抽样；无放回抽样指的是取出检测的产品不再参与下一次抽样。接下来，我们将分两种情况分别计算恰好抽到 $m(m \leqslant M)$ 件次品的概率。

（1）**不放回抽样** 在 N 件产品中抽取 n 件，取法共有 $\binom{N}{n}$ 种，又在 M 件次品中抽取 m 件，取法共有 $\binom{M}{m}$ 种，同时还要考虑到剩下的 $n-m$ 件产品是从 $N-M$ 件正品中取到的，因此取法共有 $\binom{N-M}{n-m}$ 种。由乘法原理知：在 N 件产品中取 n 件，其中恰有 $m(m \leqslant M)$ 件次品的取法共有 $\binom{M}{m}\binom{N-M}{n-m}$ 种，于是所求的概率为

$$p = \frac{\binom{M}{m}\binom{N-M}{n-m}}{\binom{N}{n}},$$

此式即为超几何分布的概率公式。

（2）**有放回抽样** 在 N 件产品中抽取 n 件，取法共有 N^n 种，而在 N 件产品中取 n 件，其中恰有 $m(m \leqslant M)$ 件次品的取法共有 $\binom{n}{m}M^m(N-M)^{n-m}$ 种，于是所求的概率为

$$p = \frac{\binom{n}{m}M^m(N-M)^{n-m}}{N^n} = \binom{n}{m}\left(\frac{M}{N}\right)^m\left(1-\frac{M}{N}\right)^{n-m},$$

此式即为二项分布的概率公式。

视频：抽签合理性

例 1.3.2（抽签合理性） 设有某公司为 n 个出差的职员订购高铁票，其中有 k 张一等座，剩下的 $n-k$ 张均为二等座。现让这 n 个人依次各抽一张，在未抽完之前先抽者不准宣布结果。试证明每个人抽到一等座的概率都是 $\dfrac{k}{n}$，与抽票的顺序无关。

证 n 个人依次各抽一张，相当于将 n 张票进行全排列，故

共有 $n!$ 个样本点。设事件 A_i = "第 i 个人抽到一等座"，则 A_i 的样本点是这样的排列：此排列的第 i 个位置是一等座，其余位置任意排上高铁票。故 A_i 包含的样本点有 $C_k^1(n-1)!$ 个，于是

$$P(A_i) = \frac{C_k^1(n-1)!}{n!} = \frac{k}{n}。$$

与抽票的顺序无关。

例 1.3.3（占位模型）　将 n 只球随机地放入 $N(N \geqslant n)$ 个盒子中去，试求每个盒子最多有一只球的概率（设盒子的容量不限）。

解　将 n 只球放入 N 个盒子中去，共有 $N \times N \times \cdots \times N = N^n$ 种放法，而每个盒子中至多放一只球，共有 $N \times (N-1) \times \cdots \times [N-(n-1)] = A_N^n$ 种放法，故

$$p = \frac{N \times (N-1) \times \cdots \times [N-(n-1)]}{N^n} = \frac{A_N^n}{N^n}。$$

视频：占位模型

为什么将这个模型称为"占位模型"呢？因为当我们考虑"每个盒子最多有一只球"的时候，可以认为"有一只球将这个盒子占据了，其他球不能放进来"。这样一来，我们就很容易理解为什么是 $N \times (N-1) \times \cdots \times [N-(n-1)] = A_N^n$ 种放法，因为能够放球的盒子数在依次减少。有许多问题可以用这个模型解决，例如如果假设每个人的生日在哪一天是等可能的，用此公式可以得出 n 个人中至少有两个人生日相同的概率为 $p = 1 - \dfrac{A_{365}^n}{365^n}$。当令 $n = 60$ 时，计算可得 $p \approx 0.98$，这已经是非常大的概率了，意味着 60 个人中几乎必然有两个人生日相同。在统计物理学中，把粒子看作球，相空间分成不同的区域，看成不同的盒子，那么统计物理学中的一些问题也可以转化为占位问题，例如费米-狄拉克统计中的基本假设就与占位模型中的要求是一样的，符合此假设的粒子称为费米子。

下面的两个例子都是加法公式的应用。

例 1.3.4　一个音乐附中的班级中有 36 人会弹钢琴，28 人会拉小提琴，18 人会吹小号。22 人既会弹钢琴又会拉小提琴，12 人会弹钢琴和吹小号，9 人会拉小提琴和吹小号，4 人三种乐器都会。那么，至少会一种乐器的有多少人？

解　设班级总人数为 N，事件 A = "会弹钢琴"，B = "会拉小提琴"，C = "会吹小号"，那么，由三个事件的加法公式可知

$$P(A \cup B \cup C) = P(A) + P(B) + P(C) - P(AB) - P(AC) - P(BC) + P(ABC)$$

$$= \frac{36 + 28 + 18 - 22 - 12 - 9 + 4}{N} = \frac{43}{N},$$

因此，至少会一种乐器的人数为 43。

例 1.3.4 展示了如何通过概率来快速地解决计数问题。

例 1.3.5（配对问题）   假设有 N 个学生参加考试，所有人都必须将手机放在考场的一个盒子里。考试结束后，如果每人随机地拿走一个手机，问所有人都没有拿到自己手机的概率是多少？

解   所有人都没有拿到自己手机的对立事件是至少有一人拿到了自己的手机，我们可以先计算至少有一人拿到自己手机的概率。假设 A_i="第 i 个人取到的是自己的手机"，那么，根据加法公式，至少有一人拿到自己手机的概率为

$$P(A_1 \cup A_2 \cup \cdots \cup A_N) = \sum_{i=1}^{N} P(A_i) - \sum_{1 \le i_1 < i_2 \le N} P(A_{i1}A_{i2}) +$$
$$\sum_{1 \le i_1 < i_2 < i_3 \le N} P(A_{i1}A_{i2}A_{i3}) + \cdots +$$
$$(-1)^{N-1} P(A_1 A_2 \cdots A_N)。$$

首先，从 N 个手机中不放回地依次取走一个的可能性是一个排列数 $N!$，然后我们考虑有 n 个人拿到自己手机的取法有多少种。用 $A_{i1}A_{i2}\cdots A_{in}$ 表示"有 n 个人都拿到了自己的手机"这样的事件，此时，有 $(N-n)(N-n-1)\cdots \cdot 3 \cdot 2 \cdot 1 = (N-n)!$ 种取法，因为剩下的 $N-n$ 个人是从剩下的 $N-n$ 个手机中不放回地依次取走一个，因此

$$P(A_{i1}A_{i2}\cdots A_{in}) = \frac{(N-n)!}{N!}。$$

而 $\sum\limits_{i_1 < i_2 < \cdots < i_n} P(A_{i1}A_{i2}\cdots A_{in})$ 一共有 $\binom{N}{n}$ 项，所以

$$\sum_{i_1 < i_2 < \cdots < i_n} P(A_{i1}A_{i2}\cdots A_{in}) = \frac{N!}{(N-n)!n!} \cdot \frac{(N-n)!}{N!} = \frac{1}{n!}。$$

将上式代入加法公式，得

$$P(A_1 \cup A_2 \cup \cdots \cup A_N) = 1 - \frac{1}{2!} + \frac{1}{3!} - \cdots + (-1)^{N-1}\frac{1}{N!}。$$

因此，没有一人拿到自己手机的概率为

$$1 - P(A_1 \cup A_2 \cup \cdots \cup A_N) = 1 - 1 + \frac{1}{2!} - \frac{1}{3!} - \cdots + (-1)^N \frac{1}{N!} = \sum_{i=0}^{N} (-1)^i \frac{1}{i!},$$

当 N 足够大时，上式右端的值约等于 $e^{-1} \approx 0.3679$，即当 N 变大，没有一个人拿到自己手机的概率恒定接近 0.37，并不会变大或缩小。

例 1.3.6（小概率事件）   某接待站在某一周曾接待过 12 次来访，根据记录，这 12 次来访都是发生在周二和周四的，问是否可

以推断该接待站对于来访时间有规定?

解　假设接待站的接待时间没有规定，则来访者在一周中的任何一天来访都是等可能的，那么 12 次来访都发生在周二和周四的概率为

$$\frac{2^{12}}{7^{12}} = 0.0000003 \, 。$$

千万分之三是一个非常小的概率，这样的小概率事件在一次试验中是几乎不会发生的，这就是**实际推断原理**。在以上的例子中，在我们假设的前提下，一个小概率事件居然发生了，这说明假设错误，接待站的接待时间应该是有规定的。

习题 1.3

1. 10 片药片中有 5 片是安慰剂。

（1）从中任意抽取 5 片，求其中至少有 2 片是安慰剂的概率；

（2）从中每次取一片，做不放回抽样，求前 3 次都取到安慰剂的概率。

2. 在房间里有 10 个人，分别佩戴从 1 号到 10 号的纪念章，任选 3 人记录其纪念章的号码。

（1）求最小号码为 5 的概率；

（2）求最大号码为 5 的概率。

3. 在 11 张卡片上分别写上 probability 这 11 个字母，从中任意连抽 7 张，求其排列结果为 ability 的概率。

4. 一俱乐部有 5 名一年级学生，2 名二年级学生，3 名三年级学生，2 名四年级学生。

（1）在其中任选 4 名学生，求一、二、三、四年级的学生各一名的概率；

（2）在其中任选 5 名学生，求一、二、三、四年级的学生均包含在内的概率。

5. 一袋中有 $m+n$ 个球，其中 m 个黑球，n 个白球，现随机地从袋中取出 k 个球（$k \leq m+n$），求其中恰好有 l 个白球（$l \leq n$）的概率。

6. 一袋中装有 $m+n$ 个球，其中有 m 个黑球，n 个白球，现随机地从中每次取出一个球（不放回），求下列事件的概率：

（1）第 i 次取到的是白球；

（2）第 i 次才取到白球；

（3）前 i 次中能取到白球；

（4）前 i 次中恰好取到 l 个白球（$l \leq i \leq m+n$，$l \leq n$）；

（5）到第 i 次为止才取到 l 个白球（$l \leq i \leq m+n$，$l \leq n$）。

7. 一人的口袋中放有 2 盒火柴，每盒 n 支，每次从口袋中随机地取一盒并用去一支。当他发现一盒空了，另一盒还恰有 m 支的概率是多少?

8. 一套书共 3 卷，其中第 1 卷有 2 册，第 2 卷有 3 册，第 3 卷有 2 册。现随意排放在一层书架上，则同一卷书恰好摆在一起的概率为_____。

9. 在 5 双不同的鞋子中任取 4 只，则这 4 只鞋子中至少有 2 只鞋子配成 1 对的概率是多少?

10. 一口袋中有 5 个红球及 2 个白球。从这袋中任取一球，看过它的颜色后放回袋中，然后，再从这袋中任取一球。设每次取球时口袋中各个球被取到的可能性相同。求：

（1）第一次、第二次都取到红球的概率；

（2）第一次取到红球、第二次取到白球的概率；

（3）两次取得的球为红、白各一的概率；

（4）第二次取到红球的概率。

1.4 几何概型中概率的直接计算 *

除了古典概型以外，能直接计算概率的还有几何概型，几何概型是古典概型的推广，样本点有无限多个，但仍然具有等可能性。

> **定义 1.6** 若随机试验具有下列性质：
>
> （1）有无限多个样本点，且样本空间 S 是几何空间中的一个有限区域；
>
> （2）每个样本点落在某个子区域内的概率只与该区域的度量大小成正比，而与区域的形状无关，即每个样本点出现的可能性是相等的，
>
> 则称此试验是**几何型试验**。

在几何型试验中，我们把 S 中的可度量的子集作为事件，一个事件的概率等于该事件的度量与总度量之比，即

$$P(A) = \frac{|A|}{|S|}。 \tag{1.5}$$

例 1.4.1 公共汽车站每隔 5min 有一辆汽车到站，乘客到达汽车站的时刻是任意的。求一个乘客等车时间不超过 3min 的概率。

解 设乘客的等车时间为 x，则 $0 \leqslant x \leqslant 5$，于是样本空间 $S = [0,5]$。由于乘客到达汽车站的时刻是任意的，故 $S = [0,5]$ 中的每个点出现的机会是均等的，因而是几何型。

设事件 $A = $ "等车时间不超过 3min"，即 $0 \leqslant x \leqslant 3$，所以 $A = [0,3]$。根据公式（1.5），得

$$P(A) = \frac{|A|}{|S|} = \frac{3}{5} = 0.6。$$

例 1.4.2 设有一艘军舰通过一道水雷线（即直线 l），军舰的航向与水雷线 l 的夹角为 α（$0 < \alpha < \pi$），两个相邻的水雷的中心距离为 t，军舰的速度为 b，水雷的直径为 d。求军舰碰上水雷的概率。

解 设军舰的中心线与水雷线 l 的交点为 M，军舰沿 MN 的方向前进，MN 与 l 的夹角为 α，如图 1-10 所示。

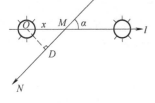

图 1-10

设点 M 到最近的一个水雷的中心 O 的距离为 x，则 $0 \leqslant x \leqslant \dfrac{t}{2}$，于是 $S = \left[0, \dfrac{t}{2}\right]$。

过 O 点作 $OD \perp MN$，若 $OD \leqslant \dfrac{1}{2}(b+d)$，则军舰必与水雷相

碰，所以军舰碰上水雷的条件是

$$0 \leqslant x\sin\alpha \leqslant \frac{1}{2}(b+d),$$

即

$$0 \leqslant x \leqslant \frac{1}{2}\frac{(b+d)}{\sin\alpha}。$$

设 A = "军舰碰上水雷"，则当满足条件

$$\frac{b+d}{\sin\alpha} \leqslant t$$

时，事件 $A = \left[0, \dfrac{b+d}{2\sin\alpha}\right]$，因为此条件保证了 A 是 S 的子集。在此

条件下，可得

$$P(A) = \frac{b+d}{2\sin\alpha}\bigg/\frac{t}{2} = \frac{b+d}{t\sin\alpha}。$$

例 1.4.3（投针试验与 π 的近似计算）　平面上画着一些平行线，
每两条平行线之间的距离为 $2a$。在此平面上任意投一枚针，其长
为 $2l(l<a)$，试求这针与某一直线相交的概率。

　　解　以 x 表示针的中点 M 到最近一条平行线的距离，以 α 表
示针与平行线所成的角（见图 1-11），则有

$$0 \leqslant x \leqslant a,\ 0 \leqslant \alpha < \pi,$$

α 与 x 两数完全决定了针的位置，因此 (α, x) 就是一个样本点，而
样本空间就是边长分别为 π 和 a 的矩形（见图 1-12）。

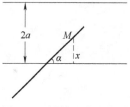

图 1-11　投针试验示意图

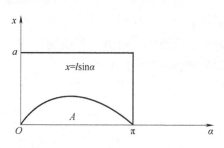

图 1-12　投针试验样本空间

设 A = "针和某一平行线相交"，而相交的条件是

$$0 \leqslant x \leqslant l\sin\alpha,$$

所以事件 A 即为 S 中曲线 $x = l\sin\alpha$ 下方的一块区域，它的面
积为

$$|A| = \int_0^\pi l\sin\alpha\,\mathrm{d}x = 2l,$$

所以

$$P(A) = \frac{|A|}{|S|} = \frac{2l}{\pi a}. \tag{1.6}$$

投针试验是历史上一个著名的试验，这是因为公式(1.6)可以用来计算 π 的近似值。根据频率的稳定性，当试验次数 n 很大时，概率 $P(A)$ 可以用 A 的频率 $\frac{k}{n}$ 做近似估计。所以

$$\frac{k}{n} = \frac{2l}{\pi a},$$

从而

$$\pi \approx \frac{2nl}{ak}. \tag{1.7}$$

在公式(1.7)中，a 与 l 是已知常数，n 是投针次数，k 是针与平行线相交的次数，它们都可以由试验确定。

表1-2给出了历史上具有代表性地进行这种试验的相关资料。

表1-2　投针试验的历史资料

实验者	年份	投针次数	相交次数	π 的试验值
Wolf	1850	5000	2532	3.1596
Fox	1884	1030	489	3.1595
Lazzerini	1901	3408	1808	3.1415929
Reina	1925	2520	859	3.1795

在计算机技术高速发展的今天，想要进行投针试验要简单得多。值得注意的是，这里提出了一种利用概率模型，通过某事件的概率与某个数值的关系，找到关系式，然后进行随机试验统计该事件出现的频率，从而确定数值近似值的思想。这种思想就是现在为我们熟知的**蒙特卡罗**(Monte-Carlo)方法。

习题 1.4

1. 两人相约7点到8点在某地会面，先到者等候另一人20min，过时就可离去，试求这两人可能会面的概率。

2. 有一根长 l 的木棒，任意折成三段，问恰好能构成一个三角形的概率?

1.5　条件概率

本节将介绍概率论的一个重要概念：条件概率，同时介绍与其有关的重要公式及概率的计算方法。

1.5.1　条件概率的定义和计算

一般来说，我们讨论事件 A 的概率 $P(A)$ 时，除了随机试验本身的条件外，不再附加任何其他的条件。但在我们解决实际问题时，往往会遇到"在事件 B 已经发生的条件下，求事件 A 发生的概率"这样的问题。而且，这个概率往往与 $P(A)$ 不相等。为了区别起见，把这个概率叫作条件概率，记作 $P(A \mid B)$，读作"在条件 B 下，事件 A 发生的概率"。

下面举个古典概型的例子来说明条件概率 $P(A \mid B)$ 的计算公式。

例如，假设有某种疾病，人们患病的概率是相等的，患病的人血样为阳性。如果有 1000 个人，其中有 10 个患者。在这 1000 人中，有 200 人是 70 岁以上的老人，其中有 5 个患者。现从这 1000 人中随机抽检一人血样，设事件 $A=$"血液呈阳性"，则显然 $P(A)=\dfrac{10}{1000}=\dfrac{1}{100}$。又设事件 $B=$"70 岁以上的老年人"，如果已知事件 B 已经发生，也就是说，明确地知道是在老人中抽测的血样，那么出现患者的概率就是 $\dfrac{5}{200}=\dfrac{1}{40}$，这个概率就是条件概率 $P(A \mid B)$，它显然和 $P(A)$ 不相等。又因为事件 AB 表示患者是 70 岁以上的老人，所以 $P(AB)=\dfrac{5}{1000}=\dfrac{1}{200}$，事件 B 的概率 $P(B)=\dfrac{200}{1000}=\dfrac{1}{5}$，我们会注意到

$$P(A \mid B)=\frac{P(AB)}{P(B)}=\frac{\dfrac{1}{200}}{\dfrac{1}{5}}=\frac{1}{40}。 \tag{1.8}$$

公式 (1.8) 是在古典概型的情况下推导出来的，一般来说，我们把此式作为条件概率的定义。

> **定义 1.7**　设 A 与 B 是样本空间 S 中的两个事件，且 $P(B)>0$，则称
>
> $$P(A \mid B)=\frac{P(AB)}{P(B)}$$
>
> 为在条件 B 下，事件 A 发生的**条件概率**。

我们也可以把条件概率 $P(A \mid B)$ 看作条件 B 发生对事件 A 发生的影响程度，如果 $P(A \mid B)>P(A)$，则说明，事件 B 的发生促进了事件 A 的发生，使事件 A 发生的概率变大了。

条件概率的本质是概率，所以对概率适用的一切公式对条件概率都适用。例如，设 A，B 与 B_i，$i=1,2,\cdots$ 都是样本空间 S 中的事件，则有：

(1) 非负性 对任意事件 B，有 $P(B\mid A)\geqslant 0$；

(2) 规范性 $P(S\mid A)=1$；

(3) 可列可加性 如果随机事件 $B_1,B_2,\cdots,B_n,\cdots$ 两两互不相容，则

$$P\left(\bigcup_{n=1}^{\infty}B_n\,\Big|\,A\right)=\sum_{n=1}^{\infty}P(B_n\mid A)\,;$$

(4) $P(\varnothing\mid A)=0$；

(5) $P(\overline{B}\mid A)=1-P(B\mid A)$；

(6) $P(B_1\cup B_2\mid A)=P(B_1\mid A)+P(B_2\mid A)-P(B_1B_2\mid A)$。

以上性质的证明过程在这里就不赘述了，读者可以结合概率的定义和性质自行证明。

计算条件概率时，我们一般不会套用定义去计算，因为条件发生后，样本空间如果也随之发生变化，那么只需要在新的样本空间中考虑事件所包含的样本点个数来计算概率即可。下面举例说明。

例 1.5.1 某大学要从 2000 名大一新生中随机选取 5 名学生代表参加校长座谈会。这 2000 名新生中有男生 1200 名，女生 800 名，若已知抽到的学生代表都是男生，求一名学生被抽中的概率。

解 设 $A=$ "一名学生被抽中参会"，$B=$ "被抽到的都是男生"。很明显，如果不知道事件 B 发生，我们是在整个样本空间中考虑问题，此时

$$P(A)=\frac{5}{2000}=\frac{1}{400},$$

而如果已知事件 B 发生，我们就只在 1200 名男生的范围内求概率，此时

$$P(A\mid B)=\frac{5}{1200}=\frac{1}{240}。$$

读者可以自行使用条件概率定义的公式再来计算一下上述概率，会发现过程较为烦琐。

1.5.2 乘法定理

实际上，公式 (1.8) 不常用于条件概率的直接计算，它的主要作用在于推导出了以下的乘法公式，也叫作概率的乘法定理。

定理 1.1　设有 $P(B)>0$，则根据公式(1.8)有

$$P(AB)=P(B)P(A\mid B)。\qquad(1.9)$$

公式(1.9)称为**乘法公式**，并且可以推广到多个事件的情况。

设 A,B,C 为事件，若 $P(AB)>0$，则

$$P(ABC)=P(AB)P(C\mid AB)=P(A)P(B\mid A)P(C\mid AB)。\quad(1.10)$$

更普遍地，设 $A_1,A_2,\cdots,A_n$ 为 n 个随机事件，且 $P(A_1A_2\cdots A_{n-1})>0$，则有

$$P(A_1A_2\cdots A_n)=P(A_1)P(A_2\mid A_1)P(A_3\mid A_1A_2)\cdots P(A_n\mid A_1A_2\cdots A_{n-1})。$$

$$(1.11)$$

例 1.5.2[**波利亚(Polya)模型**]　罐中有 a 个红球、b 个白球，从中任取一球，取后放回，并加进与取出的球同色的球 c 个，然后再进行第二次抽取。这样下去共取 3 次，求取出的球为"红白红"的概率。

解　设 $A=$"第一次取出红球"，$B=$"第二次取出白球"，$C=$"第三次取出红球"，则事件 $ABC=$"取出的球是'红白红'"，于是有

$$P(ABC)=P(A)P(B\mid A)P(C\mid AB)=\frac{a}{a+b}\cdot\frac{b}{a+b+c}\cdot\frac{a+c}{a+b+2c}。$$

视频：波利亚模型

在波利亚模型中，某种颜色的球一旦出现，它下次出现的概率就会增大。地震、传染病等自然现象都具有此性质，例如一个小区里出现病毒性肺炎患者，那么同小区得病的概率就要大一些。因此，该模型通常被用来作为描述传染过程和地震的随机模型。

1.5.3　全概率公式

要计算复杂事件的概率，通常要综合运用加法公式和乘法定理，为了将复杂问题简单化，这里我们要介绍一个重要的公式：全概率公式。

要说明全概率公式，我们首先要介绍以下定义。

定义 1.8　设 S 为随机试验的样本空间，$B_1,B_2,\cdots,B_n$ 为 S 中的 n 个事件，若

（1）$P(B_i)>0(i=1,2,\cdots,n)$；

（2）$B_1,B_2,\cdots,B_n$ 互不相容；

（3）$\bigcup_{i=1}^{n}B_i=S$，

则称 $B_1,B_2,\cdots,B_n$ 为 S 的一个划分。

定理 1. 2(全概率公式) 设 $B_1, B_2, \cdots, B_n$ 为 S 的一个划分，则对于 $\forall A \subset S$，有

$$P(A) = P(B_1)P(A \mid B_1) + P(B_2)P(A \mid B_2) + \cdots + P(B_n)P(A \mid B_n)。$$

$$(1.12)$$

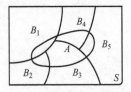

图 1-13 全概率公式
示意图

公式(1.12)可以用图 1-13 所示的维恩图来理解。

全概率公式的思想就是将一个复杂事件分解成若干个不相容的简单事件之和，这里的事件 A 可以看作结果，B_i 是导致事件 A 发生的若干个原因。对不同原因事件 A 发生的概率即条件概率各不相同，同时原因发生的概率也是随机的。全概率公式因此有着广泛的应用，例如在社会调查中有一类敏感性问题调查，就可以利用全概率公式获得感兴趣的结果。

例 1. 5. 3(敏感性问题调查) 某高校想针对某个年级的所有学生进行诚信调查，即调查学生在考试中的作弊率。但是要在学生们清楚作弊是违反校纪的情况下，还愿意做出真实回答，就需要设计一种调查方案，使学生们相信高校能够保守个人秘密，因此给出真实的回答。经过多年的研究，一些心理学家和统计学家设计了以下调查方案：

视频：敏感性问题调查

第一步，准备一个放置了红球和白球的箱子，且红球的比率 a 是已知的，从而 $P(红球) = a$，$P(白球) = 1-a$；

第二步，被调查者事先从箱子中随机抽取一个球，看过颜色后放回；

第三步，抽到白球的学生回答问题 A：你的生日是否在 7 月 1 日之前？抽到红球的学生回答问题 B：上大学后，你是否曾经在考试中作弊？无论回答哪个问题，被调查者只需要在一张白纸上写下"是"或"否"投入一个密封的投票箱内。

上述抽球和回答问题都在一间无人的房间进行，除本人外任何人都不知道被调查者抽到了什么颜色的球以及回答了什么样的问题，这样就可以在最大程度上保证被调查者做出真实的回答。

假设该高校组织了 1958 人参加调查，提前放置的红球数为 30个，白球数为 20 个，红球的比率为 0. 6。最后开箱统计，全部结果有效，其中回答"是"的有 477 张，请问据此算得曾经在考试中作弊的学生的比率大概为多少？

解 因为参加调查的人数足够多，所以可以用频率来估算概率。根据开箱结果

$$P(是) = \frac{477}{1958} \approx 0.2436,$$

这里选择"是"有两种情况：一种是对问题 A 答"是"，这个事件发生的概率是一个条件概率，因为这种情况要先摸到白球，然后回答"你的生日是否在 7 月 1 日之前"，一般认为这个概率是 0.5，即 $P(是 \mid 白球) = 0.5$；另一种情况是对问题 B 答"是"，这个事件发生的概率也是一个条件概率，同时，这就是我们想知道的"在考试中作弊的学生的比率"，即 $P(是 \mid 红球) = p$。

利用全概率公式可知，

$$P(是) = P(白球)P(是 \mid 白球) + P(红球)P(是 \mid 红球)$$
$$= 0.4 \times 0.5 + 0.6 \times p,$$

即 $0.2436 = 0.2 + 0.6p$，则 $p = 0.0727$。

这表明该年级约有 7.27% 的学生在考试中曾经作弊。

例 1.5.4(抽签公平性)　　某公司面试采用抽签答题的形式。一共 10 个考题，4 难 6 易，甲先抽取题目，然后乙在剩下的 9 个题目中抽题，请问甲、乙两人抽到难题的概率是否相等？

解　设 $A = $ "甲抽到难题"，$B = $ "乙抽到难题"，很显然 $P(A) = \dfrac{4}{10}$，考虑到乙抽题前，甲既有可能抽到难题也有可能抽到简单题，这是一个全概率问题，从而

$$P(B) = P(A)P(B \mid A) + P(\bar{A})P(B \mid \bar{A}) = \frac{4}{10} \times \frac{3}{9} + \frac{6}{10} \times \frac{4}{9} = \frac{4}{10},$$

这里的 $\bar{A}$ 表示 A 的对立事件，即甲抽到简单题。

在本章第 3 节，我们也讨论过抽签公平性的问题，大家可以自行比较一下这两种考虑问题的思路。

1.5.4　贝叶斯公式

定理 1.3(贝叶斯公式)　设 $B_1, B_2, \cdots, B_n$ 为 S 的一个划分，则对于 $\forall A \subset S$，有

$$P(B_i \mid A) = \frac{P(B_i)P(A \mid B_i)}{\sum\limits_{j=1}^{n} P(B_j)P(A \mid B_j)} \quad (i = 1, 2, \cdots, n)。 \tag{1.13}$$

贝叶斯公式最早出现在英国学者贝叶斯的一本著作中，是概率论中一个重要的公式。从形式上看，这是全概率公式和条件概率定义的一个简单推论，但是从原理上看，该公式刻画了人们在获取进一步信息后对事物的看法发生变化的过程：事件 B_1，$B_2, \cdots, B_n$ 在没有进一步信息(不知其是否会导致事件 A 发生)的情况下，人们对它们发生的可能性大小认知是 $P(B_1)$，$P(B_2)$，$\cdots$，

$P(B_n)$，在有了新的信息（已知事件 A 发生）后，人们对 B_1，B_2,…,B_n 发生的可能性大小修正为 $P(B_1|A)$,$P(B_2|A)$,…,$P(B_n|A)$。我们要注意的是，事件 B_1,B_2,…,B_n 的概率 $P(B_1)$，$P(B_2)$,…,$P(B_n)$ 是必须事先确定的，这个概率可以是根据过往的经验或历史资料给出的主观概率，因此被称为**"先验概率"**，而条件概率 $P(B_1|A)$,$P(B_2|A)$,…,$P(B_n|A)$ 是修正后的概率，被称为**"后验概率"**。下面的例子可以帮助我们更好地理解先验概率和后验概率的区别。

视频：患病概率

例 1.5.5 一项血液化验被用来鉴别某种疾病。在患有此疾病的人群中通过化验有 95% 的人呈阳性反应，而健康人通过该化验也会有 1% 的人呈阳性反应（伪阳性）。某地区此种病的患者仅占人口的 0.5%，若某人化验结果是阳性，问此人患有此疾病的概率是多少？

解 设 $A=$ "呈阳性反应"，$B=$ "患有此疾病"，则

$$P(A)=P(B)P(A|B)+P(\bar{B})P(A|\bar{B})$$

$$=0.5\%\times95\%+99.5\%\times1\%=1.47\%,$$

$$P(B|A)=\frac{0.5\%\times95\%}{1.47\%}=0.323。$$

因此，在验血结果为阳性的人群中，真正患有此种疾病的只占 32.3%。

例 1.5.6 "孩子与狼"是一个家喻户晓的寓言故事。故事中孩子在放羊时故意喊"狼来了"，第一次、第二次村民在他喊了之后都迅速地上山准备救助他，但是第三次他再喊"狼来了"也没有人相信他了，而这一次狼真的来了。请用贝叶斯公式解释村民的心理变化过程。

解 设孩子说真话为事件 A，则他说假话的事件可以用 $\bar{A}$ 来表示。可以假设在孩子第一次喊"狼来了"之前，村民对他的印象是

$$P(A)=0.5, \quad P(\bar{A})=0.5,$$

再假设孩子说谎话时狼来（用事件 B 表示）的概率 $P(B|\bar{A})=\dfrac{1}{3}$，

而孩子说真话时狼来的概率 $P(B|A)=\dfrac{3}{4}$。

当村民第一次上山打狼时，村民们对说谎的孩子的认知是："因为狼没有来，所以孩子说谎了"，用概率表示应该是 $P(\bar{A}|\bar{B})$，这个概率用贝叶斯公式可以求得，即

$$P(\bar{A} \mid \bar{B}) = \frac{P(\bar{A}\bar{B})}{P(\bar{B})} = \frac{P(\bar{B} \mid A)P(\bar{A})}{P(\bar{B} \mid A)P(A) + P(\bar{B} \mid \bar{A})P(\bar{A})}$$

$$= \frac{\frac{2}{3} \times \frac{1}{2}}{\frac{1}{4} \times \frac{1}{2} + \frac{2}{3} \times \frac{1}{2}} = \frac{8}{11} \approx 0.7273。$$

这说明在第一次被骗后,村民对孩子会说谎的认知概率由 0.5 调整到了约 0.7273,这时的

$$P(A) = \frac{3}{11}, \quad P(\bar{A}) = \frac{8}{11}。$$

这时,孩子又第二次说谎了,再次计算村民对孩子说谎的认知概率为

$$P(\bar{A} \mid \bar{B}) = \frac{P(\bar{B} \mid \bar{A})P(\bar{A})}{P(\bar{B} \mid A)P(A) + P(\bar{B} \mid \bar{A})P(\bar{A})} = \frac{\frac{2}{3} \times \frac{8}{11}}{\frac{1}{4} \times \frac{3}{11} + \frac{2}{3} \times \frac{8}{11}} = \frac{64}{73}$$

$$\approx 0.8767,$$

可以发现,在两次被骗后,村民认为孩子在说谎的概率高达约 87.67%,这种情况下,村民在听到第三次呼叫时怎么会上山呢?

习题 1.5

1. 设 A, B 是两个随机事件,已知 $P(A) = 0.3$, $P(B) = 0.4$, $P(A \mid B) = 0.5$,求:

(1) $P(B \mid A)$;

(2) $P(A \cup B)$。

2. 设 $P(A) = 0.6$, $P(B) = 0.4$, $P(A \mid B) = 0.5$,则 $P(\bar{A} \cup B) = \underline{\qquad}$。

3. 设 $P(B) = 0.4$, $P(A-B) = 0.3$,则 $P(A \mid \bar{B}) = \underline{\qquad}$。

4. 设 A, B, C 是随机事件,A 与 C 互不相容,$P(AB) = \frac{1}{2}$, $P(C) = \frac{1}{3}$,求 $P(AB \mid \bar{C})$。

5. (1) 已知 $P(\bar{A}) = 0.3$, $P(B) = 0.4$, $P(A\bar{B}) = 0.5$,求条件概率 $P(B \mid A \cup \bar{B})$;

(2) 已知 $P(A) = \frac{1}{4}$, $P(B \mid A) = \frac{1}{3}$, $P(A \mid B) = \frac{1}{2}$,试求 $P(A \cup B)$。

6. 若事件 A, B 满足 $P(B \mid A) = 1$,则( )。

(A) A 为必然事件　　(B) $P(B \mid \bar{A}) = 0$

(C) $A \subset B$　　(D) $P(A) \leqslant P(B)$

7. 设 A, B 为随机事件,且 $P(B) > 0$, $P(A \mid B) = 1$,则必有( )。

(A) $P(A \cup B) > P(A)$　　(B) $P(A \cup B) > P(B)$

(C) $P(A \cup B) = P(A)$　　(D) $P(A \cup B) = P(B)$

8. 某种机器按设计要求使用寿命超过 20 年的概率为 0.8,超过 30 年的概率为 0.5,该机器使用 20 年以后,将在 10 年内损坏的概率为 $\underline{\qquad}$。

9. 假设一批产品中一、二、三等品各占 60%、30%、10%,从中随机取出一件,结果不是三等品,则取到的是一等品的概率为 $\underline{\qquad}$。

10. 以往资料表明,某 3 口之家,患某种传染病的概率有以下规律:

$P\{$孩子得病$\} = 0.6$, $P\{$母亲得病 $\mid$ 孩子得病$\} = 0.5$,

$P\{$父亲得病 $\mid$ 母亲及孩子得病$\} = 0.4$,

求母亲及孩子得病但父亲未得病的概率。

11. 已知在 10 件产品中有 2 件次品，在其中取两次，每次任取一件，做不放回抽样。求下列事件的概率：

（1）两件都是正品；

（2）两件都是次品；

（3）一件是正品，一件是次品；

（4）第二次取出的是次品。

12. 某人忘记了电话号码的最后一个数字，因而他随意地拨号，求他拨号不超过三次而接通所需电话的概率。若已知最后一个数字是奇数，那么此概率是多少？

13. 已知男子有 5% 是色盲患者，女子有 0.25% 是色盲患者。今从男女人数相等的人群中随机地挑选一人，恰好是色盲患者，问此人是男性的概率是多少？

14. 一学生接连参加同一课程的两次考试。第一次及格的概率为 p，若第一次及格则第二次及格的概率也为 p；若第一次不及格则第二次及格的概率为 $\dfrac{p}{2}$。

（1）若至少有一次及格则他能取得某种资格，求他取得该资格的概率；

（2）若已知他第二次已经及格，求他第一次及格的概率。

15. 有两箱同种类的零件，第一箱装 50 只，其中 10 只一等品；第二箱装 30 只，其中 18 只一等品。今从两箱中任挑出一箱，然后从该箱中取零件两次，每次任取一只，做不放回抽样。求：

（1）第一次取到的零件是一等品的概率；

（2）在第一次取到的零件是一等品的条件下，第二次取到的也是一等品的概率。

16. 袋中有 50 个乒乓球，其中 20 个是黄球，30 个是白球。今有两人依次随机地从袋中各取一球，取后不放回，则第二人取得黄球的概率是 _____。

17. 某商店收进甲厂生产的产品 30 箱，乙厂生产的同类产品 20 箱，甲厂产品每箱装 100 个，废品率为 0.06，乙厂产品每箱装 120 个，废品率为 0.05。

（1）任取一箱，从中任取一个产品，求其为废品的概率；

（2）若将所有产品开箱混装，任取一个，求其为废品的概率。

18. 血液试验 ELISA（enzyme-linked immunosorbent assay，酶联免疫吸附测定）是现今检验艾滋病病毒的一种流行方法，假定 ELISA 试验能正确测定出艾滋病病毒感染的概率为 95%，把未感染病毒的人不正确地识别为带有艾滋病病毒的概率为 1%。假定在总人口中大约有 1/1000 的人感染了艾滋病病毒。如果对某人检验，结果为阳性（即认为带有该病毒），那么被检验者感染了病毒的概率有多大？

19. 设工厂 A 和工厂 B 的次品率分别是 1% 和 2%。工厂 A 的产品占比 60%，工厂 B 的产品占比 40%，两个工厂的产品均匀混合无明显标识。现从中随机抽取一件，发现是次品，求该次品是由工厂 A 生产的概率。

20. 已知甲袋中装有 6 只红球、4 只白球，乙袋中装有 7 只红球、3 只白球，丙袋中装有 5 只红球、5 只白球，

（1）随机地取一袋，再从该袋中随机地取一只球，求该球是红球的概率；

（2）已知取出的是红球，求该球取自甲袋的概率。

1.6 事件的独立性

独立性是概率论中的一个基本概念，它在理论上和实践上都有着重要的地位。

1.6.1 两个事件的独立性

一般来说，事件 A 的概率 $P(A)$ 与它在某一事件 B 发生下的条件概率 $P(A \mid B)$ 是不相等的，但是也存在两个概率相等的情况。

例如，袋中有 a 只黑球，b 只白球。每次从中取出一球，取后放回。设 A = "第一次取出白球"，B = "第二次取出白球"，则

$$P(A) = \frac{b}{a+b}, \quad P(B) = \frac{b}{a+b}, \quad P(AB) = \frac{b^2}{(a+b)^2},$$

而 $P(B \mid A) = \dfrac{P(AB)}{P(A)} = \dfrac{\frac{b^2}{(a+b)^2}}{\frac{b}{a+b}} = \dfrac{b}{a+b}$，可以看出 $P(B) = P(B \mid A)$，

同时，$P(AB) = P(A)P(B)$。这说明，事件 A 是否发生对事件 B 是否发生在概率上是没有影响的，即事件 A 与 B 呈现出某种独立性。

定义 1.9　设随机试验的样本空间为 S，A，B 是 S 中的随机事件，若

$$P(AB) = P(A)P(B), \tag{1.14}$$

则称事件 A 和事件 B 相互独立。

定义 1.9 的等价表述是：

定理 1.4　设随机试验的样本空间为 S，A，B 相互独立，且 $P(B) > 0$，则

$$P(B) = P(B \mid A), \tag{1.15}$$

反之也成立。

我们还要强调的是，事件的独立性和事件的互斥是完全不同的概念。事件的互斥是描述两个事件的状态，是指两个事件不可能同时发生；而事件的独立性是从概率的角度说明两个事件发生时相互没有影响。若 A，B 互斥，且 $P(A) > 0$，$P(B) > 0$，则 A 与 B 肯定不独立。因为此时 $P(AB) = 0$，但是 $P(A)P(B) > 0$，式(1.14)不成立。

性质 1　若随机事件 A 与 B 相互独立，则 $\overline{A}$ 与 B、A 与 $\overline{B}$、$\overline{A}$ 与 $\overline{B}$ 也相互独立。

证　我们只证明其中的一组独立性，其余的请读者自行证明。

$$\begin{aligned} P(A\overline{B}) &= P(A-B) = P(A-AB) \\ &= P(A) - P(AB) = P(A) - P(A)P(B) \\ &= P(A)[1 - P(B)] = P(A)P(\overline{B})。 \end{aligned}$$

性质 2　独立性是不传递的。即若 A 与 B 独立，B 与 C 独立，不一定能得到 A 与 C 独立。

例如，考虑有两个小孩的全体家庭，则两个小孩性别可能的情况为

$$S = \{(b,b),(b,g),(g,b),(g,g)\},$$

其中 b 表示男孩，g 表示女孩。

事件 A：第一个小孩是男孩；B：两个小孩不同性别；C：第一个小孩是女孩。

可知，$AB = \{(b,g)\}$，$BC = \{(g,b)\}$，$AC = \varnothing$，

$$P(AB) = \frac{1}{4} = P(A)P(B)；\quad P(BC) = \frac{1}{4} = P(B)P(C)，$$

但 $P(AC) = 0 \neq P(A)P(C)$。

1.6.2 多个事件的独立性

因为独立性是不传递的，所以当独立性概念推广到多个事件时，要注意区别两两独立和相互独立。

定义 1.10　设 A,B,C 是三个随机事件，如果满足以下等式：

$$\begin{cases} P(AB) = P(A)P(B)，\\ P(BC) = P(B)P(C)，\\ P(AC) = P(A)P(C)，\\ P(ABC) = P(A)P(B)P(C)， \end{cases}$$

则称 A,B,C 相互独立。

需要说明的是，在三个事件独立性的定义中，四个等式是缺一不可的。即：前三个等式的成立不能推出第四个等式的成立；反之，最后一个等式的成立也推不出前三个等式的成立。仅前三个等式成立即是**两两独立**。

定义 1.11　设 $A_1, A_2, \cdots, A_n$ 为 n 个随机事件，如果下列等式成立：

$$\begin{cases} P(A_iA_j) = P(A_i)P(A_j) & (1 \leqslant i < j \leqslant n)，\\ P(A_iA_jA_k) = P(A_i)P(A_j)P(A_k) & (1 \leqslant i < j < k \leqslant n)，\\ \quad\vdots \\ P(A_{i_1}A_{i_2}\cdots A_{i_m}) = P(A_{i_1})P(A_{i_2})\cdots P(A_{i_m}) & (1 \leqslant i_1 < i_2 < \cdots < i_m \leqslant n)，\\ \quad\vdots \\ P(A_1A_2\cdots A_n) = P(A_1)P(A_2)\cdots P(A_n)， \end{cases}$$

则称 $A_1, A_2, \cdots, A_n$ 这 n 个随机事件相互独立。

由定义 1.11 可知，若 n 个事件相互独立，则它们中的任意部

分事件也相互独立。

性质 3　设 n 个随机事件 $A_1, A_2, \cdots, A_n$ 相互独立，则

$$P(A_1 A_2 \cdots A_n) = P(A_1) P(A_2) \cdots P(A_n),$$

$$P(A_1 \cup A_2 \cup \cdots \cup A_n) = 1 - P(\overline{A_1}) P(\overline{A_2}) \cdots P(\overline{A_n})。$$

证　利用定义 1.11、性质 1 即可证明。

1.6.3　独立事件的概率计算

在进行概率计算时，可以根据生活经验判别两个事件是否相互独立，例如两个人分别投篮，种子发芽等，这些都是相互不影响的事件，可以认为是相互独立的。

例 1.6.1　设每支步枪射击飞机时命中的概率为 0.004，求 250 支步枪同时独立地进行射击，命中飞机的概率。

解　设 $A_i =$ "第 i 支步枪命中飞机"，$i = 1, 2, \cdots, 250$，至少有一支步枪命中飞机时，飞机就被击中，因此所求事件的概率为

$$P(A_1 \cup A_2 \cup \cdots \cup A_{250}) = 1 - P(\overline{A_1}) P(\overline{A_2}) \cdots P(\overline{A_{250}})$$
$$= 1 - (1 - 0.004)^{250} = 1 - 0.996^{250} \approx 0.63$$

例 1.6.2　一个元件能正常工作的概率称为它的可靠性。元件组成系统，系统能正常工作的概率称为系统的可靠性。现有 2^n 个元件构成图 1-14 所示的并串联系统。如果每个元件的可靠性为 $r(0 < r < 1)$，并且各元件能否正常工作的事件是相互独立的，试求整个系统的可靠性。

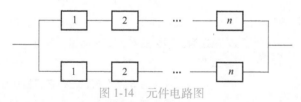

图 1-14　元件电路图

解　此系统有并联的两条通路，每条通路又由 n 个元件串联而成，设 A_1, A_2 分别表示这两条通路正常工作，而每条通路必须由 n 个元件同时正常工作，从而

$$P(A_1) = P(A_2) = r^n。$$

整个系统正常工作的事件 $A = A_1 \cup A_2$。由于 A_1, A_2 相互独立，则

$$P(A) = 1 - P(\overline{A_1}) P(\overline{A_2}) = 1 - (1 - r^n)^2$$
$$= r^n (2 - r^n)。$$

这个例子是可靠性理论中的简单问题。可靠性理论在电子技术、航空航天技术中有很大的应用，它的基本问题之一是在元件

个数允许的范围内寻求最大的可靠性。例 1.6.2 中我们发现，只要增加通路就能提高系统的可靠性，但是如果在不增加元件的个数和通路的情况下想提高系统可靠性，就要重新设计系统的连通方式。

例 1.6.3 设一名某种病毒携带者在一次核酸检测中被筛查出来的概率为 0.7，试求该携带者经过三次检测均未被筛查出来的概率。

解 设 $A_i(i=1,2,3)$ 表示"在第 i 次检测中被检出阳性"，则 $\overline{A_i}$ 表示"在第 i 次检测中未被检出阳性"，且

$$P(A_i) = 0.7, \quad P(\overline{A_i}) = 0.3,$$

以 B 表示事件"该携带者经过三次检测均未被筛查出来"，则

$$P(B) = P(\overline{A_1})P(\overline{A_2})P(\overline{A_3}) = 0.3 \times 0.3 \times 0.3 = 0.027。$$

以上例题只是独立性应用中的极小一部分，我们知道随机现象的统计规律性是在对随机现象进行大量的重复试验中才显现出来的，因此，在概率论中经常要研究独立重复的试验，它在理论上和实际运用中都有着重要的作用。这也是我们接下来学习随机变量这个概念时，首先要掌握的概念。

习题 1.6

1. 设随机事件 A 与 B 相互独立，A 与 C 相互独立，$BC = \varnothing$，$P(A) = P(B) = 0.5$，$P(AC \mid AB \cup C) = 0.25$，求 $P(C)$。

2. 设两两独立的事件 A，B，C 满足条件 $ABC = \varnothing$，$P(A) = P(B) = P(C) < \dfrac{1}{2}$，且已知 $P(A \cup B \cup C) = \dfrac{9}{16}$，求 $P(A)$。

3. 设事件 A 与 B 相互独立，且 $P(A) = p$，$P(B) = q$。求 $P(A \cup B)$，$P(A \cup \overline{B})$，$P(\overline{A} \cup \overline{B})$。

4. 设 A，B，C 是 3 个随机事件，且 A，C 相互独立，B，C 相互独立，则 $A \cup B$ 与 C 相互独立的充分必要条件是（   ）。

(A) A, B 相互独立　　(B) A, B 互不相容

(C) AB, C 相互独立　　(D) AB, C 互不相容

5. 设 $0 < P(A) < 1$，$0 < P(B) < 1$，则下列条件中不是 A 与 B 独立的充要条件的是（   ）。

(A) $P(A \mid B) = P(A \mid \overline{B})$

(B) $P(A \mid B) + P(\overline{A} \mid \overline{B}) = 1$

(C) $P(\overline{A} \mid B) + P(A) = 1$

(D) $P(A \cup B) = P(A) + P(B)$

6. 设事件 A，B 的概率均大于零，说明以下的叙述为：①必然对，②必然错，③可能对，并说明理由。

(1) 若 A 与 B 互不相容，则它们相互独立；

(2) 若 A 与 B 相互独立，则它们互不相容；

(3) $P(A) = P(B) = 0.6$，且 A，B 互不相容；

(4) $P(A) = P(B) = 0.6$，且 A，B 相互独立。

7. 有一种检验艾滋病毒的检验法，其结果有概率 0.005 报道为假阳性（即不带艾滋病毒者，经此检验法有 0.005 的概率被认为带艾滋病毒）。今有 140 名不带艾滋病毒的正常人全部接受此种检验，被报道至少有一人带艾滋病毒的概率为多少？

8. 三人独立地去破译一份密码，已知各人能译出的概率分别为 $\dfrac{1}{5}$，$\dfrac{1}{3}$，$\dfrac{1}{4}$。问三人中至少有一人能

将此密码译出的概率是多少？

9. 某种产品每批中都有 $\dfrac{2}{3}$ 为合格品，验收每批时规定，从中先取一个，若合格就放回去再取一个，如果仍为合格品，则接受该批产品，否则拒收，求检验三批，最多只有一批被拒收的概率。

10. 某人向同一目标重复相互独立射击，每次命中目标的概率为 $p(0<p<1)$，则此人第三次射击时

恰好是第二次命中目标的概率为多少？

11. 有 $2n$ 个元件，每个元件的可靠度都是 p。试求下列两个系统的可靠度，假定每个元件是否正常工作是相互独立的：

（1）每 n 个元件串联成一个子系统，再把这两个子系统并联；

（2）每两个元件并联成一个子系统，再把这 n 个子系统串联。

小结 1

随机现象的统计规律性是在对随机现象进行大量的重复观察或试验才总结出来的。一个随机试验的所有可能结果构成一个样本空间，每一个可能结果被称为一个样本点，若干个样本点构成一个随机事件。我们要抓住样本空间和随机事件的本质是集合，那么后续利用集合的运算来表示随机事件的关系就十分合理了，因此，维恩图在帮助我们理解事件之间的关系时能够发挥重要的作用。

概率表示的是一个随机事件发生的可能性大小。在事件的频率的定义和性质的启发下，我们给出了概率的公理化定义，简单来说，这是一个集合函数，并满足非负性、规范性和可列可加性。概率的其余性质都可以从这三条基本性质中推导得到。

在概率计算方面，本章主要介绍了古典概型和几何概型。这两种类型的问题都是可以直接进行概率计算的，其根本都在于基本事件的等可能性。在本章的最后，我们还利用 R 语言编程计算了其中的两个例子，希望能够帮助读者拓展知识面，从实操的角度展现概率计算的应用。

在古典概型中，我们还给出了条件概率的定义。条件概率 $P(B|A)$ 的本质还是概率，是考虑在条件 A 发生后事件 B 发生的概率，因此条件概率也满足概率的三条基本性质。我们也可以把条件概率 $P(B|A)$ 理解为条件 A 对事件 B 的影响程度，从这个角度去理解乘法公式乃至全概率公式可能都要更容易一些。

本章的最后介绍了概率论中非常重要的概念：独立性。在今后的学习中，读者会发现有很多内容都是在独立性前提下讨论的。而且，在实际的应用中，独立性往往不需要我们利用定义验证，而是只需要通过经验判断。

章节测验 1

1. 以 A 表示事件"甲种产品畅销，乙种产品滞销"，则其对立事件 $\bar{A}$ 为（　　）。

(A)"甲种产品滞销，乙种产品畅销"

(B)"甲、乙两种产品均畅销"

(C)"甲种产品滞销"

(D)"甲种产品滞销或乙种产品畅销"

2. 在电炉上安装了 4 个温控器，其显示温度的误差是随机的。在使用过程中，只要有两个温控器显示的温度不低于临界温度 t_0，电炉就断电。以 E 表示事件"电炉断电"，而 $T_{(1)} \leqslant T_{(2)} \leqslant T_{(3)} \leqslant T_{(4)}$ 为 4 个温控器显示的按递增顺序排列的温度值，则事件 E 等于（　　）。

(A) $\{T_{(1)} \geqslant t_0\}$ 　　(B) $\{T_{(2)} \geqslant t_0\}$

(C) $\{T_{(3)} \geqslant t_0\}$ 　　(D) $\{T_{(4)} \geqslant t_0\}$

3. 设事件 A 与事件 B 互不相容，则（　　）。

(A) $P(\bar{A}\bar{B}) = 0$ 　　(B) $P(A)P(B) = P(AB)$

(C) $P(\bar{A}) = 1 - P(B)$ 　　(D) $P(\bar{A} \cup \bar{B}) = 1$

4. 若 A，B 为任意两个随机事件，则（　　）。

(A) $P(AB) \leqslant P(A)P(B)$

(B) $P(AB) \geqslant P(A)P(B)$

(C) $P(AB) \leqslant \dfrac{P(A)P(B)}{2}$

(D) $P(AB) \geqslant \dfrac{P(A)P(B)}{2}$

5. 设 A，B 为随机事件，则 $P(A) = P(B)$ 的充分必要条件是（　　）。

(A) $P(A \cup B) = P(A) + P(B)$

(B) $P(AB) = P(A)P(B)$

(C) $P(A\bar{B}) = P(B\bar{A})$

(D) $P(AB) = P(\bar{A}\bar{B})$

6. 设 A，B，C 为三个随机事件，且 $P(A) = P(B) = P(C) = \dfrac{1}{4}$，$P(AB) = 0$，$P(AC) = P(BC) = \dfrac{1}{12}$，则 A，B，C 中恰有一个事件发生的概率为（　　）。

(A) $\dfrac{3}{4}$ 　　　　(B) $\dfrac{2}{3}$

(C) $\dfrac{1}{2}$ 　　　　(D) $\dfrac{5}{12}$

7. 设 A，B 为随机事件，且 $P(B) > 0$，$P(A \mid B) = 1$，则必有（　　）。

(A) $P(A \cup B) > P(A)$ 　(B) $P(A \cup B) > P(B)$

(C) $P(A \cup B) = P(A)$ 　(D) $P(A \cup B) = P(B)$

8. 若 A，B 为任意两个随机事件，若 $0 < P(A) < 1$，$0 < P(B) < 1$，则 $P(A \mid B) > P(A \mid \bar{B})$ 的充分必要条件是（　　）。

(A) $P(B \mid A) > P(B \mid \bar{A})$

(B) $P(B \mid A) < P(B \mid \bar{A})$

(C) $P(\bar{B} \mid A) > P(B \mid \bar{A})$

(D) $P(\bar{B} \mid A) < P(B \mid \bar{A})$

9. 设事件 A，B 相互独立，$P(B) = 0.5$，$P(A-B) = 0.3$，则 $P(B-A) = $（　　）。

(A) 0.1 　　　　(B) 0.2

(C) 0.3 　　　　(D) 0.4

10. 设袋中有红、白、黑球各 1 只，从中有放回地取球，每次取 1 只，直到 3 种颜色的球都取到为止，则取球次数恰为 4 的概率为＿＿＿＿＿＿＿。

11. 两个不相关的信号均等可能地在时间间隔 30min 的一段时间的任何瞬间进入收音机，若只有当这两个信号进入收音机的时间间隔不大于 2min 时，收音机才受到干扰，则收音机受到干扰的概率为＿＿＿＿＿＿＿。

12. 随机地向半圆 $0 < y < \sqrt{2ax - x^2}$（a 为正常数）内掷一点，点落在半圆内任何区域的概率与区域的面积成正比，则原点和该点的连线与 x 轴的夹角小于 $\dfrac{\pi}{4}$ 的概率为＿＿＿＿＿＿＿。

13. 某班车起点站上车人数是随机的，每位乘客在中途下车的概率为 0.3，并且他们下车与否相互独立。求在发车时有 10 个乘客的条件下，中途有 3 人下车的概率。

14. 已知某校男生中色盲占 5%，女生中色盲占 2.5%，某班共有男生 40 人，女生 20 人，则该班同学中色盲概率为＿＿＿＿＿＿＿，已知有一位同学是色盲，则该生是男生的概率为＿＿＿＿＿＿＿。

15. 随机事件 A，B，C 相互独立，且 $P(A) = $

$P(B)=P(C)=\dfrac{1}{2}$，则 $P(AC\,|\,A\cup B)=$ _____。

16. 一批产品共有 10 个正品和 2 个次品，任意抽取两次，每次抽一个，抽出后不再放回，则第二次抽出的是次品的概率为_____。

17. 一个盒内有 8 张空白券，2 张奖券，有甲、乙、丙三人按这个次序和以下的规则，各从此盒中随机抽出一张，规则如下：每人抽出后，所抽那张券不放回但补入两张非同类券（即：如抽出奖券，则放回 2 张空白券，等等）。问甲、乙、丙中奖的概率各有多大？

18. 证明：若 A，C 独立，B，C 也独立，又 A，B 互斥，则 $A+B$ 与 C 独立。

19. 一个年级的 3 个班级分别派出 6 位、4 位和 3 位同学代表学校参加区速算比赛。抽签决定首发 3 位同学的名单。求：

（1）首发的 3 位同学来自同一个班级的概率；

（2）首发的 3 位同学来自不同班级的概率；

（3）首发的 3 位同学来自两个班级的概率。

20. 现有甲、乙两个口袋，甲口袋中有 1 只黑球和 2 只白球，乙口袋中有 3 只白球。每次从两个口袋中各任取一球，并将取出的球交换放入甲、乙两个口袋。

（1）求 1 次交换后，黑球还在甲袋中的概率；

（2）求 2 次交换后，黑球还在甲袋中的概率。

21. 已知 $P(A)=0.3$，$P(A\cup B)=0.7$，在下列三种情形下分别求 $P(B)$：

（1）A，B 互不相容；

（2）A，B 相互独立；

（3）A，B 有包含关系。

22. 设两两相互独立的事件 A 和 B 都不发生的概率为 $\dfrac{1}{9}$，A 发生 B 不发生的概率与 B 发生 A 不发生的概率相等，求事件 A 发生的概率。

23. 一个人把六根草紧握在手中，仅露出它们的头和尾。然后随机地把六个头两两相接，六个尾也两两相接。求放开手后六根草恰巧连成一个环的概率。

24. 某血库急需 AB 型血，要从身体合格的献血者中获得。根据经验，每百名身体合格的献血者中只有 2 名是 AB 型血的。

（1）求在 20 名身体合格的献血者中至少有一人是 AB 型血的概率；

（2）若要以 95% 的把握至少能获得一份 AB 型血，需要多少位身体合格的献血者？

25. 玻璃杯成箱出售，每箱 20 只，假设各箱含 0，1，2 只次品的概率分别为 0.8，0.1，0.1，一顾客欲购买一箱玻璃杯，在购买时，售货员随意取一箱，而顾客开箱随机查看 4 只，若无次品，则买下该箱玻璃杯，否则不买，试求：

（1）顾客买下该箱的概率 α；

（2）在顾客买下的一箱中，确实没有次品的概率 β。

26. 学生在做一道有 4 个选项的单项选择题时，如果他不知道问题的正确答案，就做随机猜测。现从卷面上看题是答对了，试在以下情况下求学生确实知道正确答案的概率。

（1）学生知道正确答案和胡乱猜测的概率都是 $\dfrac{1}{2}$；

（2）学生知道正确答案的概率是 0.2。

R 实验 1

R 是一种专门用于统计计算及统计绘图的语言。R 提供了各种统计分析和图形绘制功能：线性模型、非线性模型、经典统计检验、时间序列分析、分类、聚类等，随着统计的发展，其功能也在不断地拓展。R 的强大之处是统计图形，还支持各种数学符号、公式。R 是一个免费的开源软件，现在由 R 核心团队开发，全世界用户都可以参与开发软件包。R 的网站是 http://www.r-project.org/。

实验 1.1   抛硬币

抛硬币是常见的随机试验。例如抛一枚硬币，观察正面和反面出现的概率。将一枚硬币抛 100 次，观察正面和反面出现的情况。以下模拟抛硬币 100 次：

```
> set.seed(2)
> sample(c(0,1),100,replace=TRUE,prob=c(1/2,1/2))
  [1] 1 0 0 1 0 0 1 0 1 0 0 1 0 1 1 0 0 1 1 1 0 1 0 1 1 1 1 0 1 1 1 0 0
[35] 0 0 0 1 0 1 0 1 1 1 0 0 0 1 0 0 1 1 0 0 1 0 0 0 0 0 0 0 0 1 0 1 1 1
[69] 1 1 1 1 1 1 0 1 0 1 0 1 0 1 0 1 1 1 0 0 1 0 1 0 1 1 0 1 1 1 1 1 1
```

set.seed 用于设置随机数种子。prob = c(1/2,1/2) 指定 0 和 1 被抽中的概率分别为 1/2 和 1/2。

实验 1.2   抛掷骰子

以下模拟抛骰子 10 次：

```
> set.seed(2)
> sample(1:6,10,replace = TRUE,prob = c(1/6,1/6,1/6,1/6,
1/6,1/6))
[1] 3 6 5 3 1 1 2 1 4 5
```

set.seed 用于设置随机数种子。其中 1：6 表示 1、2、3、4、5、6。当然也可以如上例一样写成 c(1,2,3,4,5,6)。

实验 1.3   同一天生日的概率

在一个有 64 人的班级里，至少有两人生日相同的概率是多少呢？

解 n 个人中至少有两个人生日相同的概率为 $p = 1 - \dfrac{A_{365}^n}{365^n}$。当我们令 $n = 64$，计算可得 $p \approx 0.997$。在 R 中计算过程如下：

```
> n <-64
> 1-prod(365:(365-n+1))/(365^n)
[1] 0.9971905
```

其中，prod(365:(365-n+1)) 表示计算连乘，即

$$365 \times 364 \times 363 \times \cdots \times (365-n+1)$$

关于生日问题，也可以用模拟来得到相应概率。R 程序如下：

```
> set.seed(100)
> n <-64
> sim <-10000
> x <-numeric(sim)
```

```
> for (i in 1:sim)
+{ a <-sample(1:365,n,replace=T)
+x[i]<-n-length(unique(a))
+ }
> 1-mean(x==0)
[1] 0.9971
```

unique(a)用于删除 a 中重复的元素，length 将返回删除重复元素后 a 的长度，也即 a 中生日不同的数量。若第 i 次实验中，没有人同一天生日，那么 length 将返回 n，与此同时 x[i]=0。计算 1-mean(x==0)就可以得到有人同一天生日的概率。

实验 1.4　布丰投针

投针试验与 π 的近似计算。平面上画着一些平行线，每两条平行线之间的距离为 a。在此平面上任意投一枚针，其长为 $l(l<a)$，试求这针与某一直线相交的概率。

本章例 1.4.3 讨论了布丰投针试验的计算，以下用 R 模拟投针试验，重现布丰投针。该试验在计算机上实现，需要以下两个步骤：

（1）产生随机数。产生 n 个相互独立的随机变量抽样序列。

x <-runif(1,0,a/2)用于生成均匀分布的随机数，使得 $x_i \sim U\left(0, \dfrac{a}{2}\right)$；

alpha<- runif(1,0,1) * pi 生成均匀分布的随机数，使得 $\alpha_i \sim U(0, \pi)$。

（2）模拟试验，检验不等式 x<=L/2 * sinα，设上面的试验有 k 次是成功的，则可以得到 π 的值。

先写出投针函数。试验次数记为 n，直线间隔记为 a，针的长度记为 L，针与线相交次数记为 k，针的中点 M 到最近的直线的距离记为 x。

```
> BuffonNeedle<-function(n,a,L){
+   k<- 0
+   for (i in 1:n) {
+     x<-runif(1,0,a/2)
+     alpha<-runif(1,0,1) * pi
+     if(1/2 * L * sin(alpha)>=x){k=k+1}
+   }
+   p<-k/n#估算概率
+   pie<-(2 * L)/(a * p)#估算 pi
+   result<-c('估计的概率'=p,'pi 的估计值'=pie);result
+ }
```

设置不同的参数观察计算得到的概率值，以及 π 值。

```
> set.seed(3)
> BuffonNeedle(n=10000,a=4,L=2)
估计的概率 pi 的估计值
  0.320200    3.123048
> set.seed(3)
> BuffonNeedle(10000,1,0.8)
估计的概率 pi 的估计值
  0.511400    3.128666
> set.seed(3)
> BuffonNeedle(10000,2,1.5)
估计的概率 pi 的估计值
  0.480500    3.121748
```

第 2 章

随机变量及其分布

在第 1 章中，我们用随机试验去研究随机事件及其概率。在描述随机试验时，一般用自然语言定性地描述，为了更全面地研究和描述随机现象，便于数学上的推导和计算，我们对随机试验进行定量地描述，为此我们引入概率论中一个非常重要的概念：随机变量。本章主要讨论一维随机变量及其分布。

2.1　随机变量的概念

在随机现象中很多随机试验的试验结果本身就是用数量表示的，例如：

1）投掷一枚均匀骰子，我们观察出现的点数，其取值 X 是一个随机变量；

2）研究手机的使用寿命，其取值 T 是一个随机变量；

3）测量的误差 ε 是一个随机变量。

在上述三个例子中，试验的结果都与数量直接有关。有时，虽然在随机现象中试验结果本身不能用数量表示，但是也可以引入随机变量，并用随机变量取不同的数值来表示试验结果。例如：

例 2.1.1　　抛掷一枚均匀的硬币，样本空间是 $S = \{$正面朝上，反面朝上$\}$，这时，我们可以引入如下随机变量：

$$X = \begin{cases} 1, & \text{正面朝上;} \\ 0, & \text{反面朝上。} \end{cases}$$

在此 X 就是"抛掷一枚均匀的硬币，正面朝上的个数"。

例 2.1.2　　抛掷一枚均匀的硬币三次，观察其正面朝上的情况，则样本空间为 $S = \{$HHH，HHT，HTH，THH，HTT，THT，TTH，TTT$\}$，其中 H 表示正面朝上，T 表示反面朝上。这时引入如下随机变量：

$$X = \begin{cases} 0, & \text{TTT;} \\ 1, & \text{HTT、THT、TTH;} \\ 2, & \text{HHT、HTH、THH;} \\ 3, & \text{HHH。} \end{cases}$$

在此 X 就是"抛掷一枚均匀的硬币三次，正面朝上的次数"。

下面我们给出随机变量的定义。

> **定义 2.1**　设随机试验 E，其样本空间为 S，若对样本空间中每一个样本点 e，都有唯一一个实数 $X(e)$ 与之对应，那么就把这个定义域为 S 的单值实值函数 $X=X(e)$ 称为**随机变量**。

随机变量常用大写的英文字母 X,Y,Z 来表示，也可以用希腊字母 ξ,η,ζ 来表示。随机变量的取值一般用小写字母 x,y,z 来表示。

假如一个随机变量仅可能取有限或可列个值，则称其为离散型随机变量。假如一个随机变量的可能取值充满了数轴上的一个区间(或某几个区间的并)，则称其为非离散型随机变量。连续型随机变量是非离散型随机变量中最常见的一类随机变量。

类似于第 1 章的随机事件是样本空间的子集，引入随机变量之后，随机事件 $A=\{e\mid X(e)\in L\}$，其中 L 是一个实数集合，即取值于 L 的样本点的集合，简记为 $\{X\in L\}$ 或者 $(X\in L)$。例如 $\{X=1\}$、$\{Y\leqslant 2\}$ 等。

随机变量的引入是概率论发展走向成熟的一个标志，引入随机变量后，可以使用微积分工具研究随机变量取值的规律性。这就需要随机变量概率分布的概念。

2.2　离散型随机变量及其分布律

设 E 是随机试验，S 是相应的样本空间，X 是 S 上的随机变量，若 X 只能取有限个或可列无限多个值，则称 X 为**离散型随机变量**。对于离散型随机变量而言，常用以下定义的分布律来表示其概率分布。

> **定义 2.2**　若 X 是一个离散型随机变量，其所有可能取值为 $x_i(i=1,2,3,\cdots)$，则称 X 取 x_i 的概率，即事件 $\{X=x_i\}$ 的概率
> $$P\{X=x_i\}=p_i,\quad i=1,2,3,\cdots \tag{2.1}$$
> 为离散型随机变量 X 的**分布律**(或分布列、概率函数)。

分布律可以表示如下：

X	x_1	x_2	$\cdots$	x_n	$\cdots$
P	p_1	p_2	$\cdots$	p_n	$\cdots$

由概率的定义可知，p_i 满足：

（1）非负性 $\qquad p_i \geq 0,\ i=1,2,3,\cdots;$ $\qquad$ (2.2)

（2）规范性 $\qquad \sum_{i=1}^{\infty} p_i = 1。$ $\qquad\qquad$ (2.3)

以上两条性质是分布律必须具有的性质，也是判别某一数列是否能成为分布律的充要条件。

例 2.2.1 有一枚均匀的骰子，独立重复地投掷，直到出现 6 点为止。用 X 表示投掷骰子的次数，求其分布律。

解 由题意可知，X 的可能取值为 $1,2,3,\cdots$，用 $A_k=\{$第 k 次掷出的点数为 6$\}$，则 $A_k, k=1,2,3,\cdots$ 之间相互独立，且 $P(A_k)=1/6$，从而

$$P(X=1)=P(A_1)=\frac{1}{6},\ P(X=2)=P(\bar{A}_1 A_2)=\frac{5}{6}\times\frac{1}{6},$$

$$P(X=3)=P(\bar{A}_1 \bar{A}_2 A_3)=\frac{5}{6}\times\frac{5}{6}\times\frac{1}{6}=\left(\frac{5}{6}\right)^2\times\frac{1}{6},\cdots,$$

故 X 的分布律为

X	1	2	3	$\cdots$	k	$\cdots$
P	$\dfrac{1}{6}$	$\dfrac{5}{6}\times\dfrac{1}{6}$	$\left(\dfrac{5}{6}\right)^2\times\dfrac{1}{6}$	$\cdots$	$\left(\dfrac{5}{6}\right)^{k-1}\times\dfrac{1}{6}$	$\cdots$

或写成 $P(X=k)=\left(\dfrac{5}{6}\right)^{k-1}\times\dfrac{1}{6},\ k=1,2,\cdots。$

下面我们介绍几种常见的离散型随机变量。

1. "0-1"分布

设随机变量 X 只可能取 0 和 1 两个值，它的分布律为

$$P(X=k)=p^k(1-p)^{1-k},\ k=0,1(0<p<1), \qquad (2.4)$$

则称 X 服从参数为 p 的**"0-1"分布**或**两点分布**。

"0-1"分布的分布律也可以写为

X	0	1
P	$1-p$	p

"0-1"分布应用非常广泛。对于非此即彼随机试验，如新生婴儿的性别、投掷硬币、正次品抽查等都可以直接运用"0-1"分布。

2. 二项分布

设对一个随机试验 E，我们只关心某一事件 A 是否发生，即

该试验只有两个可能结果：A 和 $\bar{A}$，称这样的随机试验为**伯努利（Bernoulli）试验**。设事件 A 在一次试验中发生的概率 $P(A)=p(0<p<1)$，则 $P(\bar{A})=1-p$。将该试验 E 独立重复地进行 n 次，独立是指每次试验之间的结果互不影响，重复是指在每次试验中 $P(A)=p$ 保持不变，则称这 n 次独立重复试验为 n **重伯努利试验**。

n 重伯努利试验是一种重要的数学模型，具有广泛的应用。

以 X 表示 n 重伯努利试验中事件 A 发生的次数，X 是一个随机变量，可知 X 的所有可能取值为 $0,1,2,\cdots,n$。由于各次试验是相互独立的，在 n 次试验中特定的 k 次试验事件 A 发生，其他的 $n-k$ 次试验事件 A 不发生的概率为 $p^k(1-p)^{n-k}$。在 1 到 n 次试验中挑选 k 次事件的不同挑选方法有 $\binom{n}{k}$ 种，因此，在 n 重伯努利试验中事件 A 发生 k 次，即 $\{X=k\}$ 的概率为

$$P(X=k)=\binom{n}{k}p^k(1-p)^{n-k},\ k=0,1,2,\cdots,n, \qquad (2.5)$$

则称随机变量 X 服从参数为 n，p 的**二项分布**，记为 $X\sim B(n,p)$。

显然，

$$P(X=k)\geqslant 0,\ k=0,1,2,\cdots,n;$$

$$\sum_{k=0}^{n}P(X=k)=\sum_{k=0}^{n}\binom{n}{k}p^k(1-p)^{n-k}=(p+1-p)^n=1,$$

满足离散型随机变量分布律的非负性和规范性。此外，可以看出 $\binom{n}{k}p^k(1-p)^{n-k}$ 是二项式 $(p+1-p)^n$ 展开式中出现 p^k 的那一项，为此，二项分布由此得名。特别地，当参数 $n=1$ 时，式 (2.5) 就化为式 (2.4)，因此，"0-1"分布是二项分布的特殊情形。

例 2.2.2 某高校的校乒乓球队与统计系乒乓球队举行对抗赛，校队的实力总体比系队强，当一个校队运动员与一个系队运动员比赛时，校队运动员的获胜概率为 0.6。校、系双方商量对抗赛方式，提出了以下 2 种方案。方案一：双方各派出 3 人，采用 3 局 2 胜制；方案二：双方各派出 5 人，采用 5 局 3 胜制。试问对系队来说，哪种方案最有利？

解 由题意可知，在一局比赛中，系队获胜的概率为 0.4，且各局比赛结果是相互独立的。

若采用方案一，系队获胜次数 $X\sim B(3,0.4)$，因此系队获胜的概率为

$$P(X\geqslant 2)=P(X=2)+P(X=3)=C_3^2 0.4^2(1-0.4)+C_3^3 0.4^3=0.352;$$

若采用方案二，系队获胜次数 $X \sim B(5, 0.4)$，因此系队获胜的概率为

$$P(X \geq 3) = \sum_{k=3}^{5} C_5^k 0.4^k (1-0.4)^{5-k} = 0.317。$$

由此可以看出，3 局 2 胜制对系队更有利。

有放回抽样：设有 N 件产品，其中有 M 件是不合格品。若从中有放回地抽取 n 件，取法共有 N^n 种，而在 N 件产品中取 n 件，其中含有的不合格品的件数为 X，则 X 的分布律为

$$P(X=k) = \frac{\binom{n}{k} M^k (N-M)^{n-k}}{N^n} = \binom{n}{k}\left(\frac{M}{N}\right)^k \left(1-\frac{M}{N}\right)^{n-k}, \quad k=1,2,\cdots,n。$$

此式即为二项分布的概率公式。

不放回抽样：设有 N 件产品，其中有 M 件是不合格品。若从中不放回地抽取 $n(n \leq N)$ 件，设其中含有的不合格品的件数为 X，则 X 的分布律为

$$P(X=k) = \frac{\binom{N}{k}\binom{N-M}{n-k}}{\binom{N}{k}}, k=\max\{0, n+M-N\}, \cdots, \min\{n, M\} \quad (2.6)$$

称 X 服从参数为 N, M 和 n 的**超几何分布**，记为 $X \sim H(n, N, M)$，其中 N, M 和 n 均为正整数。

若将不放回抽样改为放回抽样，可以证明：当 $M = Np$，即 $\frac{M}{N} = p$ 时，有

$$\lim_{N \to \infty} \frac{\binom{N}{k}\binom{N-M}{n-k}}{\binom{N}{k}} = \binom{n}{k} p^k (1-p)^{n-k}。$$

即在实际应用中，当产品数 N 很大，而抽取样品的个数 n 远小于 N，即 $n \ll N$ 时，每次抽取后，总体中的不合格率 $p = \frac{M}{N}$ 改变微小，则不放回抽样与放回抽样实际差别不大。

3. 泊松分布

泊松分布是 1837 年由法国数学家泊松（Poisson）首次提出的。如果随机变量 X 的分布律为

$$P(X=k) = \frac{\lambda^k e^{-\lambda}}{k!}, \quad k=0,1,2,3,\cdots, \quad (2.7)$$

则称随机变量 X 服从参数为 $\lambda(\lambda > 0)$ 的**泊松分布**，记作 $X \sim P(\lambda)$。

对泊松分布而言，显然 $P(X=k) \geq 0$，且易验证其取值概率和为 1，即

$$\sum_{k=0}^{\infty} \frac{\lambda^k e^{-\lambda}}{k!} = e^{-\lambda} \sum_{k=0}^{\infty} \frac{\lambda^k}{k!} = e^{-\lambda} \cdot e^{\lambda} = 1。$$

服从泊松分布的随机变量在实际中有很多，它常常与连续时间或空间事件中发生次数有关，如一段时间段内商店接待的顾客人数、某地区发生的交通事故次数等。

> **定理 2.1**（泊松定理） 在 n 重伯努利试验中，记事件 A 在一次试验中发生的概率为 p_n，如果当 $n \to \infty$ 时，有 $np_n \to \lambda$，则
>
> $$\lim_{n \to \infty} \binom{n}{k} p_n^k (1-p_n)^{n-k} = \frac{\lambda^k}{k!} e^{-\lambda}。$$

证 记 $np_n = \lambda$，则 $p_n = \dfrac{\lambda}{n}$，有

$$\binom{n}{k} p_n^k (1-p_n)^{n-k} = \frac{n(n-1)\cdots(n-k+1)}{k!} \left(\frac{\lambda}{n}\right)^k \left(1-\frac{\lambda}{n}\right)^{n-k}$$

$$= \frac{\lambda^k}{k!} \cdot \frac{n(n-1)\cdots(n-k+1)}{n^k} \left(1-\frac{\lambda}{n}\right)^{n-k}$$

$$= \frac{\lambda^k}{k!} \cdot 1 \cdot \left(1-\frac{1}{n}\right) \left(1-\frac{2}{n}\right) \cdots \left(1-\frac{k-1}{n}\right) \left(1-\frac{\lambda}{n}\right)^{n-k},$$

对于任意固定的 k，有

$$\lim_{n \to \infty} \left(1-\frac{1}{n}\right) \left(1-\frac{2}{n}\right) \cdots \left(1-\frac{k-1}{n}\right) = 1,$$

$$\lim_{n \to \infty} \left(1-\frac{\lambda}{n}\right)^{n-k} = \lim_{n \to \infty} \left(1-\frac{\lambda}{n}\right)^{n} \left(1-\frac{\lambda}{n}\right)^{-k} = e^{-\lambda} \cdot 1 = e^{-\lambda},$$

故有

$$\lim_{n \to \infty} \binom{n}{k} p_n^k (1-p_n)^{n-k} = \frac{\lambda^k}{k!} e^{-\lambda}$$

对于任意的 $k(k=0,1,2,\cdots)$ 都成立。

例 2.2.3 设有相同类型仪器 300 台，它们的工作是相互独立的，且发生故障的概率均为 0.01，一台仪器发生了故障，一名维修工人可以排除。问至少配备多少名维修工人，才能保证仪器发生故障但不能及时排除的概率小于 0.01？

解 以 X 表示任意时刻同时发生故障的仪器台数，显然 $X \sim B(300, 0.01)$，且 X 近似服从 $P(3)$。设满足要求且使下式成立的最小工人数为 n，于是有

$$P(X>n) < 0.01。$$

即 $P(X \leqslant n) \geqslant 0.99$，为了寻求 n 的值，可以利用泊松分布表(附表1)，在 $\lambda = 3$ 时，查得

$$P(X \leqslant 7) = 0.9881, P(X \leqslant 8) = 0.9962。$$

从而至少配备 8 名维修工人，才能保证仪器发生故障但不能及时排除的概率小于 0.01。

4. 几何分布

在伯努利试验中，记每次试验中事件 A 发生的概率 $P(A) = p$，设随机变量 X 表示事件 A 出现时已经试验的次数，显然 X 的取值为 $1, 2, 3, \cdots$，相应的分布律为

$$P(X = k) = p(1-p)^{k-1}, 0 < p < 1, k = 1, 2, \cdots, \qquad (2.8)$$

则称随机变量 X 服从参数为 p 的几何分布，记为 $X \sim Ge(p)$。

从几何分布的定义不难看出，本节例 2.2.1 掷骰子的试验中，显然首次出现 6 点时的投掷次数 $X \sim Ge\left(\dfrac{1}{6}\right)$。下面我们再看一个例子。

例 2.2.4　设一名某种病毒携带者在一次核酸检测中被筛查出来的概率为 0.7，试求该携带者在被筛查出来时所做的检测次数的分布律。

解　设该携带者在被筛查出来时所做的检测次数为 X，则 $X \sim Ge(0.7)$，其分布律为

$$P(X = k) = 0.3^{k-1} \times 0.7, \quad k = 1, 2, 3, \cdots。$$

在实际应用中，几何分布也是一种常用的离散型分布，如：射击中，直到击中目标为止所进行的射击次数；投篮首次命中时投篮的次数；掷一枚均匀的骰子，首次出现 1 点的投掷次数等。

5. 负二项分布

负二项分布是几何分布的一个延伸，在伯努利试验中，记每次试验中事件 A 发生的概率 $P(A) = p, 0 < p < 1$，设随机变量 X 表示事件 A 第 r 次出现时已经试验的次数，则 X 的取值为 $r, r+1, r+2, \cdots$，相应的分布律为

$$P(X = k) = \binom{k-1}{r-1} p^r (1-p)^{k-r}, 0 < p < 1, k = r, r+1, \cdots, \qquad (2.9)$$

称随机变量 X 服从参数为 r, p 的**负二项分布**或帕斯卡(Pascal)分布，记为 $X \sim NB(r, p)$。其中 $r = 1$ 时，即为几何分布。

习题 2.2

1. 设随机变量 X 的分布律为

$$P(X=k)=c\frac{\lambda^k}{k!}, \ k=1,2,3,\cdots,\lambda>0,$$

求常数 c 的值。

2. 袋中有 2 只白球和 3 只黑球，每次从中任取 1 球，取到的球不再放回，直到取得白球为止，求取球次数的分布律。

3. 设在 15 只同类型的零件中有 2 只是次品，在其中取 3 次，每次任取 1 只，做不放回抽样，以 X 表示取出的次品。

(1) 求 X 的分布律；

(2) 画出分布律的图形。

4. 设随机变量 $X \sim B(2,p)$，$Y \sim B(4,p)$，若

$P(X \geqslant 1)=8/9$，求 $P(Y \geqslant 1)$。

5. 某商店出售某种商品，由历史销售记录知道，该种商品每月的销售数可以用参数为 $\lambda=5$ 的泊松分布来描述，为了以 95% 以上的把握不脱销，问商店在月底至少应进该种商品多少件？

6. 一批产品的不合品率为 0.02，现从中任取 30 件进行检验，若发现两件或两件以上不合格品，就拒收这批产品。分别用以下方式求拒收的概率。

(1) 用二项分布做精确计算；

(2) 用泊松分布做近似计算。

7. 设 $X \sim Ge(p)$，则对于任意正整数 m 和 n，证明

$$P(X>m+n \mid X>m)=P(X>n)。$$

即，几何分布具有"无记忆性"。

2.3 随机变量的分布函数

对于离散型随机变量，可以通过分布律的形式来描述其取值规律。但对于非离散型随机变量 X，由于随机变量的所有可能取值不能一一列举，因此就不能像离散型随机变量求其分布律。为了研究随机变量 X 的统计规律性，我们转而去研究 X 取值某个区间的概率。由于 $\{a<X \leqslant b\}=\{X \leqslant b\}-\{X \leqslant a\}$，$\{X>c\}=S-\{X \leqslant c\}$，因此，对需计算任意区间的概率，只需知道 $\{X \leqslant x\}$ 的概率就够了，为此我们引入随机变量的分布函数的概念。

定义 2.3 若 X 是一个随机变量，对于任意实数 x，我们考虑随机变量 X 取值不大于 x 的概率，即事件 $\{X \leqslant x\}$ 的概率，记作

$$F(x)=P(X \leqslant x), \quad -\infty<x<+\infty, \quad (2.10)$$

这个函数叫作随机变量 X 的**概率分布函数**或**分布函数**。

如果已知随机变量 X 的分布函数 $F(x)$，则对于任意的两个实数 $-\infty<a<b<+\infty$，有

$$P(a<X \leqslant b)=F(b)-F(a)。 \quad (2.11)$$

因此，只要知道随机变量 X 的分布函数 $F(x)$，就可以知道 X 落在任意一区间 $(a,b]$ 内的概率，所以说分布函数完整地描述了随机变量的统计规律性。

从这个定义可以看出，分布函数是一个普通的函数，它定义

在 $(-\infty,+\infty)$ 上，值域为 $[0,1]$。如果将随机变量 X 看作数轴上的随机点的坐标，那么分布函数 $F(x)$ 在 x 处的数值就表示 X 落在区间 $(-\infty,x]$ 上的概率。

例 2.3.1　一个箱子中有 6 个大小形状相同的球，球号分别为 1,2,2,3,3,3。现随机摸一球（假设摸到各球的可能性相同），用 X 表示摸到的球号，求 X 的分布函数。

解　由题意可知，X 的分布律为

X	1	2	3
P	1/6	1/3	1/2

则 X 的分布函数为

当 $x<1$ 时，$F(x)=P(X\leqslant x)=P(X<1)=0$；

当 $1\leqslant x<2$ 时，$F(x)=P(X\leqslant x)=P(X=1)=1/6$；

当 $2\leqslant x<3$ 时，$F(x)=P(X\leqslant x)=P(X=1)+P(X=2)=1/2$；

当 $x\geqslant 3$ 时，$F(x)=P(X\leqslant x)=P(X=1)+P(X=2)+P(X=3)=1$。

从而，随机变量 X 的分布函数为

$$F(x)=\begin{cases}0, & x<1,\\ 1/6, & 1\leqslant x<2,\\ 1/2, & 2\leqslant x<3,\\ 1, & x\geqslant 3。\end{cases}$$

$F(x)$ 的图形如图 2-1 所示，它是一条阶梯形的曲线，在可能取值 $x=1,2,3$ 处有跳跃点，跳跃值分别为 $\dfrac{1}{6}$，$\dfrac{1}{2}$，1。

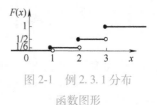

图 2-1　例 2.3.1 分布
函数图形

而且从例 2.3.1 的分布函数及其图形中可以看出分布函数 $F(x)$ 具有右连续、单调不减等性质，具体来讲，分布函数 $F(x)$ 具有如下性质：

（1）对于任意实数 x，有 $0\leqslant F(x)\leqslant 1$，$F(-\infty)=\lim\limits_{x\to-\infty}F(x)=0$，$F(+\infty)=\lim\limits_{x\to+\infty}F(x)=1$；

（2）因为对任意实数 $x_1,x_2(x_1<x_2)$，有 $P(x_1<X\leqslant x_2)=F(x_2)-F(x_1)\geqslant 0$，可知

$$F(x_1)\leqslant F(x_2)，\qquad x_1<x_2，$$

即 $F(x)$ 是一个不减函数。

（3）$F(x)$ 是 x 的右连续函数，即 $F(x_0+0)=F(x_0)$。

证明略。

反之，具有性质（1）～性质（3）的函数 $F(x)$ 必然是某个随机变量的分布函数。

例 2.3.2　设随机变量 X 的分布函数为

$$F(x)=\begin{cases}A+\dfrac{B}{2}\mathrm{e}^{-3x}, & x>0,\\[2mm] 0, & x\leqslant 0。\end{cases}$$

求：（1）常数 A,B 的值；（2）$P(2<X\leqslant 3)$。

解　（1）由分布函数的性质（1）

$$F(+\infty)=1=\lim_{x\to +\infty}\left(A+\dfrac{B}{2}\mathrm{e}^{-3x}\right)，\text{可得 }A=1；$$

又由右连续性有 $F(0+0)=\lim\limits_{x\to 0^+}\left(A+\dfrac{B}{2}\mathrm{e}^{-3x}\right)=F(0)=0$；可得 $B=-2$。

即分布函数 $F(x)$ 为

$$F(x)=\begin{cases}1-\mathrm{e}^{-3x}, & x>0,\\ 0, & x\leqslant 0。\end{cases}$$

（2）$P(2<X\leqslant 3)=F(3)-F(2)=(1-\mathrm{e}^{-9})-(1-\mathrm{e}^{-6})=\mathrm{e}^{-6}-\mathrm{e}^{-9}$。

习题 2.3

1. 以下 4 个函数，哪个是随机变量的分布函数？

（1）$F(x)=\begin{cases}0, & x<0,\\[1mm] \dfrac{1}{2}, & 0\leqslant x<2,\\[1mm] 2, & x\geqslant 2；\end{cases}$

（2）$F(x)=\begin{cases}0, & x<0,\\ \sin x, & 0\leqslant x<\pi,\\ 1, & x\geqslant \pi；\end{cases}$

（3）$F(x)=\begin{cases}0, & x\leqslant 0,\\[1mm] x+\dfrac{1}{3}, & 0<x<\dfrac{1}{2},\\[1mm] 1, & x\geqslant \dfrac{1}{2}；\end{cases}$

（4）$F(x)=\begin{cases}\dfrac{\mathrm{e}^x}{2}, & x<0,\\[2mm] \dfrac{1}{2}, & 0\leqslant x<1,\\[2mm] 1-\dfrac{1}{2}\mathrm{e}^{-\frac{1}{2}(x-1)}, & x\geqslant 1。\end{cases}$

2. 一批零件中有 10 个合格品与 2 个废品，安装机器时从这批零件中任取 1 个，如果每次取出的废品不再放回，求在取得合格品以前已取出的废品数 X 的分布律和分布函数。

3. 从学校到火车站的途中有 3 个交通岗，设在各交通岗遇到红灯是相互独立的，其概率均为 0.4，试求途中遇到红灯次数 X 的分布律及其分布函数。

4. 设一醉汉游离于 A,B 两点间，A,B 之间距离 3 个单位。该醉汉落在 A,B 间任一子区间的概率与长度成正比，设他在离 A 点距离 X 远处，求 X 的分布函数。

2.4　连续型随机变量

从前面我们知道，连续型随机变量的一切可能取值充满某个区间，在这个区间里有无穷不可数个实数，因此当我们描述连续型随机变量时，不能再用离散型随机变量的分布律的形式表示，而改用概率密度函数来表示。

> **定义 2.4**　对于随机变量 X 的分布函数 $F(x)$，若存在一个非负函数 $f(x)$，使得对于任意实数 x 有
>
> $$F(x)=\int_{-\infty}^{x}f(t)\mathrm{d}t, \qquad (2.12)$$
>
> 则称 X 为连续型随机变量，其中 $f(x)$ 称为 X 的**概率密度函数，简称概率密度**。由式(2.12)，根据高等数学的知识可知连续型随机变量的分布函数一定是连续函数。

由概率密度的定义，$f(x)$ 具有以下两个本质性质：

（1）非负性　　$f(x)\geqslant 0,\ -\infty<x<+\infty;$ \qquad (2.13)

（2）规范性　　$\int_{-\infty}^{+\infty}f(x)\mathrm{d}x=1。$ \qquad (2.14)

反之，满足式(2.13)和式(2.14)的函数 $f(x)$ 必是某个随机变量的概率密度。

概率密度 $f(x)$ 与分布函数 $F(x)$ 之间的关系如图 2-2 所示，$F(x)=P(X\leqslant x)$ 恰好是 $f(x)$ 在区间 $(-\infty,x]$ 上的积分，也即是图 2-3 中阴影部分的面积。

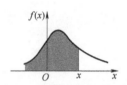

图 2-2　$f(x)$ 与 $F(x)$ 的几何关系

除了式(2.13)和式(2.14)所示的概率密度的本质性质，连续型随机变量还具有下述性质：

（1）由式(2.12)，根据高等数学的知识可知分布函数 $F(x)$ 是连续函数，在概率密度 $f(x)$ 的连续点处，$F'(x)=f(x)$；

（2）对于任意指定实数值 a 的概率恒为 0，即 $P(X=a)=0$。（这是因为 $P(X=a)=\int_a^a f(x)\mathrm{d}x=0。$）所以在事件 $\{a\leqslant X\leqslant b\}$ 中剔除 $X=a$ 或剔除 $X=b$，都不会影响概率的大小，即有

$$P(a\leqslant X\leqslant b)=P(a<X\leqslant b)=P(a\leqslant X<b)=P(a<X<b)。$$

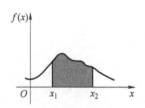

图 2-3　连续型随机变量的区间概率

这条性质表明：不可能事件的概率为 0，但概率为 0 的事件不一定是不可能事件。类似地，必然事件的概率为 1，但概率为 1 的事件不一定是必然事件。

（3）对于任意的实数 $x_1,x_2(x_1\leqslant x_2)$，有

$$P(x_1<X\leqslant x_2)=F(x_2)-F(x_1)=\int_{x_1}^{x_2}f(x)\mathrm{d}x。 \qquad (2.15)$$

其含义为图 2-3 中区间 $(x_1,x_2]$ 上的曲边梯形的面积。

例 2.4.1　设连续型随机变量 X 的概率密度为

$$f(x)=\frac{c}{1+x^2},-\infty<x<+\infty。$$

视频：柯西分布

求：

（1）常数 c；

（2）$P(|X|\leqslant 1)$；

（3）X 的分布函数 $F(x)$。

解　（1）由概率密度性质［式（2.14）］，有

$$1=\int_{-\infty}^{+\infty}f(x)\mathrm{d}x=\int_{-\infty}^{+\infty}\frac{c}{1+x^2}\mathrm{d}x=c\arctan x\Big|_{-\infty}^{+\infty}=c\pi,$$

从而常数 $c=\dfrac{1}{\pi}$，即 X 的概率密度为

$$f(x)=\frac{1}{\pi(1+x^2)},\ -\infty<x<+\infty。$$

（2）由式（2.15）可得

$$P(|X|\leqslant 1)=P(-1\leqslant X\leqslant 1)=\int_{-1}^{1}\frac{1}{\pi(1+x^2)}\mathrm{d}x=\frac{1}{\pi}\arctan x\Big|_{-1}^{1}$$

$$=\frac{1}{\pi}\times\frac{\pi}{2}=0.5。$$

（3）由概率密度的定义，即式（2.12）可知，对于任意实数 x，有

$$F(x)=\int_{-\infty}^{x}f(t)\mathrm{d}t=\int_{-\infty}^{x}\frac{1}{\pi(1+t^2)}\mathrm{d}t$$

$$=\frac{1}{\pi}\arctan t\Big|_{-\infty}^{x}=\frac{1}{\pi}\Big(\arctan x+\frac{\pi}{2}\Big)=\frac{1}{\pi}\arctan x+\frac{1}{2}。$$

这个分布叫作**柯西**（Cauchy）**分布**。

下面我们介绍三种常见的连续型随机变量分布。

1. 均匀分布

定义 2.5　如果连续型随机变量 X，具有概率密度

$$f(x)=\begin{cases}\dfrac{1}{b-a},&a<x<b,\\0,&\text{其他,}\end{cases}\tag{2.16}$$

则称随机变量 X 服从区间 (a,b) 上的均匀分布，记作 $X\sim U(a,b)$。

易知 $f(x)\geqslant 0$，$-\infty<x<+\infty$，且 $\int_{-\infty}^{+\infty}f(x)\mathrm{d}x=1$。若 $X\sim U(a,b)$，则由式（2.12）得 X 的分布函数为

$$F(x)=\begin{cases}0,&x<a,\\\dfrac{x-a}{b-a},&a\leqslant x<b,\\1,&x\geqslant b。\end{cases}\tag{2.17}$$

由此可得，若 $X \sim U(a,b)$，则对于任一长度 l 的子区间 $(c,c+l)$，即 $a \leqslant c < c+l \leqslant b$，有 $P(c < X \leqslant c+l) = \int_c^{c+l} f(x)\,\mathrm{d}x = \int_c^{c+l} \dfrac{1}{b-a}\mathrm{d}x = \dfrac{l}{b-a}$。这个结论说明，服从均匀分布的随机变量 X 落在 (a,b) 的子区间内的概率仅与该区间长度 l 有关而与子区间的位置无关。均匀分布的概率密度 $f(x)$ 和分布函数 $F(x)$ 的图形如图 2-4 所示。

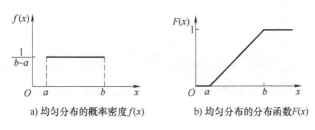

a) 均匀分布的概率密度 $f(x)$　　　　b) 均匀分布的分布函数 $F(x)$

图 2-4　均匀分布的概率密度和分布函数

例 2.4.2　设随机变量 $X \sim U(-3,7)$，求：

（1）事件 $\{|X| < 4\}$ 的概率；

（2）现对 X 进行 3 次独立观测，在 3 次观测中至少有 2 次观测值的绝对值不超过 4 的概率。

解　（1）由题意，X 的概率密度为

$$f(x) = \begin{cases} \dfrac{1}{10}, & -3 < x < 7, \\ 0, & \text{其他,} \end{cases}$$

从而

$$P(|X| < 4) = P(-3 < X < 4) = \int_{-3}^{4} \dfrac{1}{10}\mathrm{d}x = 0.7\,。$$

（2）设随机变量 Y 表示 3 次独立观测中观测值绝对值不超过 4 的次数，则 $Y \sim B(3,p)$，由第（1）问可知，$p = 0.7$，即 $Y \sim B(3,0.7)$。于是

$$P(Y \geqslant 2) = \binom{3}{2} \times 0.7^2 \times (1-0.7) + \binom{3}{3} \times 0.7^3 = 0.784\,。$$

2. 指数分布

定义 2.6　设随机变量 X 的概率密度为

$$f(x) = \begin{cases} \lambda \mathrm{e}^{-\lambda x}, & x > 0, \\ 0, & x \leqslant 0, \end{cases} \tag{2.18}$$

则称 X 服从参数为 λ 的**指数分布**，记作 $X \sim \mathrm{Exp}(\lambda)$，其中参数 $\lambda > 0$。

易知 $f(x) \geqslant 0$，$-\infty < x < +\infty$，且 $\int_{-\infty}^{+\infty} f(x)\,\mathrm{d}x = 1$。

若 $X \sim \text{Exp}(\lambda)$，则由式（2.12）得 X 的分布函数为

$$F(x) = \begin{cases} 1 - e^{-\lambda x}, & x \geq 0, \\ 0, & x < 0. \end{cases} \qquad (2.19)$$

指数分布的概率密度 $f(x)$ 和分布函数 $F(x)$ 的图形如图 2-5 所示。

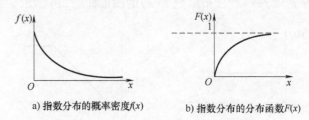

a）指数分布的概率密度$f(x)$　　　　b）指数分布的分布函数$F(x)$

图 2-5　指数分布的概率密度和分布函数

指数分布常被用作各种"寿命"的分布，如电子元件的使用寿命、动物的寿命等。

指数分布同几何分布相似，也具有"无记忆性"。具体体现为：对于任意实数 $a,b>0$，有

$$P(X>a+b \mid X>a) = P(X>b), \qquad (2.20)$$

事实上，

$$P(X>a+b \mid X>a) = \frac{P((X>a+b) \cap (X>a))}{P(X>a)} = \frac{P(X>a+b)}{P(X>a)}$$

$$= \frac{\int_{a+b}^{+\infty} \lambda e^{-\lambda t} dt}{\int_{a}^{+\infty} \lambda e^{-\lambda t} dt} = \frac{e^{-\lambda(a+b)}}{e^{-\lambda a}} = e^{-\lambda b} = P(X>b).$$

3. 正态分布

定义 2.7　设随机变量 X 的概率密度为

$$f(x) = \frac{1}{\sqrt{2\pi}\,\sigma} e^{-\frac{(x-\mu)^2}{2\sigma^2}}, \ -\infty < x < +\infty, \qquad (2.21)$$

其中 μ,σ 为常数，且 $\sigma>0$，则称 X 服从参数为 μ,σ 的**正态分布**（或**高斯分布**），记作 $X \sim N(\mu,\sigma^2)$。

易知 $f(x) \geq 0, -\infty < x < +\infty$。下面证明 $\int_{-\infty}^{+\infty} f(x)\,dx = 1$。

事实上，令 $t = \dfrac{x-\mu}{\sigma}$，由式（2.21）有

$$\int_{-\infty}^{+\infty} f(x)\,dx = \int_{-\infty}^{+\infty} \frac{1}{\sqrt{2\pi}\,\sigma} e^{-\frac{(x-\mu)^2}{2\sigma^2}}\,dx = \int_{-\infty}^{+\infty} \frac{1}{\sqrt{2\pi}} e^{-\frac{t^2}{2}}\,dt,$$

记 $I=\int_{-\infty}^{+\infty}\mathrm{e}^{-\frac{t^2}{2}}\mathrm{d}t$，则不难看出 $\int_{-\infty}^{+\infty}\mathrm{e}^{-\frac{v^2}{2}}\mathrm{d}v=I$。从而有

$$I^2=\int_{-\infty}^{+\infty}\mathrm{e}^{-\frac{t^2}{2}}\mathrm{d}t\int_{-\infty}^{+\infty}\mathrm{e}^{-\frac{v^2}{2}}\mathrm{d}v=\int_{-\infty}^{+\infty}\int_{-\infty}^{+\infty}\mathrm{e}^{-\frac{t^2}{2}}\mathrm{e}^{-\frac{v^2}{2}}\mathrm{d}t\mathrm{d}v=\int_{-\infty}^{+\infty}\int_{-\infty}^{+\infty}\mathrm{e}^{-\frac{t^2+v^2}{2}}\mathrm{d}t\mathrm{d}v,$$

令 $t=r\cos\theta$，$v=r\sin\theta$，将上式化成极坐标得到

$$I^2=\int_0^{2\pi}\int_0^{+\infty}\mathrm{e}^{-\frac{r^2}{2}}r\mathrm{d}r\mathrm{d}\theta=(-\mathrm{e}^{-\frac{r^2}{2}})\Big|_0^{+\infty}\int_0^{2\pi}\mathrm{d}\theta=2\pi,$$

从而 $I=\sqrt{2\pi}$，得到 $\int_{-\infty}^{+\infty}f(x)\mathrm{d}x=\int_{-\infty}^{+\infty}\frac{1}{\sqrt{2\pi}}\mathrm{e}^{-\frac{t^2}{2}}\mathrm{d}t=\frac{1}{\sqrt{2\pi}}\times\sqrt{2\pi}=1$。

若 $X\sim N(\mu,\sigma^2)$，则相应的分布函数为

$$F(x)=\int_{-\infty}^{x}\frac{1}{\sqrt{2\pi}\sigma}\mathrm{e}^{-\frac{(t-\mu)^2}{2\sigma^2}}\mathrm{d}t,-\infty<x<+\infty。\qquad(2.22)$$

正态分布的概率密度和分布函数图形如图 2-6 所示。

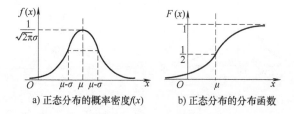

a) 正态分布的概率密度f(x)　　b) 正态分布的分布函数

图 2-6 正态分布的概率密度和分布函数

正态分布是概率论与数理统计中最重要的一种分布，很多随机变量都可以用正态分布描述或者近似描述。从图 2-6a 可以看出，正态分布的概率密度 $f(x)$ 是一条钟形曲线，中间高、两边低、左右关于直线 $x=\mu$ 对称；当 $x=\mu$ 时，$f(x)$ 取最大可能值 $\frac{1}{\sqrt{2\pi}\sigma}$，在 $x=\mu$ 附近取值的可能性大，两侧取值的可能性小，而且 $x=\mu\pm\sigma$ 是该曲线的拐点。

此外，如果固定 σ，改变 μ 的值，则概率密度曲线沿 x 轴平移，而不改变其形状（见图 2-7a），所以参数 μ 又称为位置参数。

如果固定 μ，改变 σ 的值，则概率密度曲线的位置不变，但 σ 的值越小，曲线呈现高而瘦，分布越集中；σ 的值越大，曲线呈现矮而胖，分布越分散（见图 2-7b），所以参数 σ 又称为尺度参数。

特别地，如果参数 $\mu=0,\sigma=1$，相应的正态分布称为**标准正态分布**，记作 $X\sim N(0,1)$，记标准正态分布的概率密度为 $\varphi(x)$，分布函数为 $\Phi(x)$，即

$$\varphi(x)=\frac{1}{\sqrt{2\pi}}\mathrm{e}^{-\frac{x^2}{2}},-\infty<x<+\infty,\qquad(2.23)$$

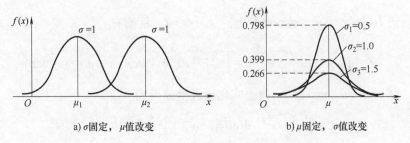

图 2-7　参数改变时正态分布的概率密度

$$\Phi(x)=\int_{-\infty}^{x}\frac{1}{\sqrt{2\pi}}e^{-\frac{t^2}{2}}dt,-\infty<x<+\infty。\qquad(2.24)$$

标准正态分布的概率密度 $\varphi(x)$ 和分布函数 $\Phi(x)$ 图形如图 2-8 所示。

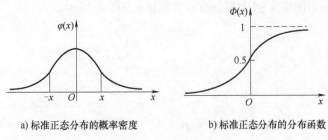

a) 标准正态分布的概率密度　　　　b) 标准正态分布的分布函数

图 2-8　标准正态分布的概率密度和分布函数

当 $x\geqslant0$ 时，附表 2 给出了**标准正态分布的分布函数** $\Phi(x)$ 的值。当 $x<0$ 时，利用标准正态分布的对称性（见图 2-8a）可知

$$\Phi(-x)=\int_{-\infty}^{-x}\frac{1}{\sqrt{2\pi}}e^{-\frac{t^2}{2}}dt\xrightarrow{u=-t}\frac{1}{\sqrt{2\pi}}\int_{x}^{\infty}e^{-\frac{u^2}{2}}du=1-\frac{1}{\sqrt{2\pi}}\int_{-\infty}^{x}e^{-\frac{u^2}{2}}du=1-\Phi(x)。$$

即

$$\Phi(-x)=1-\Phi(x)。\qquad(2.25)$$

因此，对任意的两个实数 $a,b(a<b)$，有

$$P(a<X\leqslant b)=\Phi(b)-\Phi(a)。\qquad(2.26)$$

例 2.4.3　若随机变量 $X\sim N(0,1)$，借助于标准正态分布函数表（附表 2），求下列事件的概率：

(1) $P(X\leqslant1.65)=\Phi(1.65)=0.9505$；

(2) $P(-1<X\leqslant1.65)=\Phi(1.65)-\Phi(-1)=\Phi(1.65)-[1-\Phi(1)]$
$=0.9505-(1-0.8413)=0.7918$；

(3) $P(|X|\geqslant1.65)=1-P(|X|<1.65)=1-P(-1.65<X<1.65)$
$=1-[\Phi(1.65)-\Phi(-1.65)]$
$=1-\Phi(1.65)+[1-\Phi(1.65)]$
$=2[1-\Phi(1.65)]=0.099。$

定理 2.2 设随机变量 $X \sim N(\mu, \sigma^2)$，则 $Z = \dfrac{X-\mu}{\sigma} \sim N(0,1)$。

证 设 Z 的分布函数为

$$P(Z \leqslant x) = P\left(\frac{X-\mu}{\sigma} \leqslant x\right) = P(X \leqslant \mu + \sigma x) = \frac{1}{\sigma\sqrt{2\pi}} \int_{-\infty}^{\mu+\sigma x} e^{-\frac{(t-\mu)^2}{2\sigma^2}} \, dt,$$

令 $u = \dfrac{t-\mu}{\sigma}$，则有

$$P(Z \leqslant x) = \frac{1}{\sqrt{2\pi}} \int_{-\infty}^{x} e^{-\frac{u^2}{2}} \, du = \Phi(x)。$$

标准正态分布的重要性在于，任何一个一般的正态分布都可以通过线性变换转化为标准正态分布。根据上述定理，可以利用标准正态分布函数表解决一般正态分布的概率计算问题。

例 2.4.4 若随机变量 $X \sim N(2, 9)$，求下列事件的概率：

解 （1）$P(1 \leqslant X < 5) = F(5) - F(1) = \Phi\left(\dfrac{5-2}{3}\right) - \Phi\left(\dfrac{1-2}{3}\right)$

$$= \Phi(1) - \Phi\left(-\frac{1}{3}\right) = \Phi(1) - \left[1 - \Phi\left(\frac{1}{3}\right)\right]$$

$$= \Phi(1) + \Phi\left(\frac{1}{3}\right) - 1 = 0.8413 + 0.6293 - 1$$

$$= 0.4706;$$

（2）$P(|X-2| > 6) = 1 - P(|X-2| \leqslant 6) = 1 - P(-4 \leqslant X \leqslant 8)$

$$= 1 - \left[\Phi\left(\frac{8-2}{3}\right) - \Phi\left(\frac{-4-2}{3}\right)\right]$$

$$= 1 - [\Phi(2) - \Phi(-2)] = 2[1 - \Phi(2)]$$

$$= 2 \times (1 - 0.9772) = 0.0456。$$

为了方便在数理统计中使用标准正态分布，我们引入标准正态分布的上 α 分位数的定义。

定义 2.8 设随机变量 $X \sim N(0,1)$，若 z_α 满足

$$P(X > z_\alpha) = \alpha, \tag{2.27}$$

则称 z_α 为标准正态分布的**上 α 分位数**（见图 2-9）。

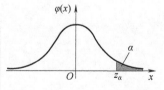

图 2-9 标准正态分布的上 α 分位数

根据上述定义及附表 2，可知 $P(X \leqslant 1.96) = \Phi(1.96) = 0.9750$，从而 $P(X > 1.96) = 1 - \Phi(1.96) = 0.025$，所以 $z_{0.025} = 1.96$。同理查表计算可得 $z_{0.05} = 1.645$，$z_{0.01} = 2.327$。

习题 2.4

1. 设随机变量 X 的概率密度为 $f(x)$，则下列函数中是概率密度的是(　　)。

(A) $f(2x)$ 　　(B) $f^2(x)$

(C) $2xf(x^2)$ 　　(D) $3x^2f(x^3)$

2. 设随机变量 $X \sim N(0,4)$，则 $P(X<1) = ($　　$)$。

(A) $\int_0^1 \frac{1}{2} \frac{1}{\sqrt{2\pi}} e^{-\frac{x^2}{8}} dx$　　(B) $\int_{-\infty}^1 \frac{1}{\sqrt{2\pi}} e^{-\frac{x^2}{8}} dx$

(C) $\frac{1}{\sqrt{2\pi}} e^{-\frac{1}{2}}$　　(D) $\int_{-\infty}^{\frac{1}{2}} \frac{1}{\sqrt{2\pi}} e^{-\frac{x^2}{2}} dx$

3. 设随机变量 X 的概率密度为

$$f(x) = \begin{cases} kx, & 0 \leqslant x < 1, \\ 2-x, & 1 \leqslant x < 2, \\ 0, & \text{其他}, \end{cases}$$

求：

(1) 常数 k；

(2) X 的分布函数 $F(x)$；

(3) $P(0.5 < X \leqslant 1.2)$。

4. 已知连续型随机变量 X 的分布函数为

$$F(x) = \begin{cases} 0, & x < -1, \\ a + b\arcsin x, & -1 \leqslant x < 1, \\ 1, & x \geqslant 1, \end{cases}$$

求：

(1) a, b 的值；

(2) $P\left(|X| \leqslant \frac{1}{2} \right)$；

(3) X 的概率密度 $f(x)$。

5. 公共汽车每隔 6min 到站一辆，求乘客等车时间不超过 4min 的概率。

6. 设随机变量 K 服从 $(0,5)$ 上的均匀分布，求方程 $x^2 + Kx + 1 = 0$ 有实根的概率。

7. 设某类荧光灯管的使用寿命 X(单位：h)服从参数为 $\frac{1}{1000}$ 的指数分布，

(1) 任取一只这种灯管，求能正常使用 500h 以上的概率；

(2) 有一只这种灯管已知正常使用了 1000h 以上，求还能使用 500h 以上的概率。

8. 设随机变量 $K \sim N(\mu, 2^2)$，方程 $x^2 + 2x + K = 0$ 有实根的概率为 0.5，求 μ。

9. 设随机变量 $X \sim N(2, 3^2)$，

(1) 求 $P(-4 < X \leqslant 8)$；

(2) 确定 c，使得 $P(X>c) = P(X \leqslant c)$；

(3) 设 d 满足 $P(X>d) \geqslant 0.99$，问 d 至多是多少?

2.5　随机变量函数的分布

设 $y = g(x)$ 是定义在 R 上的一个函数，X 是一个随机变量，那么 $Y = g(X)$ 作为 X 上的函数，也是一个随机变量。在实际问题中，我们往往需要讨论这样的随机变量函数的分布，即已知随机变量 X 的分布，求出另一个随机变量 $Y = g(X)$ 的分布。下面分别在 X 为离散型、连续型两种情况下讨论随机变量函数 Y 的分布。

2.5.1　离散型随机变量函数的分布

设离散型随机变量 X 的分布律为

X	x_1	x_2	$\cdots$	x_n	$\cdots$
P	p_1	p_2	$\cdots$	p_n	$\cdots$

为了求随机变量函数 $Y=g(X)$ 的分布律，应先写出下面的表：

Y	$y_1=g(x_1)$	$y_2=g(x_2)$	$\cdots$	$y_n=g(x_n)$	$\cdots$
P	p_1	p_2	$\cdots$	p_n	$\cdots$

如果 $y_1,y_2,\cdots,y_n$ 的值全不相同，则上表为随机变量函数 Y 的分布律；但如果 $y_1,y_2,\cdots,y_n$ 的值中有相同的，则对应的那些概率应合并相加，得到随机变量函数 Y 的分布律。

例 2.5.1 设离散型随机变量 X 的分布律为

X	-2	-1	0	1	2	3
P	0.1	0.25	0.2	0.2	0.15	0.1

求以下随机变量的分布律：

（1）$Y_1=X+2$；

（2）$Y_2=X^2+1$。

解 先写出下表：

X	-2	-1	0	1	2	3
$Y_1=X+2$	0	1	2	3	4	5
$Y_2=X^2+1$	5	2	1	2	5	10
P	0.1	0.25	0.2	0.2	0.15	0.1

所以，整理得到 Y_1 的分布律为

$Y_1=X+2$	0	1	2	3	4	5
P	0.1	0.25	0.2	0.2	0.15	0.1

求 Y_2 的分布律时，对相等的 Y_2 取值 2，5，概率合并可得 Y_2 的分布律为

$Y_2=X^2+1$	1	2	5	10
P	0.2	0.45	0.25	0.1

2.5.2 连续型随机变量函数的分布

离散型随机变量的函数仍是一个离散型随机变量，但连续型随机变量 X 的函数 $Y=g(X)$ 不一定为连续型随机变量。下面我们讨论几种情况下 $Y=g(X)$ 的分布。

1. 当 $Y=g(X)$ 为离散型随机变量时

在这种情况下，只需将 Y 的所有可能取值一一列出，并求出 Y 在所有可能取值下的概率即可。

例 2.5.2　设随机变量 $X \sim \mathrm{Exp}(1)$，求

$$Y = \begin{cases} 0, & x \leqslant 1, \\ 1, & x > 1 \end{cases}$$

的概率分布。

解　由题意，随机变量 X 的概率密度和分布函数分别为

$$f(x) = \begin{cases} \mathrm{e}^{-x}, & x > 0, \\ 0, & x \leqslant 0 \end{cases} \quad \text{及} \quad F_X(x) = \begin{cases} 1 - \mathrm{e}^{-x}, & x \geqslant 0, \\ 0, & x < 0, \end{cases}$$

且 Y 的可能取值为 0, 1，于是有

$$P(Y=0) = P(X \leqslant 1) = F_X(1) = 1 - \mathrm{e}^{-1};$$

$$P(Y=1) = P(X > 1) = 1 - F_X(1) = \mathrm{e}^{-1}。$$

故 Y 的分布律为

Y	0	1
P	$1 - \mathrm{e}^{-1}$	e^{-1}

2. 当 $Y = g(X)$ 为严格单调函数时

在这种情况下，有以下定理：

视频：定理 2.3

> **定理 2.3**　设 X 是连续型随机变量，其概率密度为 $f_X(x)$，$Y = g(X)$ 是连续型随机变量，$y = g(x)$ 为严格单调函数，$h(y) = g^{-1}(y)$ 为相应的反函数，且为可导函数，则 $Y = g(X)$ 的概率密度为
>
> $$f_Y(y) = \begin{cases} f_X(h(y)) \, |h'(y)|, & a < y < b, \\ 0, & \text{其他}, \end{cases} \quad (2.28)$$
>
> 其中 $a = \min\{g(-\infty), g(+\infty)\}$，$b = \max\{g(-\infty), g(+\infty)\}$。

证　若 $g(x)$ 是严格单调增函数，这时它的反函数 $h(y)$ 也是严格单调增函数，且 $h'(y) > 0$。记 $a = g(-\infty)$，$b = g(+\infty)$，因为 $Y = g(X)$ 在 (a, b) 内取值，故

当 $y \leqslant a$ 时，

$$F_Y(y) = P(Y \leqslant y) = 0;$$

当 $y \geqslant b$ 时，

$$F_Y(y) = P(Y \leqslant y) = 1;$$

当 $a < y < b$ 时，

$$F_Y(y) = P(Y \leqslant y) = P(g(X) \leqslant y) = P(X \leqslant h(y)) = F_X(h(y)),$$

从而

$$f_Y(y) = F_X'(h(y)) = f_X(h(y)) h'(y),$$

由此得 Y 的概率密度为

$$f_Y(y)=\begin{cases}f_X(h(y))h'(y), & a<y<b,\\ 0, & 其他。\end{cases}$$

若 $g(x)$ 是严格单调减函数，这时它的反函数 $h(y)$ 也是严格单调减函数，且 $h'(y)<0$。$a=g(+\infty)$，$b=g(-\infty)$，当 $a<y<b$ 时，

$$F_Y(y)=P(Y\leqslant y)=P(g(X)\leqslant y)=P(X\geqslant h(y))=1-F_X(h(y)),$$

$$f_Y(y)=F'_Y(y)=-f_X(h(y))h'(y)=f_X(h(y))[-h'(y)],$$

由此得 Y 的概率密度为

$$f_Y(y)=\begin{cases}f_X(h(y))[-h'(y)], & a<y<b,\\ 0, & 其他。\end{cases}$$

综合上述两方面，得

$$f_Y(y)=\begin{cases}f_X(h(y))\,|h'(y)|, & a<y<b,\\ 0, & 其他。\end{cases}$$

定理得证。

若 $f_X(x)$ 在有限区间 $[\alpha,\beta]$ 以外取值为零，则只需假设在区间 $[\alpha,\beta]$ 上是严格单调函数，此时 $a=\min\{g(\alpha),g(\beta)\}$，$b=\max\{g(\alpha),g(\beta)\}$。

定理 2.4 设 $X\sim N(\mu,\sigma^2)$，则当 $a\neq 0$ 时，$Y=aX+b\sim N(a\mu+b,a^2\sigma^2)$，特别地，$\dfrac{X-\mu}{\sigma}\sim N(0,1)$。

证 当 $a>0$ 时，$Y=aX+b$ 是严格单调增函数，仍在 $(-\infty,+\infty)$ 上取值，其反函数 $X=\dfrac{Y-b}{a}$，即 $h(y)=\dfrac{y-b}{a}$，由定理 2.3 可得

$$f_Y(y)=f_X\left(\frac{y-b}{a}\right)\cdot\frac{1}{a}=\frac{1}{\sqrt{2\pi}\,\sigma}e^{-\frac{[(y-b)/a-\mu]^2}{2\sigma^2}}\cdot\frac{1}{a}=\frac{1}{\sqrt{2\pi}\,a\sigma}e^{-\frac{[y-(a\mu+b)]^2}{2a^2\sigma^2}},$$

当 $a<0$ 时，

$$f_Y(y)=-f_X\left(\frac{y-b}{a}\right)\cdot\frac{1}{a}=-\frac{1}{\sqrt{2\pi}\,\sigma}e^{-\frac{[(y-b)/a-\mu]^2}{2\sigma^2}}\cdot\frac{1}{a}=\frac{1}{\sqrt{2\pi}\,(-a)\sigma}e^{-\frac{[y-(a\mu+b)]^2}{2a^2\sigma^2}}。$$

综合上述两方面，得

$$f_Y(y)=\frac{1}{\sqrt{2\pi}\,|a|\sigma}e^{-\frac{[y-(a\mu+b)]^2}{2a^2\sigma^2}},$$

这是正态分布 $N(a\mu+b,a^2\sigma^2)$ 的概率密度，结论得证。特别地，若取 $a=\dfrac{1}{\sigma},b=-\dfrac{\mu}{\sigma}$，不难得到 $\dfrac{X-\mu}{\sigma}\sim N(0,1)$。

这个定理表明：正态随机变量的线性函数仍服从正态分布。

例 2.5.3 设随机变量 $X \sim N(1, 2^2)$，求：

（1）$Y_1 = 2X + 3$ 的分布；

（2）$Y_2 = -X$ 的分布。

解 （1）由定理 2.4 知 $Y_1 = 2X + 3$ 仍服从正态分布，且 $a = 2$，$b = 3$，得 $Y \sim N(5, 4^2)$；

（2）同理 $Y_2 = -X$ 也服从正态分布，且 $a = -1, b = 0$，得 $Y_2 \sim N(-1, 2^2)$。

例 2.5.4 设随机变量 $X \sim N(\mu, \sigma^2)$，求 $Y = e^X$ 的概率密度。

解 因为 $y = e^x$ 是严格单调增函数，且它仅在 $(0, +\infty)$ 上取值，其反函数为 $x = \ln y$；$(\ln y)' = \dfrac{1}{y}$，由定理 2.3 可得

当 $y \leqslant 0$ 时，$F_Y(y) = 0$，$f_Y(y) = 0$；

当 $y > 0$ 时，$f_Y(y) = f_X(\ln y) \cdot \dfrac{1}{y} = \dfrac{1}{\sqrt{2\pi}\,\sigma y} e^{-\frac{(\ln y - \mu)^2}{2\sigma^2}}$。

故 $Y = e^X$ 的概率密度为

$$f_Y(y) = \begin{cases} \dfrac{1}{\sqrt{2\pi}\,\sigma y} e^{-\frac{(\ln y - \mu)^2}{2\sigma^2}}, & y > 0, \\ 0, & y \leqslant 0。 \end{cases}$$

上例中 $Y = e^X$ 又称为**对数正态分布**，记为 $Y \sim LN(\mu, \sigma^2)$。

3. 当 $Y = g(X)$ 为一般形式时

设连续型随机变量 X 的概率密度为 $f_X(x)$，当 $Y = g(X)$ 是连续型随机变量时，下面给出 $Y = g(X)$ 的概率密度为 $f_Y(y)$ 求解的一般步骤：

（1）由随机变量 X 的取值范围确定随机变量 Y 的取值范围；

（2）对取值范围内的任意 y，求出

$$F_Y(y) = P(Y \leqslant y) = P(g(X) \leqslant y) = P(X \in G_y);$$

其中 $\{X \in G_y\}$ 是与 $\{g(X) \leqslant y\}$ 相同的随机事件，是实数轴上的一个区间或若干区间的并集。

（3）对（2）解出的分布函数 $F_Y(y)$ 求导得到概率密度 $f_Y(y)$。

例 2.5.5 设随机变量 $X \sim U[-1, 2]$，求 $Y = X^2 + 1$ 的概率分布。

解 由 $X \sim U[-1, 2]$，可知 X 的概率密度为

$$f(x) = \begin{cases} \dfrac{1}{3}, & -1 \leqslant x \leqslant 2, \\ 0, & \text{其他}。 \end{cases}$$

由 X 的取值范围 $[-1, 2]$，可以确定 $Y = X^2 + 1$ 的取值范围为 $[1, 5]$，且分成两段区间 $[1, 2]$、$[2, 5]$ 来考虑。

当 $y \leqslant 1$ 时，$F_Y(y) = P(Y \leqslant y) = 0$；

当 $1<y\le2$ 时，$F_Y(y)=P(Y\le y)=P(X^2+1\le y)$

$$=P(-\sqrt{y-1}\le X\le\sqrt{y-1})=\int_{-\sqrt{y-1}}^{\sqrt{y-1}}\frac{1}{3}\mathrm{d}x$$

$$=\frac{2}{3}\sqrt{y-1}\,;$$

当 $2<y\le5$ 时，$F_Y(y)=P(X^2+1\le y)=P(X^2+1\le2)+P(2<X^2+1\le y)$

$$=P(-1\le X\le1)+P(1\le X\le\sqrt{y-1})$$

$$=\frac{2}{3}+\int_1^{\sqrt{y-1}}\frac{1}{3}\mathrm{d}x=\frac{1}{3}(1+\sqrt{y-1})\,;$$

当 $y>5$ 时，$F_Y(y)=P(Y\le y)=1$。

即

$$F_Y(y)=\begin{cases}0, & y\le1,\\[2mm]\dfrac{2}{3}\sqrt{y-1}, & 1<y\le2,\\[2mm]\dfrac{1}{3}(1+\sqrt{y-1}), & 2<y\le5,\\[2mm]1, & y>5。\end{cases}$$

对 $F_Y(y)$ 关于 y 求导数，即得 Y 的概率密度为

$$f_Y(y)=\begin{cases}\dfrac{1}{3\sqrt{y-1}}, & 1<y\le2,\\[2mm]\dfrac{1}{6\sqrt{y-1}}, & 2<y\le5,\\[2mm]0, & 其他。\end{cases}$$

例 2.5.6　设随机变量 $X\sim N(0,1)$，求 $Y=X^2$ 的概率分布。

解　由 $Y=X^2$ 可知，Y 的取值范围为 $[0,+\infty)$。因此，

当 $y<0$ 时，$F_Y(y)=P(Y\le y)=0$；

当 $y\ge0$ 时，

$$F_Y(y)=P(Y\le y)=P(X^2\le y)=P(-\sqrt{y}\le X\le\sqrt{y})=\Phi(\sqrt{y})-\Phi(-\sqrt{y})$$

$$=2\Phi(\sqrt{y})-1\,;$$

对 $F_Y(y)$ 关于 y 求导数，得到当 $y<0$ 时，$f_Y(y)=0$；

当 $y\ge0$ 时，$\quad f_Y(y)=F_Y'(y)=2\varphi(\sqrt{y})\cdot\dfrac{1}{2}\cdot\dfrac{1}{\sqrt{y}}=\dfrac{1}{\sqrt{2\pi}\sqrt{y}}\mathrm{e}^{-\frac{y}{2}}$。

故 $Y=X^2$ 的概率密度为

$$f_Y(y)=\begin{cases}\dfrac{1}{\sqrt{2\pi}\sqrt{y}}\mathrm{e}^{-\frac{y}{2}}, & y\ge0,\\[2mm]0, & y<0。\end{cases}$$

此时称 Y 服从自由度为 1 的 χ^2（**卡方**）**分布**，记作 $Y\sim\chi^2(1)$。

习题 2.5

1. 设离散型随机变量 X 的分布律为

X	-1	0	1	2
P	0.2	0.3	0.4	0.1

求以下随机变量的分布律：

(1) $Y_1 = 2X^2 + 1$；

(2) $Y_2 = 3 |X| + 5$。

2. 离散型随机变量 X 的分布律为

$$P(X=k) = \frac{1}{2^k}, k = 1, 2, \cdots,$$

求随机变量 $Y = \sin\left(\frac{\pi}{2}X\right)$ 的分布律。

3. 设随机变量 $X \sim U(0,3)$，求

$$Y = \begin{cases} -1, & x \leqslant 2, \\ 1, & x > 2 \end{cases}$$

的概率分布。

4. 设随机变量 $X \sim U(0,1)$，试求以下随机变量 Y 的概率密度：

(1) $Y_1 = 1 - X$；

(2) $Y_2 = e^X$；

(3) $Y_3 = -2\ln X$；

(4) $Y_4 = \frac{\pi}{4}X^2$。

5. 设随机变量 X 服从区间 $(0, \pi)$ 上的均匀分布，求随机变量 $Y = \sin X$ 的概率密度。

6. 设随机变量 $X \sim N(0,1)$，试求以下随机变量 Y 的概率密度：

(1) $Y_1 = |X|$；

(2) $Y_2 = 2X^2 + 1$；

(3) $Y_3 = 2X + 5$。

小结 2

本章首先给出了随机变量的定义，即 $X = X(e)$ 是定义在样本空间 S 上的单值实值函数，利用随机变量的取值及其取值规律性来研究随机现象。随机变量的引入，将概率论的研究由个别随机事件扩大到随机变量的取值及其规律性的研究；接下来给出随机变量 X 的分布函数、离散型随机变量的分布律及连续型随机变量的概率密度的定义及性质。

分布函数的定义为

$$F(x) = P(X \leqslant x), \quad -\infty < x < +\infty。$$

如果已知随机变量 X 的分布函数 $F(x)$，则对于任意的两个实数 $a, b(a < b)$，有 $P(a < X \leqslant b) = F(b) - F(a)$。

若一个随机变量的所有可能取值是有限个或无限可列个，则称它为离散型随机变量，用分布律来描述它的取值及其取值的统计规律性，即

$$P(X = x_k) = p_k, k = 1, 2, \cdots \left(\text{满足 } p_k \geqslant 0; \sum_{k=1}^{\infty} p_k = 1 \right)。$$

或写成

X	x_1	x_2	$\cdots$	x_n	$\cdots$
P	p_1	p_2	$\cdots$	p_n	$\cdots$

对于随机变量 X 的分布函数 $F(x)$，若存在一个非负函数 $f(x)$，使得对于任意实数 x 有

$$F(x) = \int_{-\infty}^{x} f(t)\,\mathrm{d}t,$$

则称 X 为连续型随机变量，其中 $f(x)$ 称为 X 的 **概率密度**

$\left(\text{满足 } f(x) \geqslant 0;\ \int_{-\infty}^{+\infty} f(x)\,\mathrm{d}x = 1\right)$。

本章引入了几个常见的随机变量的分布："0-1"分布、二项分布、泊松分布、均匀分布、指数分布和正态分布。对它们的分布律或概率密度应熟记。

最后，本章还研究了随机变量函数的分布 $Y = g(X)$，即已知随机变量 X 的分布（分布律或概率密度）如何去求它的函数 $Y = g(X)$ 的分布（分布律或概率密度）。

章节测验 2

1. 设随机变量 X 的分布律为 $P(X=k) = \dfrac{c}{k!}\mathrm{e}^{-2}$，$k = 0, 1, 2, \cdots$，求常数 c。

2. 一海运货船的甲板上，放着 20 个装有化学原料的圆桶，现已知其中有 2 桶被海水污染了。若从中随机抽取 5 桶，用 X 表示 5 桶中被污染的桶数，试求 X 的分布律。

3. 已知一批产品共有 20 件，其中有 3 件次品。

(1) 若采用不放回抽样，抽取 5 件产品，求抽出的产品中次品数的分布律；

(2) 若采用放回抽样，抽取 5 件产品，求抽出的产品中次品数的分布律。

4. 设随机变量 X 的分布律为 $P(X=k) = \theta(1-\theta)^{k-1}$，$k = 1, 2, \cdots$，其中 $0 < \theta < 1$，若 $P(X \leqslant 2) = \dfrac{5}{9}$，求 $P(X=3)$。

5. 已知某商场一天接待的顾客数 X 服从参数为 λ 的泊松分布，而每个来到商场的顾客购物的概率为 p，证明：此商场一天内购物的顾客数服从参数为 λp 的泊松分布。

6. 抛掷一枚不均匀的硬币，出现正面的概率为 p，设随机变量 X 为一直抛掷到正、反面都出现时所需次数，求随机变量 X 的分布律。

7. 设测量误差 $X \sim N(0, 10^2)$，现进行 100 次独立测量，求误差的绝对值超过 19.6 的次数不小于 3 的概率。

8. 设随机变量 $X \sim N(\mu, 4)$，且已知 $3P(X \geqslant 1.5) = 2P(X < 1.5)$，求 $P(|X-1| \leqslant 2)$。

9. 设随机变量 X 的概率密度为

$$f(x) = \begin{cases} A\cos x, & -\dfrac{\pi}{2} \leqslant x < \dfrac{\pi}{2}, \\ 0, & \text{其他}, \end{cases}$$

求：

(1) 系数 A；

(2) $P\left(0 < X < \dfrac{\pi}{4}\right)$。

10. 设学生完成一道作业的时间 X（单位：h）是一个随机变量，它的概率密度为

$$f(x) = \begin{cases} cx^2 + x, & 0 \leqslant x < \dfrac{1}{2}, \\ 0, & \text{其他}, \end{cases}$$

求：

(1) 系数 c；

(2) X 的分布函数 $F(x)$；

(3) 学生在 20min 内完成一道题的概率。

11. 设随机变量 X 的分布函数为

$$F(x) = \begin{cases} 0, & x < 0, \\ Ax^2, & 0 \leqslant x < 1, \\ 1, & x \geqslant 1, \end{cases}$$

求:

(1) 系数 A;

(2) $P(0.2<X<2)$;

(3) X 的概率密度 $f(x)$。

12. 设顾客在某银行的窗口等待服务时间 X(单位: min)服从参数为 $\frac{1}{5}$ 的指数分布, 某顾客在窗口等待服务, 若超过 10min, 他就离开。他一个月要到银行 5 次, 以 Y 表示一个月内他未等到服务而离开的次数, 求:

(1) Y 的分布律;

(2) $P(Y \geqslant 1)$。

13. 设电流 I 是一个随机变量, 它均匀分布在 9~11A 之间。若此电流通过 2Ω 的电阻, 在其上消耗的功率为 $W=2I^2$, 求 W 的概率密度。

14. 设随机变量 X 的概率密度为

$$f(x)=\begin{cases} |X|, & -1<x<1, \\ 0, & \text{其他,} \end{cases}$$

令 $Y=X^2+1$, 求:

(1) 随机变量 Y 的概率密度;

(2) $P(-1<Y<1.5)$。

15. 设随机变量 X 的概率密度为

$$f(x)=\frac{1}{2}e^{-|x|}, \quad -\infty<x<+\infty,$$

求随机变量 $Y=X^2$ 的概率密度。

16. 设随机变量 X 的概率密度为

$$f(x)=\frac{1}{\pi(1+x^2)}, \quad -\infty<x<+\infty,$$

求随机变量 $Y=\arctan X$ 的概率密度。

17. 设随机变量 $X \sim U(-2,1)$, 求 $Y=|X|$ 的概率密度 $f_Y(y)$。

R 实验 2

实验 2.1　生成两点分布的随机数

设随机变量 X 只可能取 0 与 1 两个值, 它的分布律为

X	0	1
P	$1-p$	p

R 生成两点分布的随机数, 使用的函数是 rbinom(生成次数, 1,p)

使用 R 生成 20 个两点分布的随机数, $p=0.1$。代码如下:

```
> set.seed(1)
> rbinom(n=20,size=1,p=0.1)
 [1] 0 0 0 1 0 0 1 0 0 0 0 0 0 0 0 0 0 1 0 0
```

实验 2.2　二项分布的分布律

回顾二项分布的定义。在 n 重伯努利试验中事件 A 发生 k 次, 即 $\{X=k\}$ 的概率为

$$P(X=k)=\binom{n}{k}p^k(1-p)^{n-k}, \quad k=0,1,2,\cdots,n。$$

则称随机变量 X 服从参数 n,p 的二项分布, 记为 $X \sim B(n,p)$。

在相同条件下相互独立地进行 5 次射击, 每次射击时击中目标的概率为 0.6, 则击中目标的次数 X 服从 $B(5,0.6)$ 的二项分

布，求 X 的分布律的 R 代码如下：

```
> set.seed(1)
> x=dbinom(0:5,5,0.6)
> x
[1]0.01024 0.07680 0.23040 0.34560 0.25920 0.07776
```

由此可得 X 的分布律为

X	0	1	2	3	4	5
P	0.01024	0.07680	0.23040	0.34560	0.25920	0.07776

实验 2.3　二项分布与一级品的概率

一大批产品中一级品率为 0.2，随机抽查 20 只，问 20 只产品中恰好有 $X(X=0,1,2,\cdots,20)$ 只一级品的概率。

R 代码如下：

```
> x=dbinom(0:20,20,0.2)
> x
 [1] 1.152922e-02 5.764608e-02 1.369094e-01
 [4] 2.053641e-01 2.181994e-01 1.745595e-01
 [7] 1.090997e-01 5.454985e-02 2.216088e-02
[10] 7.386959e-03 2.031414e-03 4.616849e-04
[13] 8.656592e-05 1.331783e-05 1.664729e-06
[16] 1.664729e-07 1.300570e-08 7.650410e-10
[19] 3.187671e-11 8.388608e-13 1.048576e-14
> plot(x,type="h")
```

图 2-10 所示为程序执行结果——20 只产品中恰有 x 只一级品的概率分布图。

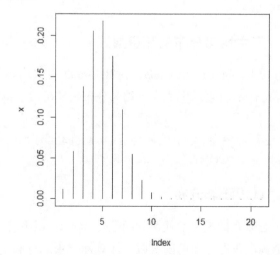

图 2-10　执行结果——20 只产品中恰有 x 只一级品的概率分布图

实验 2.4 二项分布与击中次数

某人射击命中率为 0.2，独立射击 200 次，求至少击中 2 次的概率。

R 代码如下，首先计算射击击中 2~200 次的概率，然后求和得到至少击中 2 次的概率。

```
> dbinom(2:200,200,0.02)
 [1] 1.457727e-01  1.963468e-01  1.973486e-01 1.578789e-01 1.047156e-01
 [6] 5.922689e-02  2.916018e-02  1.269559e-02 4.948688e-03 1.744436e-03
[11] 5.607115e-04  1.654847e-04  4.511026e-05 1.141566e-05 2.693746e-06
[16] 5.950171e-07  1.234559e-07  2.413424e-08 4.457446e-09 7.797282e-10
[21] 1.294725e-10  2.044907e-11  3.077794e-12 4.421974e-13 6.074140e-14
[26] 7.988664e-15  1.007317e-15  1.219272e-16 1.418337e-17 1.587342e-18
[31] 1.710847e-19  1.777503e-20 ……
> sum(dbinom(2:200,200,0.02))
 [1]0.9106245
```

由此可得，至少击中 2 次的概率约为 0.91。

实验 2.5 二项分布、泊松分布与交通事故

在一天的某段时间内出交通事故的概率为 0.0001，在每天的该段时间内有 1000 辆汽车通过，问出事故的次数不小于 2 的概率是多少？

```
> sum(dbinom(2:1000,1000,0.0001))
[1] 0.004674768
```

当然也可以用泊松分布近似计算，使用的函数是 dpois(x, lambda)，本例中 lambda = 0.0001 * 1000 = 0.1。R 代码如下：

```
> sum(dpois(2:1000,0.1))
[1] 0.00467884
```

实验 2.6 产生均匀分布的随机数

均匀分布 Uniform Distribution，在 R 中 unif 表示均匀分布，函数 runif(n,min,max) 表示生成 n 个均匀分布的随机数。例如，

```
> runif(10,0,1)
 [1] 0.234176887 0.618499352 0.858561765 0.009619215 0.495845601 0.868557038
 [7] 0.592583532 0.939850448 0.790168395 0.592229614
```

实验 2.7 认识正态分布

生成正态分布的随机数使用的函数是 rnorm。以下使用 R 语言生成 100 个标准正态分布的随机数，计算标准正态分布的分位点。代码如下：

```
> rnorm(100,mean=0,sd=1)
[1]-1.173983219  -2.316199039  -0.194440399  -0.278750757  -2.280869582  0.813475397
[7]-0.385871712  -0.131003612  0.697400146  0.840609702  1.456394752  0.449096626
[13] 0.056712839  -0.066181364  -2.032641321  1.248920573  0.200810953  0.396410724
......

> qnorm(1-0.025,mean=0,sd=1)

[1]1.959964
```

生成标准正态分布的随机数,并绘制成直方图。

```
> x<-rnorm(1000)
> hist(x,freq=FALSE,  main="Histogram of Normal data")
```

图 2-11 所示为对生成的随机数绘制的直方图。

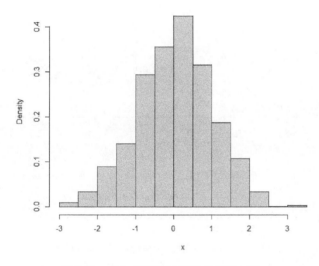

图 2-11 对生成的随机数绘制的直方图

以下是绘制概率密度函数图。

```
> curve(dnorm(x),
+        xlim=c(-3,3),
+         main ="The Standard Normal Distribution",ylab =
"Density")
```

图 2-12 所示为标准正态分布的概率密度函数图。

正态分布有两个参数,以下绘制 $N(2,0.25)$ 和 $N(-1,1)$。实验中可以设置不同参数,观察图形的变化。

```
> curve(dnorm(x,mean=2,sd=0.5),
+        xlim=c(-4,4),col="red",
+        main="The Normal Distribution",ylab="Density")
> curve(dnorm(x,mean=-1,sd=1),
```

```
+          add=TRUE,
+          col="blue")
> text(x=c(-1,2),y=c(0.2,0.4),
+          labels=c("N(-1,1.0)","N(2,0.25)"),
+          col=c("blue","red"))
```

图 2-13 所示为设置为不同参数时的正态分布图。

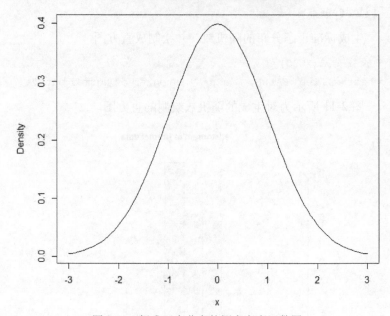

图 2-12   标准正态分布的概率密度函数图

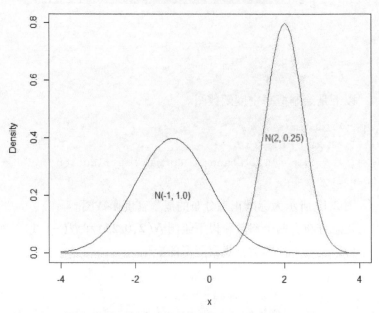

图 2-13   设置不同参数时的正态分布图

第 3 章

多维随机变量及其分布

在第 2 章中，我们讨论了一维随机变量及其概率分布。但在许多生产实际和理论研究中，常常需要用几个随机变量才能较好地描述某一随机试验或随机现象。比如说，炮弹的弹着点的位置就是由一对随机变量（两个坐标）来确定的；某地一天的天气情况，需要用最高气温、最低气温、气压、风力、降雨量这五个随机变量来确定。我们称 n 个随机变量 $X_1, X_2, \cdots, X_n$ 的总体 $(X_1, X_2, \cdots, X_n)$ 为 n 维随机变量。

由于多维随机变量的研究同二维随机变量的研究思路和方法无本质差别，所以本章我们重点讨论二维随机变量。

3.1　二维随机变量及其联合分布

下面我们给出二维随机变量和几维随机变量的定义。

定义 3.1　设有随机试验 E，其样本空间为 S。若 $X = X(e)$ 和 $Y = Y(e)$ 是定义在 S 上的随机变量，则称 (X, Y) 为**二维随机变量**或**二维随机向量**。

定义 3.2　设有随机试验 E，其样本空间为 S。若 $X_1 = X_1(e)$，$X_2 = X_2(e), \cdots, X_n = X_n(e)$ 是定义在 S 上的 n 个随机变量，则称 $(X_1, X_2, \cdots, X_n)$ 为 n **维随机变量**或 n **维随机向量**。

3.1.1　联合分布函数

二维随机变量同样要讨论其分布。同一维随机变量不同的是，二维随机变量的分布不仅要包含每个随机变量各自的分布信息，还要包含两个随机变量之间相互关系的信息，因此称它们的分布为联合分布。

定义 3.3 设 (X,Y) 为二维随机变量，对任意的 $(x,y)\in\mathbf{R}^2$，称
$$F(x,y)=P(X\leqslant x,Y\leqslant y) \tag{3.1}$$
为随机变量 (X,Y) 的**联合分布函数**。

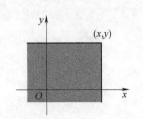

图 3-1 以 (x,y) 为顶点的
左下方无穷直角区域

对二维随机变量 (X,Y)，联合分布函数 $F(x,y)=P(X\leqslant x,Y\leqslant y)$ 是事件 $\{X\leqslant x\}$ 与 $\{Y\leqslant y\}$ 同时发生的概率。如果将二维随机变量 (X,Y) 看成是平面上随机点的坐标，那么联合分布函数 $F(x,y)$ 在 (x,y) 处的函数值就是随机点 (X,Y) 落在以 (x,y) 为顶点的左下方无穷直角区域（见图 3-1）上的概率。

定义 3.4 设 $(X_1,X_2,\cdots,X_n)$ 为 n 维随机变量，对任意 $(x_1,x_2,\cdots,x_n)\in\mathbf{R}^n$，称
$$F(x_1,x_2,\cdots,x_n)=P(X_1\leqslant x_1,X_2\leqslant x_2,\cdots,X_n\leqslant x_n) \tag{3.2}$$
为随机变量 $(X_1,X_2,\cdots,X_n)$ 的**联合分布函数**。

和一维随机变量类似，二维随机变量的联合分布函数具有以下基本性质：

1) $0\leqslant F(x,y)\leqslant 1$；

2) 当固定 y 值时，$F(x,y)$ 是变量 x 的单调非减函数；当固定 x 值时，$F(x,y)$ 是变量 y 的单调非减函数；

3) 对于任意固定的 y，$\lim\limits_{x\to-\infty}F(x,y)\triangleq F(-\infty,y)=0$，对于任意固定的 x，$\lim\limits_{y\to-\infty}F(x,y)\triangleq F(x,-\infty)=0$，$\lim\limits_{\substack{x\to-\infty\\y\to-\infty}}F(x,y)\triangleq F(-\infty,-\infty)=0$，$\lim\limits_{\substack{x\to+\infty\\y\to+\infty}}F(x,y)\triangleq F(+\infty,+\infty)=1$；

4) 当固定 y 值时，$F(x,y)$ 是变量 x 的右连续函数；当固定 x 值时，$F(x,y)$ 是变量 y 的右连续函数；

5) 对任意四个实数 $x_1\leqslant x_2,y_1\leqslant y_2$，有矩形公式（见图 3-2）
$$P(x_1<X\leqslant x_2,y_1<Y\leqslant y_2)=F(x_2,y_2)-F(x_2,y_1)-F(x_1,y_2)+F(x_1,y_1)\geqslant 0。$$

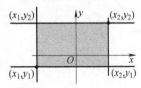

图 3-2 联合分布函数
的矩形公式

值得注意的是：二维随机变量的联合分布函数与一维随机变量的分布函数的性质是不完全一样的，刻画一个联合分布函数需要加设条件 5）。下面举一例说明条件 5）不能由条件 1）~ 条件 4）推出。

例 3.1.1 令 $F(x,y)=\begin{cases}1, & x+y>-1,\\0, & x+y\leqslant-1,\end{cases}$ 显然，$F(x,y)$ 满足条件 1）~ 条件 4），但不满足条件 5），因为

$$P(-1<X\leqslant 1,-1<Y\leqslant 1)=F(1,1)-F(1,-1)-F(-1,1)+F(-1,-1)$$
$$=-1。$$

3.1.2　二维离散型随机变量及其联合分布律

与一维情形一样，二维分布也有最常用的两大类型。这里我们给出二维离散型随机变量及其联合分布律的定义。多维情形类似。

定义 3.5　如果二维随机变量(X,Y)只取有限个或可列个数对(x_i,y_j)，则称(X,Y)为**二维离散型随机变量**，称

$$P(X=x_i,Y=y_j)=p_{ij},i,j=1,2,\cdots \qquad (3.3)$$

为(X,Y)的**联合分布律**，也可表示为表格形式如下：

X	Y				
	y_1	y_2	$\cdots$	y_j	$\cdots$
x_1	p_{11}	p_{12}	$\cdots$	p_{1j}	$\cdots$
x_2	p_{21}	p_{22}	$\cdots$	p_{2j}	$\cdots$
$\vdots$	$\vdots$	$\vdots$		$\vdots$	
x_i	p_{i1}	p_{i2}	$\cdots$	p_{ij}	$\cdots$
$\vdots$	$\vdots$	$\vdots$		$\vdots$	

联合分布律的基本性质有：

（1）**非负性**　$p_{ij}\geqslant 0$；

（2）**规范性**　$\displaystyle\sum_{i=1}^{\infty}\sum_{j=1}^{\infty}p_{ij}=1$。

例 3.1.2　从$1,2,3,4$中任取一个数记为X，再从$1,2,\cdots,X$中任取一个数记为Y，求(X,Y)的联合分布律及$P(X=2Y)$。

解　易知$\{X=i,Y=j\}$的可能取值情况为$i,j=1,2,3,4,j\leqslant i$，则当$1\leqslant j\leqslant i\leqslant 4$时，由乘法公式

$$P(X=i,Y=j)=P(X=i)P(Y=j\mid X=i)=\frac{1}{4}\times\frac{1}{i},$$

由此可得(X,Y)的联合分布律为

X	Y			
	1	2	3	4
1	1/4	0	0	0
2	1/8	1/8	0	0
3	1/12	1/12	1/12	0
4	1/16	1/16	1/16	1/16

由此事件 $\{X=2Y\}$ 的概率为 $P(X=2Y)=p_{21}+p_{42}=\dfrac{1}{8}+\dfrac{1}{16}=$

$\dfrac{3}{16}=0.1875$。

3.1.3 **二维连续型随机变量及其联合密度函数**

定义 3.6 设二维随机变量 (X,Y) 的联合分布函数为 $F(x,y)$，如果存在一个二元非负实值函数 $f(x,y)$，使得对于任意 $(x,y) \in \mathbf{R}^2$ 有

$$F(x,y)=\int_{-\infty}^{x}\int_{-\infty}^{y}f(u,v)\,\mathrm{d}u\mathrm{d}v, \tag{3.4}$$

成立，则称 (X,Y) 为**二维连续型随机变量**，$f(x,y)$ 为二维连续型随机变量 (X,Y) 的**联合（概率）密度函数**。

图 3-3 给出了 $F(x,y)$ 的几何含义。

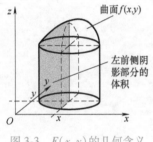
曲面 $f(x,y)$
左前侧阴影部分的体积

图 3-3　$F(x,y)$ 的几何含义

定义 3.7 设 n 维随机变量 $(X_1,X_2,\cdots,X_n)$ 的联合分布函数为 $F(x_1,x_2,\cdots,x_n)$，如果存在一个 n 元非负实值函数 $f(x_1,x_2,\cdots,x_n)$，使得对于任意 $(x_1,x_2,\cdots,x_n) \in \mathbf{R}^n$ 有

$$F(x_1,x_2,\cdots,x_n)=\int_{-\infty}^{x_1}\int_{-\infty}^{x_2}\cdots\int_{-\infty}^{x_n}f(u_1,u_2,\cdots,u_n)\,\mathrm{d}u_1\mathrm{d}u_2\cdots\mathrm{d}u_n$$

成立，则称 $(X_1,X_2,\cdots,X_n)$ 为 n **维连续型随机变量**，$f(x_1,x_2,\cdots,x_n)$ 为 n 维连续型随机变量 $(X_1,X_2,\cdots,X_n)$ 的**联合（概率）密度函数**。

类似于一维连续型随机变量的概率密度数，二维连续型随机变量的联合密度函数有下列性质。

联合密度函数的基本性质有：

（1）**非负性**　$f(x,y) \geqslant 0$；

（2）**规范性**　$\displaystyle\int_{-\infty}^{+\infty}\int_{-\infty}^{+\infty}f(x,y)\,\mathrm{d}x\mathrm{d}y=1$。

联合密度函数的规范性在几何上表现为以曲面 $f(x,y)$ 为顶，介于它和 xOy 平面的空间区域的体积为 1。

若 $F(x,y)$ 为连续函数，在 $f(x,y)$ 的连续点处有

$$f(x,y)=\frac{\partial^2 F(x,y)}{\partial x\,\partial y}。 \tag{3.5}$$

在 $f(x,y)$ 的非连续点处 $F(x,y)$ 的偏导数不存在，在这些点可以用任意一个常数定义 $f(x,y)$，这不影响事件的概率值。因为 (X,Y) 在这些点组成的集合上取值的概率都为 0。

给出联合密度函数 $f(x,y)$ 就可以求其有关事件的概率了。若 G 为 xOy 平面上的一个区域，则事件 $\{(X,Y)\in G\}$ 的概率可表示为在 G 上对 $f(x,y)$ 的二重积分

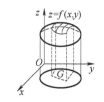

$$P((X,Y)\in G)=\iint\limits_{G}f(x,y)\,\mathrm{d}x\mathrm{d}y。\qquad(3.6)$$

从几何意义来说，概率 $P((X,Y)\in G)$ 是以 G 为底，以曲面 $z=f(x,y)$ 为顶面的柱体体积（见图 3-4）。

图 3-4　曲顶柱体示意图

例 3.1.3　设二维随机变量 (X,Y) 的联合密度函数为

$$f(x,y)=\begin{cases}k\mathrm{e}^{-3x-4y},&x>0,y>0,\\0,&\text{其他,}\end{cases}$$

试求：

（1）常数 k；

（2）联合分布函数 $F(x,y)$；

（3）$P(X\le1,Y\le2)$；

（4）$P(X>Y)$。

解　（1）根据联合密度函数的性质有

$$1=\int_{-\infty}^{+\infty}\int_{-\infty}^{+\infty}f(x,y)\,\mathrm{d}x\mathrm{d}y=k\int_{0}^{+\infty}\mathrm{e}^{-3x}\mathrm{d}x\int_{0}^{+\infty}\mathrm{e}^{-4y}\mathrm{d}y=\frac{k}{12},$$

从而 $k=12$。

（2）$$F(x,y)=\int_{-\infty}^{x}\int_{-\infty}^{y}f(u,v)\,\mathrm{d}u\mathrm{d}v,$$

当 $x\le0$ 或 $y\le0$ 时，$f(x,y)=0$，则 $F(x,y)=0$；

当 $x>0$ 且 $y>0$ 时，

$$F(x,y)=\int_{0}^{x}\int_{0}^{y}12\mathrm{e}^{-3u-4v}\mathrm{d}u\mathrm{d}v=12\int_{0}^{x}\mathrm{e}^{-3u}\mathrm{d}u\cdot\int_{0}^{y}\mathrm{e}^{-4v}\mathrm{d}v$$

$$=(1-\mathrm{e}^{-3x})(1-\mathrm{e}^{-4y}),$$

从而，(X,Y) 的联合分布函数为

$$F(x,y)=\begin{cases}(1-\mathrm{e}^{-3x})(1-\mathrm{e}^{-4y}),&x>0,y>0,\\0,&\text{其他。}\end{cases}$$

（3）$P(X\le1,Y\le2)=F(1,2)=(1-\mathrm{e}^{-3})(1-\mathrm{e}^{-8})$。

（4）积分区域如图 3-5 中的阴影部分 G，从而容易写出累次积分。于是有

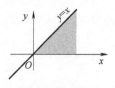

$$P(X>Y)=\iint\limits_{(X,Y)\in G}f(x,y)\,\mathrm{d}x\mathrm{d}y=\int_{0}^{+\infty}\int_{0}^{x}12\mathrm{e}^{-3x}\mathrm{e}^{-4y}\mathrm{d}y\mathrm{d}x$$

$$=\int_{0}^{+\infty}3\mathrm{e}^{-3x}(1-\mathrm{e}^{-4x})\,\mathrm{d}x=\left(-\mathrm{e}^{-3x}+\frac{3}{7}\mathrm{e}^{-7x}\right)\Big|_{0}^{+\infty}=\frac{4}{7}。$$

图 3-5　区域 G

3.1.4 常见的二维随机变量

下面介绍两个二维随机变量的常用分布。

1. 二维均匀分布

> **定义 3.8** 设二维随机变量(X,Y)的联合密度函数为
>
> $$f(x,y)=\begin{cases}\dfrac{1}{S_G}, & (x,y)\in G, \\ 0, & \text{其他,}\end{cases} \tag{3.7}$$
>
> 其中 G 为 xOy 平面上的某个区域，S_G 为 G 的面积，则称随机变量(X,Y)服从区域 G 上的**二维均匀分布**。

视频：例 3.1.4

例 3.1.4 设二维随机变量(X,Y)在圆域 $G=\{(x,y):x^2+y^2\le 1\}$ 上服从均匀分布，

(1) 写出(X,Y)的联合密度函数；

(2) 计算概率 $P(|X|\le 1/2)$。

解 (1) 因为 $S_G=\pi$，从而(X,Y)的联合密度函数为

$$f(x,y)=\begin{cases}\dfrac{1}{\pi}, & x^2+y^2\le 1, \\ 0, & x^2+y^2>1。\end{cases}$$

(2) $f(x,y)$ 的非零区域与 $\left\{|X|\le\dfrac{1}{2}\right\}$ 相交区域如图 3-6 所示，所以

$$P\left(|X|\le\frac{1}{2}\right)=\iint\limits_{|x|\le\frac{1}{2}}f(x,y)\mathrm{d}x\mathrm{d}y=\int_{-\frac{1}{2}}^{\frac{1}{2}}\int_{-\sqrt{1-x^2}}^{\sqrt{1-x^2}}\frac{1}{\pi}\mathrm{d}y\mathrm{d}x$$

$$=\int_{-\frac{1}{2}}^{\frac{1}{2}}\frac{2\sqrt{1-x^2}}{\pi}\mathrm{d}x=\frac{1}{\pi}\left[x\sqrt{1-x^2}+\arcsin x\right]_{-\frac{1}{2}}^{\frac{1}{2}}$$

$$=\frac{1}{\pi}\left(\frac{\sqrt{3}}{2}+\frac{\pi}{3}\right)=0.609。$$

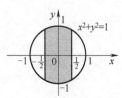

图 3-6 $f(x,y)$ 的非零区域

与 $\left\{|X|\le\dfrac{1}{2}\right\}$ 相交区域

2. 二维正态分布

> **定义 3.9** 如果(X,Y)的联合密度函数为
>
>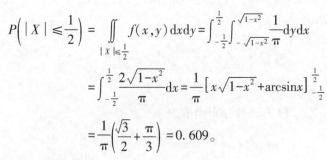
>
> $$f(x,y)=\frac{1}{2\pi\sigma_1\sigma_2\sqrt{1-\rho^2}}\exp\left\{-\frac{1}{2(1-\rho^2)}\left[\frac{(x-\mu_1)^2}{\sigma_1^2}-\right.\right.$$
>
> $$\left.\left.2\rho\frac{(x-\mu_1)(y-\mu_2)}{\sigma_1\sigma_2}+\frac{(y-\mu_2)^2}{\sigma_2^2}\right]\right\},-\infty<x,y<+\infty, \tag{3.8}$$

其中 $-\infty < \mu_1, \mu_2 < +\infty$, $\sigma_1, \sigma_2 > 0$, $|\rho| \leqslant 1$, 则称随机变量 (X, Y) 服从**二维正态分布**, 并记 $(X, Y) \sim N(\mu_1, \mu_2, \sigma_1^2, \sigma_2^2, \rho)$。二维正态分布联合密度函数的图像如图 3-7 所示。

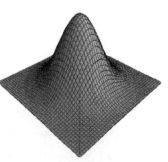

图 3-7 二维正态分布的联合密度函数图像

可以证明, $f(x, y)$ 满足联合密度函数的基本性质。显然 $f(x, y) \geqslant 0$, 只需证明 $\int_{-\infty}^{+\infty} \int_{-\infty}^{+\infty} f(x, y)\, \mathrm{d}x\mathrm{d}y = 1$。为此, 令 $\dfrac{x-\mu_1}{\sigma_1} = u$,

$\dfrac{y-\mu_2}{\sigma_2} = v$, 先计算 $\int_{-\infty}^{+\infty} f(x, y)\, \mathrm{d}y$ 并以 $f_X(x)$ 表示, 则

$$f_X(x) = \int_{-\infty}^{+\infty} f(x, y)\, \mathrm{d}y$$

$$= \frac{1}{2\pi\sigma_1\sqrt{1-\rho^2}} \int_{-\infty}^{+\infty} \exp\left[-\frac{1}{2(1-\rho^2)} (u^2 - 2\rho uv + v^2) \right] \mathrm{d}v$$

$$= \frac{1}{\sqrt{2\pi}\,\sigma_1} \int_{-\infty}^{+\infty} \frac{1}{\sqrt{2\pi(1-\rho^2)}} \exp\left\{ -\frac{1}{2(1-\rho^2)} \left[(v-\rho u)^2 + (1-\rho^2)u^2 \right] \right\} \mathrm{d}v$$

$$= \frac{1}{\sqrt{2\pi}\,\sigma_1} \mathrm{e}^{-\frac{u^2}{2}} \int_{-\infty}^{+\infty} \frac{1}{\sqrt{2\pi(1-\rho^2)}} \exp\left\{ -\frac{1}{2(1-\rho^2)} (v-\rho u)^2 \right\} \mathrm{d}v$$

$$= \frac{1}{\sqrt{2\pi}\,\sigma_1} \mathrm{e}^{-\frac{u^2}{2}},$$

即

$$f_X(x) = \frac{1}{\sqrt{2\pi}\,\sigma_1} \mathrm{e}^{-\frac{(x-\mu_1)^2}{2\sigma_1^2}}, \tag{3.9}$$

从而有

$$\int_{-\infty}^{+\infty} \int_{-\infty}^{+\infty} f(x, y)\, \mathrm{d}x\mathrm{d}y = \int_{-\infty}^{+\infty} f_X(x)\, \mathrm{d}x = 1。$$

如果令 $f_Y(y) = \int_{-\infty}^{+\infty} f(x, y)\, \mathrm{d}x$, 同样可得

$$f_Y(y) = \frac{1}{\sqrt{2\pi}\,\sigma_2} \mathrm{e}^{-\frac{(y-\mu_2)^2}{2\sigma_2^2}}, \tag{3.10}$$

从而亦有 $\quad \int_{-\infty}^{+\infty} \int_{-\infty}^{+\infty} f(x, y)\, \mathrm{d}x\mathrm{d}y = \int_{-\infty}^{+\infty} f_Y(x)\, \mathrm{d}y = 1。$

二维正态分布的 5 个参数都有具体的意义, 我们将在第 4 章逐一介绍。

习题 3.1

1. 盒子里有 2 只红球，3 只白球，在其中任取 2 次，每次任取 1 只，考虑两种方式：（1）放回抽样；（2）不放回抽样。我们定义随机变量

$$X=\begin{cases}0, & \text{第一次取得红球,}\\ 1, & \text{第一次取得白球;}\end{cases}$$

$$Y=\begin{cases}0, & \text{第二次取得红球,}\\ 1, & \text{第二次取得白球;}\end{cases}$$

试分别就（1）（2）两种情况写出 (X,Y) 的联合分布律及 $P(X=Y)$。

2. 抛掷一枚均匀的硬币 3 次，以 X 表示出现正面的次数，以 Y 表示正面出现次数与反面出现次数之差的绝对值，求 (X,Y) 的联合分布律。

3. 一盒中有 4 只球，分别标有数字 1,2,2,3，现无放回地取两次，每次取一只，以 X,Y 分别表示第一、二次取出的球的标号，求 (X,Y) 的联合分布律和 $P(X\geqslant 2,Y\geqslant 2)$。

4. 设二维随机变量 (X,Y) 的联合密度函数为

$$f(x,y)=\frac{k}{(1+x^2)(1+y^2)},$$

试求：

（1）求常数 k；

（2）(X,Y) 落入以 $(0,0),(0,1),(1,0),(1,1)$ 为顶点的正方形内的概率。

5. 设二维随机变量 (X,Y) 的联合密度函数为

$$f(x,y)=\begin{cases}kxy, & 0\leqslant x\leqslant 1,0\leqslant y\leqslant 1,\\ 0, & \text{其他,}\end{cases}$$

试求：

（1）常数 k；

（2）联合分布函数 $F(x,y)$；

（3）$P(X\leqslant Y)$。

6. 设二维随机变量 (X,Y) 的联合分布函数为

$$F(x,y)=\begin{cases}c-\mathrm{e}^{-0.5x}-\mathrm{e}^{-0.5y}+\mathrm{e}^{-0.5(x+y)}, & x\geqslant 0,y\geqslant 0,\\ 0, & \text{其他,}\end{cases}$$

试求：

（1）常数 c；

（2）联合密度函数 $f(x,y)$；

（3）$P(0<X\leqslant 1,0<Y\leqslant 1)$。

7. 设二维随机变量 (X,Y) 服从区域 G 上的均匀分布，其中 G 是由直线 $y=-x,y=x$ 与 $x=1$ 围成的。

（1）写出 (X,Y) 的联合密度函数；

（2）求 $P(X+Y\leqslant 1)$。

8. 已知 $(X,Y)\sim N(0,1,4,9,0.5)$，试写出 (X,Y) 的联合密度函数。

3.2　边缘分布及随机变量的独立性

3.2.1　边缘分布

如果已知二维随机变量 (X,Y) 的联合分布，那么随机变量 X 和 Y 的分布就能够得到，其分布我们称为边缘分布。

1. 边缘分布函数

如果在二维随机变量 (X,Y) 的联合分布函数 $F(x,y)$ 中令 $y\rightarrow +\infty$，由于事件 $\{Y<+\infty\}$ 为必然事件，从而有

$$\lim_{y\rightarrow +\infty}F(x,y)=P(X\leqslant x,Y<+\infty)=P(X\leqslant x)。$$

这是由 (X,Y) 的联合分布函数 $F(x,y)$ 求得的随机变量 X 的分布函数，称为随机变量 X 的边缘分布函数，记为

$$F_X(x)=F(x,+\infty)；\tag{3.11}$$

类似地，$F(x,y)$ 中令 $x \to +\infty$，可得随机变量 Y 的边缘分布函数

$$F_Y(y) = F(+\infty, y)。 \tag{3.12}$$

例 3.2.1　设二维随机变量 (X,Y) 的联合分布函数为

$$F(x,y) = \begin{cases} 1-e^{-x}-e^{-y}+e^{-x-y}, & x>0, y>0, \\ 0, & 其他, \end{cases}$$

求 X 与 Y 的边缘分布函数。

解　由 (X,Y) 的联合分布函数 $F(x,y)$，容易得到 X 与 Y 的边缘分布函数为

$$F_X(x) = F(x, +\infty) = \begin{cases} 1-e^{-x}, & x>0, \\ 0, & x \leqslant 0, \end{cases}$$

$$F_Y(y) = F(+\infty, y) = \begin{cases} 1-e^{-y}, & y>0, \\ 0, & y \leqslant 0。 \end{cases}$$

2. 二维离散型随机变量的边缘分布律

设二维离散型随机变量 (X,Y) 的联合分布 $P(X=x_i, Y=y_j)$，$i,j=1,2,\cdots$，称概率

$$P(X=x_i) = P\left(X=x_i, \bigcup_j Y=y_j\right) = \sum_{j=1}^{\infty} P(X=x_i, Y=y_j)$$

$$= \sum_{j=1}^{\infty} p_{ij}, \ i=1,2,\cdots \tag{3.13}$$

为随机变量 X 的**边缘分布律**，记为 $p_{i\cdot}$。类似地，对 i 求和所得的分布律

$$P(Y=y_j) = \sum_{i=1}^{\infty} P(X=x_i, Y=y_j) = \sum_{i=1}^{\infty} p_{ij}, j=1,2,\cdots \tag{3.14}$$

为随机变量 Y 的**边缘分布律**，记为 $p_{\cdot j}$。

例 3.2.2　计算 3.1 节例 3.1.2 中 X 与 Y 的边缘分布律。

解　在 (X,Y) 的联合分布律表格中，直接计算行和、列和可得

X	Y				$p_{i\cdot}$
	1	2	3	4	
1	1/4	0	0	0	1/4
2	1/8	1/8	0	0	1/4
3	1/12	1/12	1/12	0	1/4
4	1/16	1/16	1/16	1/16	1/4
$p_{\cdot j}$	25/48	13/48	7/48	1/16	1

从而 X 的边缘分布律为

X	1	2	3	4
$P(X=i)$	1/4	1/4	1/4	1/4

Y 的边缘分布律为

Y	1	2	3	4
$P(Y=j)$	25/48	13/48	7/48	1/16

3. 二维连续型随机变量的边缘概率密度

设二维连续型随机变量 (X,Y) 的联合分布函数为 $F(x,y)$，联合密度函数为 $f(x,y)$，由于

$$F_X(x)=F(x,+\infty)=\int_{-\infty}^{x}\left[\int_{-\infty}^{+\infty}f(u,y)\,\mathrm{d}y\right]\mathrm{d}u=\int_{-\infty}^{x}f_X(u)\,\mathrm{d}u,\,-\infty<x<+\infty,$$

$$F_Y(y)=F(+\infty,y)=\int_{-\infty}^{y}\left[\int_{-\infty}^{+\infty}f(x,v)\,\mathrm{d}x\right]\mathrm{d}v=\int_{-\infty}^{y}f_Y(v)\,\mathrm{d}v,\,-\infty<y<+\infty,$$

其中 $f_X(x)$ 和 $f_Y(y)$ 分别为

$$f_X(x)=\int_{-\infty}^{+\infty}f(x,y)\,\mathrm{d}y, \tag{3.15}$$

$$f_Y(y)=\int_{-\infty}^{+\infty}f(x,y)\,\mathrm{d}x。 \tag{3.16}$$

由一维连续型概率密度定义可知，X 与 Y 分别是一维连续型随机变量，称 $f_X(x)$ 和 $f_Y(y)$ 分别为 (X,Y) 关于 X 和 Y 的**边缘概率密度**。

例 3.2.3　设二维随机变量 (X,Y) 的联合密度函数（见图 3-8）

$$f(x,y)=\begin{cases}12y^2, & 0\leqslant y\leqslant x\leqslant 1,\\ 0, & \text{其他,}\end{cases}$$

求 X 与 Y 的边缘概率密度 $f_X(x)$ 和 $f_Y(y)$。

解　当 $x<0$，或 $x>1$ 时，有 $f_X(x)=0$。而当 $0\leqslant x\leqslant 1$ 时，有

$$f_X(x)=\int_{-\infty}^{+\infty}f(x,y)\,\mathrm{d}y=\int_0^x 12y^2\mathrm{d}y=4x^3,$$

所以 X 的边缘概率密度为

$$f_X(x)=\begin{cases}4x^3, & 0\leqslant x\leqslant 1,\\ 0, & x<0 \text{ 或 } x>1。\end{cases}$$

当 $y<0$，或 $y>1$ 时，有 $f_Y(y)=0$。当 $0\leqslant y\leqslant 1$ 时，有

$$f_Y(y)=\int_{-\infty}^{+\infty}f(x,y)\,\mathrm{d}x=\int_y^1 12y^2\mathrm{d}x=12y^2(1-y),$$

所以 Y 的边缘概率密度为

$$f_Y(y)=\begin{cases}12y^2(1-y), & 0\leqslant y\leqslant 1,\\ 0, & y<0 \text{ 或 } y>1。\end{cases}$$

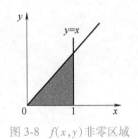

图 3-8　$f(x,y)$ 非零区域

3.2.2 随机变量的独立性

第 1 章介绍了事件之间的相互独立性，下面将相互独立性推广至随机变量。

定义 3.10 设 (X,Y) 为二维随机变量，若对于任意 $x,y \in \mathbf{R}$，都有

$$F(x,y) = F_X(x)F_Y(y) \qquad (3.17)$$

成立，则称**随机变量 X 与 Y 相互独立**，其中 $F(x,y)$ 为 (X,Y) 的联合分布函数，$F_X(x)$ 和 $F_Y(y)$ 分别为 X 和 Y 的边缘分布函数。

设 (X,Y) 是离散型随机变量，X 与 Y 相互独立等价于：对于任意 $i,j = 1,2,\cdots$ 都有

$$p_{ij} = p_{i\,\cdot} \cdot p_{\cdot\,j} \qquad (3.18)$$

成立，其中 p_{ij}，$i,j=1,2,\cdots$ 为 (X,Y) 的联合分布律，$p_{i\,\cdot}$，$i=1,2,\cdots$ 和 $p_{\cdot\,j}$，$j=1,2,\cdots$ 分别为 X 和 Y 的边缘分布律。

设 (X,Y) 是二维连续型随机变量，X 与 Y 相互独立等价于

$$f(x,y) = f_X(x)f_Y(y) \qquad (3.19)$$

在平面上几乎处处成立，其中 $f(x,y)$ 为 (X,Y) 的联合密度函数，$f_X(x)$ 和 $f_Y(y)$ 分别为 X 和 Y 的边缘概率密度函数。

例 3.2.4 在例 3.2.3 中，因为 $f(x,y) \neq f_X(x)f_Y(y)$，从而随机变量 X 与 Y 不独立。

直观上看，如果随机变量 X 和 Y 独立，联合密度函数 $f(x,y)$ 似乎可分离变量，但因为其非零区域相互交织，随机变量 X 的取值受变量 Y 的取值影响（$y \leqslant x \leqslant 1$），随机变量 Y 的取值受变量 X 的取值影响（$0 \leqslant y \leqslant x$），最后导致 $f(x,y)$ 的变量不能分离，从而 X 与 Y 不可能相互独立。

例 3.2.5 设二维随机变量 (X,Y) 的联合密度函数为

$$f(x,y) = \begin{cases} 2\mathrm{e}^{-(x+2y)}, & x>0, y>0, \\ 0, & \text{其他}, \end{cases}$$

问 X 与 Y 是否相互独立？

解 当 $x \leqslant 0$ 时，有 $f_X(x) = 0$。

而当 $x > 0$ 时，有

$$f_X(x) = \int_{-\infty}^{+\infty} f(x,y)\,\mathrm{d}y = \int_0^{+\infty} 2\mathrm{e}^{-x-2y}\,\mathrm{d}y = \mathrm{e}^{-x},$$

所以 X 的边缘概率密度为

$$f_X(x) = \begin{cases} e^{-x}, & x > 0, \\ 0, & x \leqslant 0. \end{cases}$$

同理可得 Y 的边缘概率密度为

$$f_Y(y) = \begin{cases} 2e^{-2y}, & y > 0, \\ 0, & y \leqslant 0. \end{cases}$$

由此可知

$$f(x,y) = f_X(x)f_Y(y),$$

即随机变量 X 与 Y 相互独立。

> **定理 3.1** 设二维正态随机变量 $(X,Y) \sim N(\mu_1, \mu_2, \sigma_1^2, \sigma_2^2, \rho)$，
> 则 X 与 Y 相互独立的充要条件是 $\rho = 0$。

证 当 $\rho = 0$ 时有

$$f(x,y) = \frac{1}{2\pi\sigma_1\sigma_2}\exp\left\{-\frac{1}{2}\left[\frac{(x-\mu_1)^2}{\sigma_1^2} + \frac{(y-\mu_2)^2}{\sigma_2^2}\right]\right\}, \; -\infty < x,y < +\infty,$$

由式(3.9)、式(3.10)可得

$$f_X(x) = \frac{1}{\sqrt{2\pi}\,\sigma_1}e^{-\frac{(x-\mu_1)^2}{2\sigma_1^2}}, \; -\infty < x < +\infty,$$

$$f_Y(y) = \frac{1}{\sqrt{2\pi}\,\sigma_2}e^{-\frac{(y-\mu_2)^2}{2\sigma_2^2}}, \; -\infty < y < +\infty,$$

所以，对于任意 $x,y \in \mathbf{R}$ 都有 $f(x,y) = f_X(x)f_Y(y)$，从而 X 与 Y 相互独立。

反过来，当 X 与 Y 相互独立时，由于 $f(x,y)$，$f_X(x)$，$f_Y(y)$ 都是连续函数，对于任意 $x,y \in \mathbf{R}$ 都有 $f(x,y) = f_X(x)f_Y(y)$。特别地，令 $x = \mu_1$，$y = \mu_2$，有

$$f(\mu_1, \mu_2) = \frac{1}{2\pi\sigma_1\sigma_2\sqrt{1-\rho^2}} = f_X(\mu_1)f_Y(\mu_2) = \frac{1}{\sqrt{2\pi}\,\sigma_1} \cdot \frac{1}{\sqrt{2\pi}\,\sigma_2},$$

从而 $\rho = 0$。

下面将二维随机变量的独立性推广到多维随机变量的独立性。

设 $(X_1, X_2, \cdots, X_n)$ 为 n 维随机变量，若对于任意 $(x_1, x_2, \cdots, x_n) \in \mathbf{R}^n$，都有

$$F(x_1, x_2, \cdots, x_n) = F_{X_1}(x_1)F_{X_2}(x_2)\cdots F_{X_n}(x_n) \tag{3.20}$$

成立，则称随机变量 $X_1, X_2, \cdots, X_n$ 相互独立，其中 $F(x_1, x_2, \cdots, x_n)$ 为 $(X_1, X_2, \cdots, X_n)$ 的联合分布函数，$F_{X_i}(x_i)$ 为 X_i 的边缘分布函数，$i = 1, 2, \cdots, n$。

当 $(X_1, X_2, \cdots, X_n)$ 为离散型随机变量时，若对于任意 n 个取

值 $x_1, x_2, \cdots, x_n$，有

$$P(X_1 = x_1, X_2 = x_2, \cdots, X_n = x_n) = P(X_1 = x_1)P(X_2 = x_2)\cdots P(X_n = x_n),$$

$$(3.21)$$

则称随机变量 $X_1, X_2, \cdots, X_n$ 相互独立，其中 $P(X_1 = x_1, X_2 = x_2, \cdots,$ $X_n = x_n)$ 为 $(X_1, X_2, \cdots, X_n)$ 的联合分布律，$P(X_i = x_i)$ 为 X_i 的边缘分布律，$i = 1, 2, \cdots, n$。

当 $(X_1, X_2, \cdots, X_n)$ 为连续型随机变量时，若对于 $f(x_1, x_2, \cdots, x_n)$，$f_{X_1}(x_1), f_{X_2}(x_2), \cdots, f_{X_n}(x_n)$ 的一切公共连续点上都有

$$f(x_1, x_2, \cdots, x_n) = f_{X_1}(x_1)f_{X_2}(x_2)\cdots f_{X_n}(x_n) \qquad (3.22)$$

成立，则称随机变量 $X_1, X_2, \cdots, X_n$ 相互独立，其中 $f(x_1, x_2, \cdots, x_n)$ 为 $(X_1, X_2, \cdots, X_n)$ 的联合密度函数，$f_{X_i}(x_i)$ 为 X_i 的边缘概率密度，$i = 1, 2, \cdots, n$。

习题 3.2

1. 把一枚均匀的骰子随机地掷两次，设随机变量 X 表示第一次出现的点数，随机变量 Y 表示两次出现点数的最大值，求二维随机变量 (X, Y) 的联合分布律及 Y 的边缘分布律。

2. 判断习题 3.1 中第 1 题 (1)、(2) 两种情况下 X 和 Y 的独立性。

3. 设二维随机变量 (X, Y) 具有联合分布律为
$$P(X = i, Y = j) = p^2(1-p)^{i+j-2}, i, j = 1, 2, \cdots,$$
问 X 和 Y 是否独立？

4. 设二维随机变量 (X, Y) 在边长为 $a(a > 0)$ 的正方形内服从均匀分布，该正方形的对角线为坐标轴，求 X 和 Y 的边缘概率密度。

5. 设二维随机变量 (X, Y) 的联合密度函数如下，试问随机变量 X 和 Y 是否独立？

(1) $f(x, y) = \begin{cases} \dfrac{1}{\pi}, & x^2 + y^2 \leqslant 1, \\ 0, & \text{其他}; \end{cases}$

(2) $f(x, y) = \begin{cases} xe^{-(x+y)}, & x > 0, y > 0, \\ 0, & \text{其他}; \end{cases}$

(3) $f(x, y) = \begin{cases} \dfrac{5}{4}(x^2 + y), & 0 < y < 1 - x^2, \\ 0, & \text{其他}; \end{cases}$

(4) $f(x, y) = \begin{cases} \dfrac{1}{x}, & 0 < y < x < 1, \\ 0, & \text{其他}。 \end{cases}$

6. 在区间 $(0, 1)$ 中随机地取两个数，求事件"两数之积大于 1/4 且两数之和小于 5/4"的概率。

7. 设 X 和 Y 是相互独立的随机变量，X 在 $(0, 1)$ 上服从均匀分布，Y 的概率密度为

$$f_Y(y) = \begin{cases} \dfrac{1}{2}e^{-\frac{y}{2}}, & y > 0, \\ 0, & y \leqslant 0。 \end{cases}$$

(1) 求 X 和 Y 的联合概率密度；

(2) 设含有 a 的二次方程 $a^2 + 2Xa + Y = 0$，求 a 有实根的概率。

3.3　条件分布

在实际问题中，我们经常会用到一个随机变量的取值确定时，另外一个随机变量的概率分布，也就是条件分布。

3.3.1 二维离散型随机变量的条件分布律

在第 1 章中对于两个事件 A,B，若 $P(A)>0$，可以考虑条件概率 $P(B\mid A)$。对于二维离散型随机变量 (X,Y)，设其联合分布律为 $P(X=x_i,Y=y_j)=p_{ij},i,j=1,2,\cdots$，若 $P(Y=y_j)=p_{\cdot j}>0$，考虑条件概率 $P(X=x_i\mid Y=y_j)$，由条件概率的公式可得

$$P(X=x_i\mid Y=y_j)=\frac{P(X=x_i,Y=y_j)}{P(Y=y_j)}=\frac{p_{ij}}{p_{\cdot j}},$$

当 X 取遍所有可能的值，就得到了 X 的条件分布律。

> **定义 3.11**　设 (X,Y) 是二维离散型随机变量，对于固定的 y_j，若 $P(Y=y_j)>0$，则称
>
> $$P(X=x_i\mid Y=y_j)=\frac{P(X=x_i,Y=y_j)}{P(Y=y_j)}=\frac{p_{ij}}{p_{\cdot j}},i=1,2,3,\cdots \quad (3.23)$$
>
> 为在 $Y=y_j$ 条件下，随机变量 X 的条件分布律；同理，对于固定的 x_i，若 $P(X=x_i)>0$，则称
>
> $$P(Y=y_j\mid X=x_i)=\frac{P(X=x_i,Y=y_j)}{P(X=x_i)}=\frac{p_{ij}}{p_{i\cdot}},j=1,2,3,\cdots \quad (3.24)$$
>
> 为在 $X=x_i$ 条件下，随机变量 Y 的条件分布律。

条件分布律 $\dfrac{p_{ij}}{p_{\cdot j}}(i=1,2,3,\cdots)$ 满足分布律的两条性质：

(1) 非负性　$P(X=x_i\mid Y=y_j)=\dfrac{p_{ij}}{p_{\cdot j}}\geqslant 0$；

(2) 规范性　$\displaystyle\sum_{i=1}^{\infty}P(X=x_i\mid Y=y_j)=\sum_{i=1}^{\infty}\frac{p_{ij}}{p_{\cdot j}}=\frac{\displaystyle\sum_{i=1}^{\infty}p_{ij}}{p_{\cdot j}}=1$。

有了条件分布律，我们可以给出离散型随机变量的条件分布函数。

> **定义 3.12**　给定 $Y=y_j$ 条件下，随机变量 X 的条件分布函数为
>
> $$F(x\mid y_j)=P(X\leqslant x\mid Y=y_j); \quad (3.25)$$
>
> 给定 $X=x_i$ 条件下，随机变量 Y 的条件分布函数为
>
> $$F(y\mid x_i)=P(Y\leqslant y\mid X=x_i)。 \quad (3.26)$$

例 3.3.1 设二维离散型随机变量 (X,Y) 的联合分布律为

X	Y			$p_{i\cdot}$
	1	2	3	
1	0.840	0.060	0.010	0.910
2	0.030	0.010	0.005	0.045
3	0.020	0.008	0.004	0.032
4	0.010	0.002	0.001	0.013
$p_{\cdot j}$	0.900	0.080	0.020	1.000

求：

（1）在 $Y=1$ 的条件下，X 的条件分布律；

（2）在 $X=2$ 的条件下，Y 的条件分布律。

解 由条件分布律的定义可得

$$P(X=x_i \mid Y=1) = \frac{P(X=x_i, Y=1)}{P(Y=1)} = \frac{p_{i1}}{p_{\cdot 1}} = \frac{p_{i1}}{0.900}, i=1,2,3,4。$$

所以

$X\mid Y=1$	1	2	3	4
P	$\frac{84}{90}$	$\frac{3}{90}$	$\frac{2}{90}$	$\frac{1}{90}$

同理得

$Y\mid X=2$	1	2	3
P	$\frac{2}{3}$	$\frac{2}{9}$	$\frac{1}{9}$

例 3.3.2 设一只昆虫所生虫卵数 X 服从泊松分布 $P(\lambda)$，而每个虫卵发育成幼虫的概率是 $p(0<p<1)$，并且各个虫卵能否发育为幼虫是相互独立的，求一只昆虫所生幼虫数 Y 的分布律。

解 由题意知

$$P(X=m) = \frac{\lambda^m}{m!}e^{-\lambda}, \quad m=0,1,2,\cdots。$$

在虫卵数是 m 的条件下，幼虫数 Y 的条件分布为二项分布 $B(m,p)$，即

$$P(Y=k \mid X=m) = C_m^k p^k (1-p)^{m-k}, \quad k=0,1,2,\cdots,m。$$

从而，(X,Y) 的联合分布律为

$$P(Y=k, X=m) = P(X=m)P(Y=k \mid X=m)$$

$$= \frac{\lambda^m}{m!}e^{-\lambda} \cdot C_m^k p^k (1-p)^{m-k}, \quad 0 \le m \le k=0,1,2,\cdots。$$

因此，Y 的分布律为

$$
\begin{aligned}
P(Y=k) &= \sum_{k=m}^{\infty} \frac{\lambda^m}{m!} \mathrm{e}^{-\lambda} \cdot \mathrm{C}_m^k p^k (1-p)^{m-k} \\
&= \sum_{k=m}^{\infty} \frac{\lambda^m}{m!} \mathrm{e}^{-\lambda} \cdot \frac{m!}{k!(m-k)!} p^k (1-p)^{m-k} \\
&= \mathrm{e}^{-\lambda} \sum_{k=m}^{\infty} \frac{\lambda^m}{k!(m-k)!} p^k (1-p)^{m-k} \\
&= \mathrm{e}^{-\lambda} \frac{(\lambda p)^k}{k!} \sum_{k=m}^{\infty} \frac{\lambda^{m-k}}{(m-k)!} (1-p)^{m-k} \\
&= \frac{(\lambda p)^k}{k!} \mathrm{e}^{-\lambda} \mathrm{e}^{\lambda(1-p)} \\
&= \frac{(\lambda p)^k}{k!} \mathrm{e}^{-\lambda p}, \quad k=0,1,2,\cdots.
\end{aligned}
$$

即 Y 服从参数为 λp 的泊松分布。

3.3.2 二维连续型随机变量的条件概率密度

对于离散型随机变量，其条件分布函数为 $P(X \leq x \mid Y=y)$。但对于连续型随机变量，取某个值的概率为零，即 $P(Y=y)=0$，因此不能直接用条件概率公式计算 $P(X \leq x \mid Y=y)$。

设二维连续型随机变量 (X,Y) 的联合密度函数为 $f(x,y)$，Y 的边缘概率密度为 $f_Y(y)$，给定 y，对于任意固定的 $h>0$，对于任意 x，设 $P(y \leq Y \leq y+h)>0$，当 $h \to 0$ 时，

$$
\begin{aligned}
P(X \leq x \mid Y=y) &= \lim_{h \to 0} P(X \leq x \mid y \leq Y \leq y+h) \\
&= \lim_{h \to 0} \frac{P(X \leq x, y \leq Y \leq y+h)}{P(y \leq Y \leq y+h)} \\
&= \lim_{h \to 0} \frac{\int_{-\infty}^{x} \int_{y}^{y+h} f(u,v)\, \mathrm{d}v \mathrm{d}u}{\int_{y}^{y+h} f_Y(v)\, \mathrm{d}v} \\
&= \lim_{h \to 0} \frac{\int_{-\infty}^{x} \left[\frac{1}{h} \int_{y}^{y+h} f(u,v)\, \mathrm{d}v \right] \mathrm{d}u}{\frac{1}{h} \int_{y}^{y+h} f_Y(v)\, \mathrm{d}v},
\end{aligned}
$$

当 $f_Y(y)$，$f(x,y)$ 在 y 处连续时，由积分中值定理可得

$$
\lim_{h \to 0} \frac{1}{h} \int_{y}^{y+h} f(u,v)\, \mathrm{d}v = f(u,y), \lim_{h \to 0} \frac{1}{h} \int_{y}^{y+h} f_Y(v)\, \mathrm{d}v = f_Y(y).
$$

因此， $P(X \leq x \mid Y=y) = \dfrac{\int_{-\infty}^{x} f(u,y)\, \mathrm{d}u}{f_Y(y)} = \int_{-\infty}^{x} \dfrac{f(u,y)}{f_Y(y)} \mathrm{d}u.$

由一维随机变量概率密度的定义，我们给出以下的定义。

定义 3.13　设二维连续型随机变量(X,Y)的联合密度函数为$f(x,y)$，边缘概率密度为$f_X(x)$，$f_Y(y)$，对一切使$f_Y(y)>0$的y，给定$Y=y$的条件下，X的条件分布函数和条件概率密度分别为

$$F_{X|Y}(x \mid y)=\int_{-\infty}^{x}\frac{f(u,y)}{f_Y(y)}\mathrm{d}u, \qquad (3.27)$$

$$f_{X|Y}(x \mid y)=\frac{f(x,y)}{f_Y(y)}。 \qquad (3.28)$$

同理，若对一切使$f_X(x)>0$的x，给定$X=x$的条件下，Y的条件分布函数和条件概率密度分别为

$$F_{Y|X}(y \mid x)=\int_{-\infty}^{y}\frac{f(x,v)}{f_X(x)}\mathrm{d}v, \qquad (3.29)$$

$$f_{Y|X}(y \mid x)=\frac{f(x,y)}{f_X(x)}。 \qquad (3.30)$$

条件概率密度$f_{X|Y}(x \mid y)$满足密度概率的两条性质：

（1）非负性$f_{X|Y}(x \mid y)=\dfrac{f(x,y)}{f_Y(y)}\geq 0$；

（2）规范性$\displaystyle\int_{-\infty}^{+\infty}f_{X|Y}(x \mid y)\mathrm{d}x=\int_{-\infty}^{+\infty}\frac{f(x,y)}{f_Y(y)}\mathrm{d}x=\frac{\displaystyle\int_{-\infty}^{+\infty}f(x,y)\mathrm{d}x}{f_Y(y)}=1。$

例 3.3.3　设二维随机变量(X,Y)服从$G=\{|y|<x<1\}$上的均匀分布，试求$f_{X|Y}(x \mid y)$及$P\left(X>\dfrac{2}{3} \mid Y=\dfrac{1}{2}\right)$。

解　联合概率密度$f(x,y)$的非零区域如图 3-9 所示，由于非零区域面积为 1，
所以

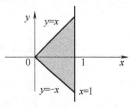

图 3-9　$f(x,y)$的非零区域

$$f(x,y)=\begin{cases}1, & |y|<x<1,\\ 0, & 其他,\end{cases}$$

$$f_Y(y)=\int_{-\infty}^{+\infty}f(x,y)\mathrm{d}x=\begin{cases}\displaystyle\int_{|y|}^{1}1\mathrm{d}x=1-|y|, & -1<y<1,\\ 0, & 其他。\end{cases}$$

于是给定的$y(-1<y<1)$，X的条件概率密度为

$$f_{X|Y}(x \mid y)=\frac{f(x,y)}{f_Y(y)}=\begin{cases}\dfrac{1}{1-|y|}, & |y|<x<1,\\ 0, & 其他,\end{cases}$$

从而当$y=\dfrac{1}{2}$时，

$$f_{X \mid Y}\left(x \mid \frac{1}{2}\right) = \begin{cases} 2, & \dfrac{1}{2} < x < 1, \\ 0, & \text{其他,} \end{cases}$$

$$\text{故 } P\left(X > \frac{2}{3} \mid Y = \frac{1}{2}\right) = \int_{\frac{2}{3}}^{+\infty} f_{X \mid Y}\left(x \mid \frac{1}{2}\right) \mathrm{d}x = \int_{\frac{2}{3}}^{1} 2\mathrm{d}x = \frac{2}{3}.$$

习题 3.3

1. 设二维随机变量 (X,Y) 具有联合分布律为

X	Y	
	0	1
0	0.2	a
1	b	0.5

已知 $P(Y=1 \mid X=0) = \dfrac{1}{2}$,求常数 a,b 的值。

2. 某射手进行射击,单发命中目标的概率为 $p(0<p<1)$,击中目标两次则停止射击。设 X 表示第一次击中目标所需的射击次数,Y 表示总共的射击次数,求 (X,Y) 的联合分布律和条件分布律。

3. 以 X 记某医院一天内出生的婴儿的个数,以 Y 记其中男婴的个数,设 X 与 Y 的联合分布律为

$$P(X=n, Y=m) = \frac{\mathrm{e}^{-14}7.14^m 6.86^{n-m}}{m!(n-m)!},$$

$$m = 0,1,\cdots,n; n = 0,1,2,\cdots,$$

试求:

(1) 条件分布律;

(2) 当 $X=10$ 时,Y 的条件分布律。

4. 设二维随机变量 (X,Y) 的联合密度函数为

$$f(x,y) = \begin{cases} \dfrac{1}{2x^2 y}, & x \geq 1, \dfrac{1}{x} < y < x, \\ 0, & \text{其他,} \end{cases}$$

求条件概率密度 $f_{X \mid Y}(x \mid y)$ 和 $f_{Y \mid X}(y \mid x)$。

5. 设二维随机变量 (X,Y) 的联合密度函数为

$$f(x,y) = \begin{cases} 2y^2, & 0<x<2y, 0<y<1, \\ 0, & \text{其他,} \end{cases}$$

求条件概率密度 $f_{X \mid Y}(x \mid y)$ 和条件分布函数 $F_{Y \mid X}(y \mid 1)$。

6. 设 $X \sim U(1,2)$,当 $1<x<2$ 时,$Y \mid X=x \sim N(x, \sigma^2)$,求 (X,Y) 的联合密度函数。

3.4 二维随机变量函数的分布

在第 2 章中我们讨论了一个随机变量函数的分布,如果已知二维随机变量 (X,Y) 的联合分布,怎样求它们的函数 $Z = g(X,Y)$ 的分布?

3.4.1 二维离散型随机变量函数的分布

例 3.4.1 设二维随机变量 (X,Y) 的联合分布律为

X	Y		
	−2	−1	0
−1	$\dfrac{1}{12}$	$\dfrac{1}{12}$	$\dfrac{3}{12}$
2	$\dfrac{4}{12}$	$\dfrac{1}{12}$	$\dfrac{2}{12}$

求：

(1) $Z_1 = X+Y$ 的概率分布；

(2) $Z_2 = |X-Y|$ 的概率分布；

(3) $Z_3 = \min\{X,Y\}$ 的概率分布。

解

(X,Y)	$(-1,-2)$	$(-1,-1)$	$(-1,0)$	$(2,-2)$	$(2,-1)$	$(2,0)$
$Z_1 = X+Y$	-3	-2	-1	0	1	2
$Z_2 = |X-Y|$	1	0	1	4	3	2
$Z_3 = \min\{X,Y\}$	-2	-1	-1	-2	-1	0
$P(X=i)$	$\dfrac{1}{12}$	$\dfrac{1}{12}$	$\dfrac{3}{12}$	$\dfrac{4}{12}$	$\dfrac{1}{12}$	$\dfrac{2}{12}$

对上表整理合并后可得

Z_1	-3	-2	-1	0	1	2
$P(Z_1=k)$	$\dfrac{1}{12}$	$\dfrac{1}{12}$	$\dfrac{3}{12}$	$\dfrac{4}{12}$	$\dfrac{1}{12}$	$\dfrac{2}{12}$

Z_2	0	1	2	3	4
$P(Z_2=k)$	$\dfrac{1}{12}$	$\dfrac{4}{12}$	$\dfrac{2}{12}$	$\dfrac{1}{12}$	$\dfrac{4}{12}$

Z_3	-2	-1	0
$P(Z_3=k)$	$\dfrac{5}{12}$	$\dfrac{5}{12}$	$\dfrac{2}{12}$

例 3.4.2　设随机变量 $X \sim P(\lambda_1)$，$Y \sim P(\lambda_2)$，且 X 与 Y 相互独立，证明：$Z = X+Y \sim P(\lambda_1 + \lambda_2)$。

证　因为 $Z = X+Y$ 的可能取值为 $0,1,2,\cdots$，事件

$$\{Z=k\} = \bigcup_{i=0}^{k} \{X=i, Y=k-i\},$$

又因为 X 与 Y 相互独立，从而

$$P(Z=k) = \sum_{i=0}^{k} P(X=i)P(Y=k-i) = \sum_{i=0}^{k} \frac{\lambda_1^i}{i!}e^{-\lambda_1} \cdot \frac{\lambda_2^{k-i}}{(k-i)!}e^{-\lambda_2}$$

$$= \frac{e^{-(\lambda_1+\lambda_2)}}{k!} \sum_{i=0}^{k} \frac{k!}{i!(k-i)!} \lambda_1^i \cdot \lambda_2^{k-i}$$

$$= \frac{e^{-(\lambda_1+\lambda_2)}}{k!} \sum_{i=0}^{k} C_k^i \lambda_1^i \cdot \lambda_2^{k-i}$$

$$= \frac{(\lambda_1+\lambda_2)^k}{k!} e^{-(\lambda_1+\lambda_2)}, k=0,1,2,\cdots,$$

故 $Z=X+Y \sim P(\lambda_1+\lambda_2)$。

3.4.2　二维连续型随机变量函数的分布

同一维连续型随机变量函数的分布计算方法类似，在计算二维连续型随机变量函数的概率密度前，我们可以先求其分布函数。

1. 和($Z=X+Y$)的分布

定理 3.2　设二维连续型随机变量(X,Y)的联合密度函数为 $f(x,y)$，且 X 的边缘概率密度为 $f_X(x)$，Y 的边缘概率密度为 $f_Y(y)$，则 $Z=X+Y$ 仍为连续型随机变量，其概率密度为

$$f_Z(z)=\int_{-\infty}^{+\infty} f(x,z-x)\,\mathrm{d}x \tag{3.31}$$

或

$$f_Z(z)=\int_{-\infty}^{+\infty} f(z-y,y)\,\mathrm{d}y。 \tag{3.32}$$

特别地，当随机变量 X 与 Y 相互独立时，

$$f_Z(z)=\int_{-\infty}^{+\infty} f_X(x)f_Y(z-x)\,\mathrm{d}x \tag{3.33}$$

或

$$f_Z(z)=\int_{-\infty}^{+\infty} f_X(z-y)f_Y(y)\,\mathrm{d}y。 \tag{3.34}$$

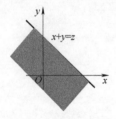

图 3-10　$x+y \leqslant z$ 区域

证　对任意的 $z\in \mathbf{R}$，z 的分布函数

$$F_Z(z)=P(Z\leqslant z)=P(X+Y\leqslant z)=\iint\limits_{x+y\leqslant z} f(x,y)\,\mathrm{d}x\mathrm{d}y,$$

其中二重积分区域是位于直线 $x+y=z$ 左下方的半平面(见图3-10)，其中二重积分化成累次积分，得

$$F_Z(z)=\int_{-\infty}^{+\infty}\left[\int_{-\infty}^{z-x} f(x,y)\,\mathrm{d}y\right]\mathrm{d}x \xrightarrow{\diamondsuit u=x+y} \int_{-\infty}^{+\infty}\left[\int_{-\infty}^{z} f(x,u-x)\,\mathrm{d}u\right]\mathrm{d}x$$

$$=\int_{-\infty}^{z}\left[\int_{-\infty}^{+\infty} f(x,u-x)\,\mathrm{d}x\right]\mathrm{d}u。$$

由概率密度的定义可知

$$f_Z(z)=\int_{-\infty}^{+\infty} f(x,z-x)\,\mathrm{d}x,$$

同理有 $f_Z(z)=\int_{-\infty}^{+\infty} f(z-y,y)\,\mathrm{d}y$。

显然，当随机变量 X 与 Y 相互独立时，

$$f_Z(z) = \int_{-\infty}^{+\infty} f_X(x) f_Y(z-x) \, \mathrm{d}x, \quad f_Z(z) = \int_{-\infty}^{+\infty} f_X(z-y) f_Y(y) \, \mathrm{d}y.$$

这两个公式我们常常称为函数 $f_X(z)$ 与 $f_Y(z)$ 的**卷积**，记作

$$f_X(z) * f_Y(z) \equiv \int_{-\infty}^{+\infty} f_X(x) f_Y(z-x) \, \mathrm{d}x.$$

例 3.4.3 已知随机变量 X 和 Y 相互独立，且服从 $[0,1]$ 上的均匀分布，试求 $Z = X + Y$ 的概率密度函数 $f_Z(z)$。

解 由设

$$f_X(x) = \begin{cases} 1, & 0 \le x \le 1, \\ 0, & \text{其他,} \end{cases} \qquad f_Y(y) = \begin{cases} 1, & 0 \le y \le 1, \\ 0, & \text{其他,} \end{cases}$$

又因为 X 和 Y 相互独立，由卷积公式有

$$f_Z(z) = \int_{-\infty}^{+\infty} f_X(x) \cdot f_Y(z-x) \, \mathrm{d}x,$$

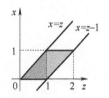

视频：例 3.4.3

易知当

$$\begin{cases} 0 \le x \le 1, \\ 0 \le z - x \le 1, \end{cases} \text{即} \begin{cases} 0 \le x \le 1, \\ z - 1 \le x \le z \end{cases}$$

时上述积分的被积函数不等于零，如图 3-11 所示，可得

$$f_Z(z) = \begin{cases} \int_0^z 1 \cdot 1 \, \mathrm{d}x = z, & 0 \le z < 1, \\ \int_{z-1}^1 1 \cdot 1 \, \mathrm{d}x = 2 - z, & 1 \le z < 2, \\ 0, & \text{其他,} \end{cases}$$

图 3-11 $z = x + y$ 区域

故

$$f_Z(z) = \begin{cases} z, & 0 \le z < 1, \\ 2 - z, & 1 \le z < 2, \\ 0, & \text{其他。} \end{cases}$$

例 3.4.4 设随机变量 $X \sim N(\mu_1, \sigma_1^2)$，$Y \sim N(\mu_2, \sigma_2^2)$，且 X 与 Y 相互独立，则 $X + Y \sim N(\mu_1 + \mu_2, \sigma_1^2 + \sigma_2^2)$。

证 由卷积公式可得

$$f_Z(z) = \int_{-\infty}^{+\infty} \frac{1}{\sqrt{2\pi}\,\sigma_1} \mathrm{e}^{-\frac{(x-\mu_1)^2}{2\sigma_1^2}} \cdot \frac{1}{\sqrt{2\pi}\,\sigma_2} \mathrm{e}^{-\frac{(z-x-\mu_2)^2}{2\sigma_2^2}} \, \mathrm{d}x$$

$$= \int_{-\infty}^{+\infty} \frac{1}{2\pi\sigma_1\sigma_2} \exp\left\{ -\frac{1}{2} \left[\frac{(x-\mu_1)^2}{\sigma_1^2} + \frac{(z-x-\mu_2)^2}{\sigma_2^2} \right] \right\} \mathrm{d}x$$

$$= \frac{1}{2\pi\sigma_1\sigma_2} \int_{-\infty}^{+\infty} \exp\left\{ -\frac{1}{2} \left[\left(\frac{1}{\sigma_1^2} + \frac{1}{\sigma_2^2} \right) x^2 - 2 \left(\frac{\mu_1}{\sigma_1^2} + \frac{z-\mu_2}{\sigma_2^2} \right) x + \right. \right.$$

$$\left. \left. \left(\frac{\mu_1^2}{\sigma_1^2} + \frac{(z-\mu_2)^2}{\sigma_2^2} \right) \right] \right\} \mathrm{d}x,$$

令 $A=\dfrac{1}{\sigma_1^2}+\dfrac{1}{\sigma_2^2}, B=\dfrac{\mu_1}{\sigma_1^2}+\dfrac{z-\mu_2}{\sigma_2^2}$，代入上面积分，可得

$$f_Z(z)=\frac{1}{2\pi\sigma_1\sigma_2}\exp\left\{-\frac{1}{2}\frac{(z-\mu_1-\mu_2)^2}{\sigma_1^2+\sigma_2^2}\right\}\int_{-\infty}^{+\infty}\mathrm{e}^{-\frac{A}{2}\left(x-\frac{B}{A}\right)^2}\mathrm{d}x$$

$$=\frac{1}{2\pi\sigma_1\sigma_2}\exp\left\{-\frac{1}{2}\frac{(z-\mu_1-\mu_2)^2}{\sigma_1^2+\sigma_2^2}\right\}\cdot\sqrt{\frac{2\pi}{A}}\int_{-\infty}^{+\infty}\frac{\sqrt{A}}{\sqrt{2\pi}}\mathrm{e}^{-\frac{A}{2}\left(x-\frac{B}{A}\right)^2}\mathrm{d}x$$

$$=\frac{1}{\sqrt{2\pi}\sigma_1\sigma_2}\exp\left\{-\frac{1}{2}\frac{(z-\mu_1-\mu_2)^2}{\sigma_1^2+\sigma_2^2}\right\}\cdot\frac{\sigma_1\sigma_2}{\sqrt{\sigma_1^2+\sigma_2^2}}$$

$$=\frac{1}{\sqrt{2\pi}\sqrt{\sigma_1^2+\sigma_2^2}}\mathrm{e}^{-\frac{[z-(\mu_1+\mu_2)]^2}{2(\sigma_1^2+\sigma_2^2)}},\ -\infty<z<+\infty,$$

所以，$X+Y\sim N(\mu_1+\mu_2,\sigma_1^2+\sigma_2^2)$。

这个结论可以推广到 n 个独立正态随机变量的情形。

我们知道，若 $X\sim N(\mu,\sigma^2)$，则对于任意实数 $a(a\neq0)$ 有 $aX\sim N(a\mu,a^2\sigma^2)$。

若 $X_i\sim N(\mu_i,\sigma_i^2)(i=1,2,\cdots,n)$，且它们相互独立，则它们的线性组合仍然服从正态分布，即

$$a_1X_1+a_2X_2+\cdots+a_nX_n\sim N\left(\sum_{i=1}^{n}a_i\mu_i,\ \sum_{i=1}^{n}a_i^2\mu_i^2\right)。$$

2. 商的分布、积的分布

设二维连续型随机变量 (X,Y) 的联合密度函数为 $f(x,y)$，令 $Z=\dfrac{X}{Y}$，则 Z 仍为连续型随机变量，为了求其概率密度，我们先考虑 Z 的分布函数

$$F_Z(z)=P(Z\leqslant z)=P\left(\frac{X}{Y}\leqslant z\right)=\iint\limits_{\frac{x}{y}\leqslant z}f(x,y)\,\mathrm{d}x\mathrm{d}y,$$

其中二重积分区域 $\dfrac{x}{y}\leqslant z$ 如图 3-12 所示，化成累次积分有

$$F_Z(z)=\int_{-\infty}^{0}\left[\int_{yz}^{+\infty}f(x,y)\,\mathrm{d}x\right]\mathrm{d}y+\int_{0}^{+\infty}\left[\int_{-\infty}^{yz}f(x,y)\,\mathrm{d}x\right]\mathrm{d}y$$

$$\xrightarrow{\diamondsuit\,u=x/y}\int_{-\infty}^{0}\left[\int_{z}^{-\infty}yf(yu,y)\,\mathrm{d}u\right]\mathrm{d}y+\int_{0}^{+\infty}\left[\int_{-\infty}^{z}yf(yu,y)\,\mathrm{d}u\right]\mathrm{d}y$$

$$=\int_{-\infty}^{0}\left[\int_{-\infty}^{z}(-y)f(yu,y)\,\mathrm{d}u\right]\mathrm{d}y+\int_{0}^{+\infty}\left[\int_{-\infty}^{z}yf(yu,y)\,\mathrm{d}u\right]\mathrm{d}y$$

$$=\int_{-\infty}^{+\infty}\left[\int_{-\infty}^{z}|y|f(yu,y)\,\mathrm{d}u\right]\mathrm{d}y$$

$$=\int_{-\infty}^{z}\left[\int_{-\infty}^{+\infty}|y|f(yu,y)\,\mathrm{d}y\right]\mathrm{d}u,$$

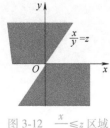

图 3-12 $\dfrac{x}{y}\leqslant z$ 区域

根据概率密度的定义可得 $Z = \dfrac{X}{Y}$ 的概率密度为

$$f_Z(z) = \int_{-\infty}^{+\infty} |y| f(yz, y) \, \mathrm{d}y_\circ \tag{3.35}$$

类似地，可求出 $Z = XY$ 的概率密度为

$$f_Z(z) = \int_{-\infty}^{+\infty} \frac{1}{|y|} f\left(\frac{z}{y}, y\right) \mathrm{d}y, \tag{3.36}$$

或

$$f_Z(z) = \int_{-\infty}^{+\infty} \frac{1}{|x|} f\left(x, \frac{z}{x}\right) \mathrm{d}x_\circ \tag{3.37}$$

特别是，当设随机变量 X 与 Y 相互独立，则式（3.35）~式（3.37）可写为

$$f_Z(z) = \int_{-\infty}^{+\infty} |y| f_X(yz) f_Y(y) \, \mathrm{d}y, \tag{3.38}$$

$$f_Z(z) = \int_{-\infty}^{+\infty} \frac{1}{|y|} f_X\left(\frac{z}{y}\right) f_Y(y) \, \mathrm{d}y, \tag{3.39}$$

$$f_Z(z) = \int_{-\infty}^{+\infty} \frac{1}{|x|} f_X(x) f_Y\left(\frac{z}{x}\right) \mathrm{d}x_\circ \tag{3.40}$$

例 3.4.5　已知随机变量 X 和 Y 相互独立，且服从 $[0,1]$ 上的均匀分布，试求 $Z = \dfrac{X}{Y}$ 的概率密度函数 $f_Z(z)$。

解　因

$$f_X(x) = \begin{cases} 1, & 0 \leqslant x \leqslant 1, \\ 0, & \text{其他}, \end{cases} \qquad f_Y(y) = \begin{cases} 1, & 0 \leqslant y \leqslant 1, \\ 0, & \text{其他}, \end{cases}$$

又因为 X 和 Y 相互独立，由式（3.38）有

$$f_Z(z) = \int_{-\infty}^{+\infty} |y| f_X(yz) f_Y(y) \, \mathrm{d}y$$

易知当

$$\begin{cases} 0 \leqslant y \leqslant 1, \\ 0 \leqslant zy \leqslant 1, \end{cases} \qquad \text{即} \begin{cases} 0 \leqslant y \leqslant 1, \\ y \leqslant 1/z \end{cases}$$

时上述积分的被积函数不等于零，可得

$$f_Z(z) = \begin{cases} \displaystyle\int_0^1 y \cdot 1 \cdot 1 \mathrm{d}y = \frac{1}{2}, & 0 \leqslant z \leqslant 1, \\[2mm] \displaystyle\int_0^{\frac{1}{z}} y \cdot 1 \cdot 1 \mathrm{d}y = \frac{1}{2z^2}, & z > 1, \\[2mm] 0, & \text{其他}, \end{cases}$$

故

$$f_Z(z) = \begin{cases} \dfrac{1}{2}, & 0 < z \leqslant 1, \\[2mm] \dfrac{1}{2z^2}, & z > 1, \\[2mm] 0, & \text{其他。} \end{cases}$$

3. 最大值和最小值的分布

设随机变量 X 与 Y 相互独立，它们的分布函数分别为 $F_X(x)$ 和 $F_Y(y)$，我们来求最大值 $U = \max\{X, Y\}$ 与最小值 $V = \min\{X, Y\}$ 的分布。

（1）最大值的分布

由于事件 $\max(X, Y) \leqslant u$ 与事件"X 与 Y 都不大于 u"相等，又由于 X 与 Y 相互独立，从而有

$$\begin{aligned} F_U(u) &= P(\max\{X, Y\} \leqslant u) = P(X \leqslant u, Y \leqslant u) \\ &= P(X \leqslant u) P(Y \leqslant u) = F_X(u) F_Y(u), \end{aligned}$$

即

$$F_{\max}(u) = F_X(u) F_Y(u)。 \tag{3.41}$$

（2）最小值的分布

因为事件 $\min\{X, Y\} > v$ 与事件"X 与 Y 都大于 v"相等，又由于 X 与 Y 相互独立，从而有

$$\begin{aligned} F_V(v) &= P(\min\{X, Y\} \leqslant v) = 1 - P(\min\{X, Y\} > v) \\ &= 1 - P(X > v, Y > v) = 1 - P(X > v) P(Y > v) \\ &= 1 - [1 - F_X(v)][1 - F_Y(v)], \end{aligned}$$

即

$$F_{\min}(v) = 1 - [1 - F_X(v)][1 - F_Y(v)]。 \tag{3.42}$$

上述结论可推广到 n 个相互独立的随机变量的情形。

设随机变量 $X_1, X_2, \cdots, X_n$ 相互独立，且 X_i 的分布函数为 $F_{X_i}(x), i = 1, 2, \cdots, n$，则随机变量 $U = \max\{X_1, X_2, \cdots, X_n\}$ 的分布函数为

$$F_{\max}(u) = \prod_{i=1}^{n} F_{X_i}(u), \tag{3.43}$$

随机变量 $V = \min\{X_1, X_2, \cdots, X_n\}$ 的分布函数为

$$F_{\min}(v) = 1 - \prod_{i=1}^{n} [1 - F_{X_i}(v)]。 \tag{3.44}$$

特别是，如果 $X_1, X_2, \cdots, X_n$ 相互独立且具有相同分布函数 $F(x)$ 时有

$$F_{\max}(u) = [F(u)]^n, \tag{3.45}$$

$$F_{\min}(v) = 1 - [1 - F(v)]^n \text{。} \tag{3.46}$$

例 3.4.6　已设电子仪器由两个相互独立的电子装置 L_1，L_2 组成，组成方式有两种：（1）L_1 和 L_2 串联；（2）L_1 和 L_2 并联。已知系统 L_1 与 L_2 的寿命分别为 X 与 Y，其分布函数分别为

$$F_X(x) = \begin{cases} 1 - e^{-\alpha x}, & x > 0, \\ 0, & x \leqslant 0, \end{cases} \quad F_Y(y) = \begin{cases} 1 - e^{-\beta y}, & y > 0, \\ 0, & y \leqslant 0, \end{cases}$$

其中 $\alpha > 0, \beta > 0$，在两种连接方式下，分别求仪器寿命 Z 的概率密度。

解　（1）当 L_1 和 L_2 有一个损坏时，仪器就停止工作，所以仪器寿命为 $Z = \min\{X, Y\}$。已知 X、Y 的分布函数，且 X 与 Y 相互独立，则由式（3.42）得 Z 的分布函数为

$$F_Z(z) = 1 - [1 - F_X(z)][1 - F_Y(z)] = \begin{cases} 1 - e^{-(\alpha+\beta)z}, & z > 0, \\ 0, & z \leqslant 0, \end{cases}$$

所以

$$f_Z(z) = \begin{cases} (\alpha+\beta) e^{-(\alpha+\beta)z}, & z > 0, \\ 0, & z \leqslant 0 \text{。} \end{cases}$$

（2）当 L_1 和 L_2 都损坏时，仪器才停止工作，所以仪器寿命为 $Z = \max\{X, Y\}$。已知 X、Y 的分布函数，且 X 与 Y 相互独立，则由式（3.41）得 Z 的分布函数为

$$F_Z(z) = F_X(z) F_Y(z) = \begin{cases} (1 - e^{-\alpha z})(1 - e^{-\beta z}), & z > 0, \\ 0, & z \leqslant 0, \end{cases}$$

所以

$$f_Z(z) = \begin{cases} \alpha e^{-\alpha z} + \beta e^{-\beta z} - (\alpha+\beta) e^{-(\alpha+\beta)z}, & z > 0, \\ 0, & z \leqslant 0 \text{。} \end{cases}$$

习题 3.4

1. 设二维随机变量 (X, Y) 具有联合分布律为

X	Y		
	-1	0	2
-1	$\dfrac{1}{6}$	$\dfrac{1}{12}$	0
0	$\dfrac{1}{4}$	0	0
1	$\dfrac{1}{12}$	$\dfrac{1}{4}$	$\dfrac{1}{6}$

试求：

（1）$U = \max\{X, Y\}$ 的概率分布；

（2）$V = \min\{X, Y\}$ 的概率分布；

（3）$W = X + Y$ 的概率分布。

2. 设随机变量 X 与 Y 独立同分布，且 X 服从几何分布，其概率分布为

$$P(X = k) = p(1-p)^{k-1}, k = 1, 2, \cdots,$$

试求随机变量 $Z = \max\{X, Y\}$ 的概率分布。

3. 设二维随机变量 (X,Y) 的联合密度函数为

$$f(x,y)=\begin{cases}6x, & 0<x\leqslant y<1,\\ 0, & \text{其他},\end{cases}$$

试求随机变量 $Z=X+Y$ 的概率密度。

4. 设随机变量 X 与 Y 独立，试在以下情况下求随机变量 $Z=X+Y$ 的概率密度：

（1）$X\sim U(-a,a),Y\sim U(-a,a)(a>0)$；

（2）$X\sim U(0,1),Y\sim\text{Exp}(1)$。

5. 设随机变量 X 与 Y 相互独立，并且都服从指数分布，概率密度函数分别为

$$f_X(x)=\begin{cases}\lambda e^{-\lambda x}, & x>0,\\ 0, & x\leqslant 0,\end{cases}$$

$$f_Y(y)=\begin{cases}\mu e^{-\mu y}, & y>0,\\ 0, & y\leqslant 0,\end{cases}$$

求随机变量 $Z=\dfrac{X}{Y}$ 的概率密度。

6. 设二维随机变量 (X,Y) 的联合密度函数为

$$f(x,y)=\begin{cases}xe^{-x(1+y)}, & x>0,y>0,\\ 0, & \text{其他},\end{cases}$$

求随机变量 $Z=XY$ 的概率密度。

7. 电子仪器由六个相互独立的部件 $L_{ij}(i=1,2;j=1,2,3)$ 组成，连接方式如图 3-13 所示。设各个部件的使用寿命 $X_{ij}(i=1,2;j=1,2,3)$ 同分布，概率密度为

$$f_X(x)=\begin{cases}\lambda e^{-\lambda x}, & x>0,\\ 0, & x\leqslant 0。\end{cases}$$

求电子仪器使用寿命 Z 的概率密度。

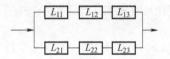

图 3-13 电子仪器连接图

小结 3

本章我们将一维随机变量及其概率分布推广到了多维随机变量情形，主要讨论了二维随机变量，仿照一维随机变量，首先研究了二维随机变量的联合分布函数、二维离散型随机变量的联合分布律、二维连续型随机变量的联合密度函数。

然后对于二维随机变量，我们还讨论了二维随机变量中每个随机变量的分布，即边缘分布；在给定一个变量时，另一个变量的分布，即条件分布；探讨了随机变量间的独立性问题。

最后，类似于一维随机变量函数的分布，我们主要讨论了二维连续型随机变量函数，和函数、商函数、积函数、最大最小值函数的概率分布。

对于二维连续型随机变量的计算问题，特别需要画出联合密度函数的非零取值区域及积分区域，将二重积分化成累次积分，确定好累次积分的积分上下限。

章节测验 3

1. 袋中有 1 只红球、2 只黑球与 3 只白球。现有放回地从袋中取球两次，每次任取一只球，设以 X,Y,Z 分别表示两次取球所取得的红球、黑球和白球的只数。试求：

（1）$P(X=1\mid Z=0)$；

（2）二维随机变量 (X,Y) 的联合分布律。

2. 设随机变量 X 与 Y 相互独立且均服从区间 $(0,3)$ 上的均匀分布，试求 $P(\max\{X,Y\}\leqslant 1)$。

3. 假设甲、乙两同学进教室的时间 X 与 Y 相互独立且均服从区间 $(0,10)$ 上的均匀分布，试求 $P(|X-Y|<5)$。

4. 设二维随机变量 (X,Y) 服从以原点为圆心的单位圆上的均匀分布，且

$$Z_1=\begin{cases}1, & X+Y\leqslant 0,\\ 0, & X+Y>0,\end{cases} \quad Z_2=\begin{cases}1, & X-Y\leqslant 0,\\ 0, & X-Y>0,\end{cases}$$

试求二维随机变量 (Z_1,Z_2) 的联合分布律。

5. 设随机变量 $Z\sim U(-2,2)$，且随机变量

$$X=\begin{cases}-1, & Z\leqslant -1,\\ 1, & Z>-1,\end{cases} \quad Y=\begin{cases}-1, & Z\leqslant 1,\\ 1, & Z>1,\end{cases}$$

试求：

（1）二维随机变量 (X,Y) 的联合分布律；

（2）$U=\max\{X,Y\}$ 的概率分布；

（3）$V=\min\{X,Y\}$ 的概率分布。

6. 设二维随机变量 (X,Y) 的联合密度函数为

$$f(x,y)=\begin{cases}k, & 0\leqslant x^2<y<x\leqslant 1,\\ 0, & \text{其他,}\end{cases}$$

试求：

（1）常数 k 的值；

（2）随机变量 X 与 Y 的边缘概率密度；

（3）随机变量 X 和 Y 是否独立？

（4）$P(Y<0.5)$。

7. 设二维随机变量 (X,Y) 的联合密度函数为

$$f(x,y)=\begin{cases}cx^2y, & x^2\leqslant y\leqslant 1,\\ 0, & \text{其他,}\end{cases}$$

试求：

（1）常数 c 的值；

（2）$P(Y\geqslant 0.75\mid X=0.5)$。

8. 设随机变量 X 和 Y 相互独立，且 $X\sim P(\lambda_1)$，$Y\sim P(\lambda_2)$。在 $X+Y=n$ 的条件下，求 X 的条件分布。

9. 设二维随机变量 (X,Y) 服从 $G=\{(x,y)\mid x^2+y^2\leqslant 1\}$ 上的均匀分布，试求：

（1）给定 $Y=y$ 条件下 X 的条件概率密度 $f_{X\mid Y}(x\mid y)$；

（2）$f_{X\mid Y}(x\mid 0.5)$。

10. 设随机变量 $X\sim U(0,1)$，给定 $X=x$ 的条件下 Y 的条件概率密度为

$$f_{Y\mid X}(y\mid x)=\begin{cases}x, & 0<y<\dfrac{1}{x},\\ 0, & \text{其他,}\end{cases}$$

试求：

（1）(X,Y) 的联合密度函数；

（2）Y 的边缘概率密度；

（3）$F_{Y\mid X}(y\mid 1)$。

11. 设随机变量 X 与 Y 相互独立，且有下述分布，求 $Z=X+Y$ 的分布。

（1）$X\sim U(0,1)$，且 Y 在 $[0,2]$ 上服从辛普森分布：

$$f_Y(y)=\begin{cases}y, & 0\leqslant y\leqslant 1,\\ 2-y, & 1<y\leqslant 2,\\ 0, & \text{其他;}\end{cases}$$

（2）$X\sim U(-5,1)$，$Y\sim U(1,5)$；

（3）$X\sim \exp(2)$，$Y\sim \exp(3)$；

（4）$X\sim B(m,p)$，$Y\sim B(n,p)$；

（5）X 与 Y 同分布，其分布律为 $P(X=n)=P(Y=n)=\dfrac{1}{2^n}$，$n=1,2,\cdots$。

12. 设二维随机变量 (X,Y) 的联合密度函数为

$$f(x,y)=\begin{cases}x+y, & 0<x<1,0<y<1,\\ 0, & \text{其他。}\end{cases}$$

试求：

（1）随机变量 $Z=X+Y$ 的概率密度；

（2）随机变量 $Z=XY$ 的概率密度。

13. 设随机变量 X 和 Y 相互独立，且分别服从正态分布 $N(0,1)$ 和 $N(1,4)$。

（1）分别计算 $Z=X+Y$ 和 $W=X-Y$ 的概率密度；

（2）计算 $P(X-Y\leqslant -3)$。

14. 设某商店某种商品一周的需求量是一个随机变量，其概率密度为

$$f(x)=\begin{cases}xe^{-x}, & x>0,\\ 0, & \text{其他,}\end{cases}$$

试求该店这种商品两周的需求量 Y 的概率密度，假定各周需求量是相互独立的。

15. 从 1、2、3 中不放回地任取两个数，记第一个数为随机变量 X，第二个数为随机变量 Y，并令 $U=\max\{X,Y\}$，$V=\min\{X,Y\}$。试求：

（1）(X,Y)的联合分布律及边缘分布律；

（2）(U,V)的联合分布律及边缘分布律。

16. 设随机变量 X_1,X_2,X_3 独立同分布，且概率密度为

$$f(x)=\begin{cases} \dfrac{3x^2}{\theta^3}, & 0<x<\theta, \\ 0, & \text{其他,} \end{cases}$$

其中 $\theta>0$，求随机变量 $Z=\min\{X_1,X_2,X_3\}$ 的概率密度。

17. 设二维随机变量(X,Y)的联合密度函数为

$$f(x,y)=\begin{cases} 1, & 0<x<1,0<y<2x, \\ 0, & \text{其他,} \end{cases}$$

求随机变量函数 $Z=2X-Y$ 的概率密度。

18. 设二维随机变量(X,Y)的联合密度函数为

$$f(x,y)=\begin{cases} \dfrac{8}{\pi(x^2+y^2+1)^3}, & x\geqslant 0,y\geqslant 0, \\ 0, & \text{其他,} \end{cases}$$

求随机变量函数 $Z=X^2+Y^2$ 的概率密度。

R 实验 3

实验 3.1　绘制二维正态分布的联合密度函数图形

绘制二维正态分布$(X,Y)\sim N(0,0,1,1,0)$的联合密度函数图形，代码如下：

```
> f <-function(x,y){z<-(1/(2*pi))*exp(-.5*(x^2+y^2))}
> y<-x<-seq(-3,3,length=50)
> z<-outer(x,y,f) #compute density for all(x,y)
> persp(x,y,z,theta=45,phi=30,expand=0.6,col='lightblue',
ltheta=120,shade=0.75,ticktype='detailed',xlab="X",ylab=
"Y",zlab="f(x,y)")
```

其结果如图 3-14 所示。

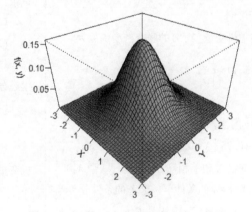

图 3-14　二维正态分布联合密度函数图

实验 3.2　绘制 X+Y 的概率密度函数图

设随机变量 $X\sim N(0,1)$，$Y\sim N(0,1)$，且 X 与 Y 相互独立，则 $X+Y\sim N(0,2)$。R 代码如下：

```
> sumnormal<-function(n){
+    x<-seq(-4,4,0.1)
+    truth<-dnorm(x,0,sqrt(2))
+    plot(density(rnorm(n)+rnorm(n)),main="正态分布随机变
量和的概率密度函数图",
+           ylim=c(0,0.4),lwd=2,lty=2)
+    lines(x,truth,col="red",lwd=2)
+    legend("topright",c("N(0,2)的密度","X+Y的密度"),
+           col=c("red","black"),lwd=2,lty=c(1,2))
+}
> sumnormal(20000)
```

其结果如图 3-15 所示。

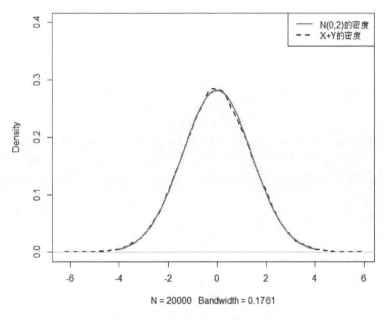

图 3-15　正态分布随机变量和的概率密度函数图

实验 3.3　几何概型与见面问题

假设甲、乙两同学约定在 12：00—13：00 在某教室见面，并事先约定先到者等候 10min。若另一人 10min 内没有到达，先到者离去。试求先到者需要等待 10min 以内的概率。R 代码如下：

```
> jia<-runif(2500,0,60)
> yi<-runif(2500,0,60)
> t<-(abs(jia-yi)<=10)
> mean(t)
[1] 0.304
```

实验 3.4　基于二维联合密度函数计算概率

回顾例 3.1.3，设二维随机变量 (X,Y) 的联合密度函数为

$$f(x,y)=\begin{cases}12\mathrm{e}^{-3x-4y}, & x>0,y>0,\\ 0, & \text{其他},\end{cases}$$

试用 R 语言求：

(1) $P(X \leqslant 1, Y \leqslant 2)$；

(2) $P(X>Y)$。

采用 R 语言计算如下：

(1)

```
> integrate(function(x){sapply(x,function(x)
+integrate(function(y)12 * exp(-3 * x) * exp(-4 * y),0,2)$
val})},0,1)$val
[1] 0.9498942
> (1-exp(-3)) * (1-exp(-8))
[1] 0.9498942
```

(2)

```
> integrate(function(x){sapply(x,function(x)
+integrate(function(y)12 * exp(-3 * x) * exp(-4 * y),0,x)$
val})},0,Inf)$val
[1] 0.5714286
> 4/7
[1]0.5714286
```

第 4 章
随机变量的数字特征

上一章介绍了随机变量的分布函数、概率密度函数和分布律，它们都能完整地描述随机变量，但在某些实际或理论问题中，人们仅感兴趣于某些能描述随机变量某一种特征的常数。例如，考察某种大批量生产的电子元件的寿命时，有时仅关注电子元件的平均使用寿命和电子元件使用寿命偏离平均使用寿命的程度。因为当平均使用寿命达到一定要求且这种偏离程度较小时，可认为电子元件的质量较好。随机变量的数字特征是由其分布确定的，其从某一个侧面描述了分布的特征。本章主要介绍随机变量的几个常用数字特征：数学期望、方差、协方差、相关系数和矩等。

4.1 数学期望

本节介绍随机变量数学期望的概念、计算，随机变量函数的期望和数学期望的运算性质。

4.1.1 随机变量的数学期望

在概率论中，数学期望源于历史上一个著名的分赌本问题。

例 4.1.1（分赌本问题） 17 世纪中叶，一位赌徒向法国数学家帕斯卡（Pascal）提出一个使他苦恼已久的分赌本问题：甲、乙两赌徒赌技相同，各出赌注 50 法郎，每局只有胜负，无平局。他们约定，谁先赢三局，谁就获得全部赌本 100 法郎。当甲赢了二局、乙赢了一局时，因某种原因需要终止赌博。现问这 100 法郎如何分才算公平？

这个问题在当时引起了不少人的兴趣。首先大家都认识到：平均分对甲不公平；全部归甲对乙不公平；合理的分法应该是按一定的比例。所以问题的焦点在于：按怎样的比例来分。以下列举了两种分法：

（1）甲得 100 法郎中的 2/3，乙得 100 法郎中的 1/3。这是基于已赌局数：甲赢了二局、乙赢了一局。

(2) 1654 年帕斯卡提出如下的分法：设想再赌下去，则甲最终所得"法郎"为一随机变量 X，其可能取值为 0 或 100。首先假定他们俩再赌一局，甲有 1/2 可能赢，乙也有 1/2 可能赢。若甲继续赢得了第三场比赛，赌本全归甲，比赛结束。若乙赢得第三局，则需继续比赛一局。在第四局比赛中，甲乙赢得比赛的可能性仍然都是 1/2。综上，甲赢的可能性为 1/2+1/2×1/2=3/4，乙赢的可能性为 1/2×1/2=1/4。即甲获得 100 法郎的可能性为 3/4，获得 0 法郎的可能性为 1/4，则 X 的分布律为

X	0	100
P	0.25	0.75

经上述分析，帕斯卡认为，甲的"期望"所得应为 $0 \times 0.25 + 100 \times 0.75 = 75$（法郎），即甲得 75 法郎，乙得 25 法郎。这种分法不仅考虑了已赌局数，而且还包括了对继续赌下去的一种"期望"，它比(1)的分法更为合理。

这就是数学期望这个名称的由来，其实这个名称称为"均值"更形象易懂。对上例而言，也就是再赌下去的话，甲"平均"可以赢 75 法郎。

接下来我们逐步分析如何按分布求"均值"。

(1) **算术平均**：如果有 n 个数 $x_1, x_2, \cdots, x_n$，那么求这 n 个数的算术平均是很简单的事，只需要将此 n 个数相加后除以 n 即可。

(2) **加权平均**：如果这 n 个数中有相同的，不妨设其中有 n_i 个取值为 x_i，$i = 1, 2, \cdots, k$，其取值情况如下：

取值	x_1	x_2	$\cdots$	x_k
频数	n_1	n_2	$\cdots$	n_k
频率	n_1/n	n_2/n	$\cdots$	n_k/n

则其"均值"应为

$$\frac{1}{n} \sum_{i=1}^{k} n_i x_i = \sum_{i=1}^{k} \frac{n_i}{n} x_i。$$

其实这个"加权"平均的权数 $\frac{n_i}{n}$ 就是数值 x_i 出现的频率，当 n 非常大时，频率稳定在其概率附近。

(3) 对于一个离散型随机变量 X，如果其所有可能取值为 $x_1, x_2, \cdots, x_n$，若将这 n 个数直接相加后除以 n 作为 X 在一次随机试验中取值的"均值"，显然是不妥的。其原因在于 X 取各个值的概率不一定完全相同，概率大的在一次随机试验中出现的可能性就

大，因此在计算 X 取值的"均值"时其权重也应该大。而上述赌本
问题启示我们：用其取值的概率作为一种"权数"进行加权平均
是十分合理的。

1. 离散型随机变量的数学期望

> **定义 4.1**   设离散型随机变量 X 的分布律为
> $$P(X=x_i)=p_i, i=1,2,\cdots,$$
> 如果
> $$\sum_{i=1}^{+\infty}|x_i|p_i<+\infty,$$
> 则称
> $$E(X)=\sum_{i=1}^{+\infty}x_ip_i \qquad (4.1)$$
> 为随机变量 X 的**数学期望**，记作 $E(X)$。数学期望简称**期望**，
> 又称为**均值**。

视频：离散型随机变量
的数学期望

注意，若级数 $\sum_{i=1}^{+\infty}x_ip_i$ 不绝对收敛，则称随机变量 X 的数学期
望不存在。

例 4.1.2   设随机变量 X 的分布律为

X	−1	0	1	2
P	0.2	0.3	0.1	0.4

求 $E(X)$。

解   由式(4.1)得随机变量 X 的数学期望
$$E(X)=-1\times0.2+0\times0.3+1\times0.1+2\times0.4=0.7。$$

例 4.1.3（泊松分布的数学期望）   设 X 的分布律为
$$P(X=k)=\frac{\lambda^k}{k!}e^{-\lambda}, k=0,1,2,\cdots,$$
求 $E(X)$。

解 $E(X)=\sum_{k=1}^{+\infty}k\frac{\lambda^k}{k!}e^{-\lambda}=\lambda e^{-\lambda}\sum_{k=1}^{+\infty}\frac{\lambda^{k-1}}{(k-1)!}=\lambda e^{-\lambda}e^{\lambda}=\lambda。$

例 4.1.4（概率分布及数学期望在病毒感染筛查中的应用）   在某种
病毒感染的排查中需要进行某种检验，比如咽拭子的检验，来排
查每个人是否被感染，假设现有 N 个人参加检验，针对如下两种
检验方案：

（1）每个人逐一检验，则这种方案对应的检验次数自然是

N 次；

（2）分组检验，即将 k 个人的采样混合在一起检验，如果检验结果为阴性，说明 k 个人的采样结果都是阴性，这样 k 个人的咽拭子只需要检验 1 次。如果检验结果为阳性，则再对 k 个人的采样重新逐个检验，此时需要的检验次数为 $k+1$。假设每个人化验呈阳性的概率为 p，且这些人的化验结果是相互独立的，试说明当 p 较小时，选取适当的 k，按第二种方法可以减少化验的次数，并说明 k 取什么值时最适宜。

解 各人的咽拭子呈阴性反应的概率为 $q=1-p$。因此，k 个人的混合咽拭子呈阴性的概率为 q^k，k 个人的混合咽拭子呈阳性反应的概率为 $1-q^k$。

设以 k 个人为一组时，组内每人化验的次数为 X，则 X 是一个随机变量，其分布律为

X	$\dfrac{1}{k}$	$\dfrac{k+1}{k}$
P	q^k	$1-q^k$

X 的数学期望为

$$E(X)=\frac{1}{k}q^k+\left(1+\frac{1}{k}\right)(1-q^k)=1-q^k+\frac{1}{k},$$

N 个人平均需要化验的次数为

$$N\left(1-q^k+\frac{1}{k}\right),$$

由此可知，只要选择 k 使

$$1-q^k+\frac{1}{k}<1,$$

则 N 个人平均需化验次数小于第一种检验方案。当 p 固定时，我们选取 k 使得

$$L=1-q^k+\frac{1}{k}$$

小于 1 且取到最小值，这时就能得到最好的分组方法。

例如，$p=0.1$，则 $q=0.9$，当 $k=4$ 时，$L=1-q^k+\dfrac{1}{k}$ 取到最小值。此时得到最好的分组方法。若 $N=1000$，此时以 $k=4$ 分组，则按第二种方法平均只需要化验

$$1000\left(1-0.9^4+\frac{1}{4}\right)=594（次）。$$

这样平均来说，可以减少 40% 的工作量和检验资金。

2. 连续型随机变量的数学期望

对于连续型随机变量，其概率密度函数为 $f(x)$，注意到 $f(x)\mathrm{d}x$ 的作用与离散型随机变量中的 p_i 类似，于是有下面的定义。

定义 4.2　若连续型随机变量 X 的密度函数为 $f(x)$，并且 $\int_{-\infty}^{+\infty} |x| f(x)\mathrm{d}x < +\infty$，则称 $\int_{-\infty}^{+\infty} xf(x)\mathrm{d}x$ 为 X 的数学期望，记作 $E(X)$，即

$$E(X) = \int_{-\infty}^{+\infty} xf(x)\mathrm{d}x。 \tag{4.2}$$

例 4.1.5　设随机变量 X 的概率密度为

$$f(x) = \begin{cases} 1+x, & -1 \leqslant x < 0, \\ 1-x, & 0 \leqslant x < 1, \\ 0, & 其他, \end{cases}$$

求 $E(X)$。

解　由式（4.2）得 X 的数学期望

$$E(X) = \int_{-\infty}^{+\infty} xf(x)\mathrm{d}x$$

$$= \int_{-\infty}^{-1} xf(x)\mathrm{d}x + \int_{-1}^{0} xf(x)\mathrm{d}x + \int_{0}^{1} xf(x)\mathrm{d}x + \int_{1}^{+\infty} xf(x)\mathrm{d}x$$

$$= \int_{-1}^{0} x(1+x)\mathrm{d}x + \int_{0}^{1} x(1-x)\mathrm{d}x = 0。$$

例 4.1.6（均匀分布的数学期望）　设 X 的概率密度为

$$f(x) = \begin{cases} \dfrac{1}{b-a}, & a < x < b, \\ 0, & 其他, \end{cases}$$

求 $E(X)$。

解

$$E(X) = \int_{-\infty}^{+\infty} xf(x)\mathrm{d}x = \int_{a}^{b} x \frac{1}{b-a}\mathrm{d}x = \frac{1}{2}(a+b)。$$

例 4.1.7（指数分布的数学期望）　设 X 的概率密度为

$$f(x) = \begin{cases} \lambda \mathrm{e}^{-\lambda x}, & x > 0, \\ 0, & x \leqslant 0, \end{cases}$$

求 $E(X)$。

解

$$E(X) = \int_{-\infty}^{+\infty} xf(x)\,\mathrm{d}x$$

$$= \int_0^{+\infty} x\lambda\,\mathrm{e}^{-\lambda x}\,\mathrm{d}x$$

$$= -\int_0^{+\infty} x\mathrm{d}\mathrm{e}^{-\lambda x}$$

$$= -x\mathrm{e}^{-\lambda x}\,\Big|_0^{+\infty} + \int_0^{+\infty} \mathrm{e}^{-\lambda x}\,\mathrm{d}x = -\frac{1}{\lambda}\mathrm{e}^{-\lambda x}\,\Big|_0^{+\infty}$$

$$= -\frac{1}{\lambda}(0-1) = \frac{1}{\lambda}.$$

例 4.1.8（正态分布的数学期望）　设 $X \sim N(\mu, \sigma^2)$，求 $E(X)$。

解

$$E(X) = \int_{-\infty}^{+\infty} xf(x)\,\mathrm{d}x = \int_{-\infty}^{+\infty} x\,\frac{1}{\sqrt{2\pi}\,\sigma}\mathrm{e}^{-\frac{(x-\mu)^2}{2\sigma^2}}\,\mathrm{d}x,$$

令 $t = \dfrac{x-\mu}{\sigma}$，则

$$E(X) = \int_{-\infty}^{+\infty} (\mu + t\sigma)\frac{1}{\sqrt{2\pi}}\mathrm{e}^{-\frac{t^2}{2}}\,\mathrm{d}t = \frac{\mu}{\sqrt{2\pi}}\int_{-\infty}^{+\infty} \mathrm{e}^{-\frac{t^2}{2}}\,\mathrm{d}t = \mu_\circ$$

　　随机变量的数学期望度量了随机变量可能取值的平均水平，反映了随机变量分布的中心位置。同时，数学期望 $E(X)$ 完全由随机变量 X 的概率分布所确定，若 X 服从某一分布也称 $E(X)$ 是这一分布的数学期望。

4.1.2　随机变量的函数的数学期望

　　在实际应用中，常常需要求出随机变量函数的数学期望。例如，若随机变量 X 的分布已知，要求 $Y = g(X)$ 的数学期望 $E(Y)$。一个自然的解法是：先基于 X 的概率分布求出 Y 的概率分布，然后利用数学期望的定义计算 $E(Y)$，但是这样计算过于烦琐复杂。下面的定理告诉我们，可以直接利用随机变量 X 的分布来求 $Y = g(X)$ 的数学期望，而不必先算出 Y 的分布。

定理 4.1（离散型随机变量函数的数学期望）　设离散型随机变量 X 的分布律为

$$P(X = x_k) = p_k, k = 1, 2, \cdots,$$

若级数 $\displaystyle\sum_{k=1}^{\infty} |g(x_k)|\,p_k < +\infty$，则 $Y = g(X)$ 的数学期望为

$$E(Y) = E(g(X)) = \sum_{k=1}^{\infty} g(x_k)p_k_\circ$$

定理 4.2（连续型随机变量函数的数学期望） 设连续型随机变量 X 的概率密度函数为 $f(x)$，若 $\int_{-\infty}^{+\infty}|g(x)|f(x)\mathrm{d}x<+\infty$，则 $Y=g(X)$ 的数学期望为

$$E(Y)=E(g(X))=\int_{-\infty}^{+\infty}g(x)f(x)\mathrm{d}x.$$

定理 4.1 和定理 4.2 的重要意义在于我们求 $E(Y)$ 时，不必算出 Y 的分布律或概率密度函数，而只需利用 X 的分布律或概率密度就可以了。定理还可以进一步推广到两个或两个以上随机变量的函数情形。例如，设 Z 是随机变量 X,Y 的函数 $Z=g(X,Y)$（g 是连续函数），那么，Z 是一个一维随机变量。若二维随机变量 (X,Y) 的概率密度为 $f(x,y)$，则有

$$E(Z)=E[g(X,Y)]=\int_{-\infty}^{+\infty}\int_{-\infty}^{+\infty}g(x,y)f(x,y)\mathrm{d}x\mathrm{d}y,$$

这里要求上式右边的积分绝对收敛。又若 (X,Y) 为离散型随机变量，其分布律为

$$P(X=x_i,Y=y_j)=p_{ij},i,j=1,2,\cdots,$$

则有

$$E(Z)=E[g(X,Y)]=\sum_{i=1}^{\infty}\sum_{j=1}^{\infty}g(x_i,y_j)p_{ij},$$

这里同样要求上式右边的级数绝对收敛。

例 4.1.9 随机变量 X 的分布律为

X	−1	0	1	2
P	0.2	0.3	0.1	0.4

求 $Y=2X^2+1$ 的数学期望。

解 $E(Y)=E(2X^2+1)$

$\qquad =[2\times(-1)^2+1]\times0.2+(2\times0^2+1)\times0.3+(2\times1^2+1)\times$

$\qquad 0.1+(2\times2^2+1)\times0.4$

$\qquad =4.8$。

例 4.1.10 地铁到达一站的时间为每个整点的第 5 分钟、第 25 分钟、第 55 分钟，设一乘客在早 8 点—早 9 点之间随时到达，求候车时间的数学期望。

解 X 表示乘客到达时间（单位：min），已知 X 在 $[0,60]$ 上

服从均匀分布，其概率密度为

$$f(x)=\begin{cases}\dfrac{1}{60}, & 0<x<60,\\ 0, & 其他。\end{cases}$$

设 Y 是乘客等候地铁的时间（单位：min），则

$$Y=g(X)=\begin{cases}5-X, & 0<X\leqslant5,\\ 25-X, & 5<X\leqslant25,\\ 55-X, & 25<X\leqslant55,\\ 60-X+5, & 55<X\leqslant60。\end{cases}$$

因此，

$$E(Y)=E(g(X))=\int_{-\infty}^{+\infty}g(x)f(x)\,dx=\frac{1}{60}\int_0^{60}g(x)\,dx$$

$$=\frac{1}{60}\left[\int_0^5(5-x)\,dx+\int_5^{25}(25-x)\,dx+\int_{25}^{55}(55-x)\,dx+\int_{55}^{60}(65-x)\,dx\right]$$

$$=\frac{1}{60}(12.5+200+450+37.5)\approx11.67。$$

例 4.1.11 二维随机变量 (X,Y) 的概率密度为

$$f(X,Y)=\begin{cases}\dfrac{1}{4}x(1+3y^2), & 0<x<2,0<y<1,\\ 0, & 其他，\end{cases}$$

求 $E(X),E(Y),E(XY),E\left(\dfrac{Y}{X}\right)$。

解 $E(X)=\displaystyle\int_{-\infty}^{+\infty}\int_{-\infty}^{+\infty}xf(x,y)\,dxdy=\frac{1}{4}\int_0^2x^2\,dx\int_0^1(1+3y^2)\,dy=\frac{4}{3}$，

$$E(Y)=\int_{-\infty}^{+\infty}\int_{-\infty}^{+\infty}yf(x,y)\,dxdy=\frac{1}{4}\int_0^2x\,dx\int_0^1y(1+3y^2)\,dy=\frac{5}{8},$$

$$E(XY)=\int_{-\infty}^{+\infty}\int_{-\infty}^{+\infty}xyf(x,y)\,dxdy=\frac{1}{4}\int_0^2x^2\,dx\int_0^1y(1+3y^2)\,dy=\frac{5}{6},$$

$$E\left(\frac{Y}{X}\right)=\int_{-\infty}^{+\infty}\int_{-\infty}^{+\infty}\frac{y}{x}f(x,y)\,dxdy=\frac{1}{4}\int_0^2dx\int_0^1y(1+3y^2)\,dy=\frac{5}{8}。$$

4.1.3 数学期望的性质

利用数学期望的定义可以证明下述性质对一切数学期望存在的随机变量都成立。

性质 1 常数 C 的数学期望等于它自己，即

$$E(C)=C。$$

性质 2　常数 C 与随机变量 X 乘积的数学期望等于常数 C 与这个随机变量的数学期望的乘积，即

$$E(CX) = CE(X)。$$

性质 3　随机变量和的数学期望等于随机变量数学期望的和，即

$$E(X+Y) = E(X)+E(Y)。$$

推论　有限个随机变量和的数学期望等于它们各自数学期望的和，即

$$E\left(\sum_{i=1}^{n} X_i\right) = \sum_{i=1}^{n} E(X_i)。$$

性质 4　设随机变量 X 与 Y 相互独立，则它们乘积的数学期望等于它们数学期望的乘积，即

$$E(XY) = E(X)E(Y)。$$

推论　有限个相互独立的随机变量乘积的数学期望等于它们各自数学期望的乘积，即

$$E\left(\prod_{i=1}^{n} X_i\right) = \prod_{i=1}^{n} E(X_i)。$$

例 4.1.12　设随机变量 X 服从参数为 3 的泊松分布，$Y \sim N(0.5, 1)$，且 X 与 Y 相互独立，求 $E(3X+4Y-2)$ 和 $E(XY)$。

　　解　由题意知 $E(X) = 3$，$E(Y) = 0.5$，因此

$$E(3X+4Y-2) = 3E(X)+4E(Y)-2 = 9，$$
$$E(XY) = 3\times0.5 = 1.5。$$

例 4.1.13　设一电路中电流 I 与电阻 R 是两个相互独立的随机变量，其概率密度分别为

$$I(i) = \begin{cases} 2i, & 0<i<1, \\ 0, & \text{其他}, \end{cases} \qquad R(r) = \begin{cases} \dfrac{1}{9}r^2, & 0<r<3, \\ 0, & \text{其他}, \end{cases}$$

试求电压 $V = IR$ 的均值。

　　解

$$E(V) = E(IR) = E(I)E(R)$$
$$= \left(\int_{-\infty}^{+\infty} iI(i)\,\mathrm{d}i\right)\left(\int_{-\infty}^{+\infty} rR(r)\,\mathrm{d}r\right)$$

$$=\left(\int_0^1 2i^2\,\mathrm{d}i\right)\left(\int_0^3 \frac{1}{9}r^3\,\mathrm{d}r\right)$$

$$=\left(\frac{2}{3}i^3\Big|_0^1\right)\left(\frac{1}{36}r^4\Big|_0^3\right)=\frac{3}{2}.$$

习题 4.1

1. 设离散型随机变量 X 的分布律为

X	-2	-1	0	1	2
P	0.1	0.2	0.2	0.3	0.2

求 $E(X)$，$E(2X+1)$。

2. 已知离散型随机变量 X 服从参数为 2 的泊松分布，求随机变量 $Z=3X-2$ 的数学期望。

3. 对圆的直径做近似测量，设其值均匀地分布在区间 $[a,b]$ 内，求圆面积的数学期望。

4. 从学校到火车站途中有 3 个交通岗，设在各交通岗遇到红灯是相互独立的，其概率均为 0.4，试求途中遇到红灯次数的数学期望。

5. 设随机变量 X 服从标准正态分布 $N(0,1)$，求 $E(Xe^{2X})$。

6. 一商店经销某种商品，每周进货的数量 X 与顾客对该种商品的需求量 Y 是相互独立的随机变量，且都在区间 $[10,20]$ 上服从均匀分布。商店每售出一单位商品可得利润 1000 元；若需求量超过了进货量，商店可从其他商店调剂供应，这时每单位商品获利为 500 元，试计算此商店经销该种商品每周所得利润的期望值。

7. 设随机变量 X 的分布函数 $F(x)=0.5\Phi(x)+0.5\Phi\left(\frac{x-4}{2}\right)$，其中 $\Phi(x)$，为标准正态分布函数，求 $E(X)$。

4.2 方差

数学期望反映了随机变量的平均取值，但是在很多情况下，仅知道期望是不够的。例如，检查一批轴承的外径尺寸，经过测量，虽然它们的平均值达到了规定的标准，但是轴承外径参差不齐，粗的很粗，细的很细，显然不能认为这批轴承是合格的。为了评定这批轴承质量的好坏，还需进一步考察轴承外径 X 与其期望 $E(X)$ 的偏离程度。若偏离程度较小，则表示质量比较稳定。由此可见，研究随机变量 X 的取值与其期望 $E(X)$ 的偏离程度是十分必要的。那么，如何去度量这个偏离程度呢？最直观的想法是用 $|X-E(X)|$ 来度量随机变量与其均值 $E(X)$ 的偏离程度，但由于该式带有绝对值，运算不方便，另外，它还是一个随机变量，因此，通常用 $E\{[X-E(X)]^2\}$ 来度量随机变量 X 取值与其均值 $E(X)$ 的偏离程度，这个数字特征称为 X 的方差。

4.2.1 方差的概念

视频：方差的概念

定义 4.3 设 X 是一个随机变量，若函数 $[X-E(X)]^2$ 的数学期望 $E\{[X-E(X)]^2\}$ 存在，则称 $E\{[X-E(X)]^2\}$ 为 X 的**方差**，记作 $D(X)$ 或 $\mathrm{Var}(X)$，即

$$D(X) = E\{[X-E(X)]^2\}。$$

同时称$\sqrt{D(X)}$为**标准差**或**均方差**，记为$\sigma(X)$。

　　按照定义，随机变量X的方差刻画了X的取值与其均值的偏离程度。若方差较小，则意味着随机变量X的取值集中在$E(X)$的附近；若方差较大，则表示随机变量X的取值较为分散。

　　根据数学期望的性质，有
$$\begin{aligned}D(X) &= E\{[X-E(X)]^2\}\\&= E[X^2-2XE(X)+[E(X)]^2]\\&= E(X^2)-2E(X)\cdot E(X)+[E(X)]^2\\&= E(X^2)-[E(X)]^2。\end{aligned}$$

　　计算随机变量的方差，一般应用简化公式$D(X)=E(X^2)-[E(X)]^2$，先计算$E(X)$，再计算$E(X^2)$，然后利用公式即可得。

例 4.2.1（**"0-1"分布的方差**）　设X的分布律为

X	0	1
P	$1-p$	p

求$D(X)$。

　　解　$E(X)=p$，$E(X^2)=0^2\times(1-p)+1^2\times p=p$，故
$$D(X)=E(X^2)-[E(X)]^2=p-p^2=p(1-p)。$$

例 4.2.2
设随机变量X的概率密度$f(x)=\begin{cases}\dfrac{2}{\pi}\cos^2 x, & -\dfrac{\pi}{2}\leqslant x\leqslant\dfrac{\pi}{2},\\0, & \text{其他},\end{cases}$

求$E(X)$和$D(X)$。

　　解　$E(X)=\displaystyle\int_{-\infty}^{+\infty}xf(x)\mathrm{d}x=\int_{-\frac{\pi}{2}}^{\frac{\pi}{2}}\frac{2}{\pi}x\cos^2 x\mathrm{d}x=0$，

$$\begin{aligned}D(X)=E(X^2)&=\int_{-\infty}^{+\infty}x^2f(x)\mathrm{d}x=\frac{2}{\pi}\int_{-\frac{\pi}{2}}^{\frac{\pi}{2}}x^2\cos^2 x\mathrm{d}x\\&=\frac{2}{\pi}\int_0^{\frac{\pi}{2}}x^2(1+\cos 2x)\mathrm{d}x\\&=\frac{2}{\pi}\left[\frac{1}{3}x^3\Big|_0^{\frac{\pi}{2}}+\frac{1}{2}x^2\sin 2x\Big|_0^{\frac{\pi}{2}}+\frac{1}{2}x\cos 2x\Big|_0^{\frac{\pi}{2}}-\frac{1}{4}\sin 2x\Big|_0^{\frac{\pi}{2}}\right]\\&=\frac{2}{\pi}\left(\frac{\pi^3}{24}-\frac{\pi}{4}\right)=\frac{\pi^2}{12}-\frac{1}{2}。\end{aligned}$$

4.2.2　方差的性质

　　利用方差的定义可以证明下述性质对一切方差存在的随机变

量都成立。

性质 1 常数 C 的方差等于零，即
$$D(C) = 0。$$

性质 2 随机变量 X 与常数 C 的和的方差等于这个随机变量的方差，即
$$D(X+C) = D(X)。$$

性质 3 常数 C 与随机变量 X 乘积的方差等于这个常量的平方与随机变量的方差的乘积，即
$$D(CX) = C^2 D(X)。$$

性质 4 设随机变量 X 与 Y 相互独立，则它们和的方差等于它们方差的和，即
$$D(X+Y) = D(X) + D(Y)。$$

推论 有限个相互独立的随机变量和的方差等于它们各自方差的和，即
$$D\left(\sum_{i=1}^{n} X_i\right) = \sum_{i=1}^{n} D(X_i)。$$

性质 5 对于一般的随机变量 X 与 Y，则
$$D(X \pm Y) = D(X) + D(Y) \pm 2E\big[(X-E(X))(Y-E(Y))\big]。$$

例 4.2.3 设 Y 服从二项分布，即 $Y \sim B(n, p)$，求 $D(Y)$。

解 由于 $Y = X_1 + X_2 + \cdots + X_n$，其中 $X_1, X_2, \cdots, X_n$ 相互独立且每个都服从参数为 p 的 "0-1" 分布，因此由方差的性质可知
$$D(Y) = D(X_1) + D(X_2) + \cdots + D(X_n)，$$

又
$$D(X_i) = p(1-p)，$$

故
$$D(Y) = np(1-p)。$$

下面介绍一个重要的不等式。

定理 4.3 设随机变量 X 具有数学期望 $E(X) = \mu$，方差 $D(X) = \sigma^2$，则对于任意正数 ε，不等式
$$P\{|X-\mu| \geq \varepsilon\} \leq \frac{\sigma^2}{\varepsilon^2}$$

成立。

这一不等式称为切比雪夫(Chebyshev)不等式。

证　我们只证明连续型随机变量的情况。设 X 的概率密度为 $f(x)$，则有(见图 4-1)

$$P(|X-\mu|\geqslant\varepsilon)=\int_{|x-\mu|\geqslant\varepsilon}f(x)\mathrm{d}x$$

$$\leqslant\int_{|x-\mu|\geqslant\varepsilon}\frac{|x-\mu|^2}{\varepsilon^2}f(x)\mathrm{d}x$$

$$\leqslant\frac{1}{\varepsilon^2}\int_{-\infty}^{\infty}(x-\mu)^2f(x)\mathrm{d}x=\frac{\sigma^2}{\varepsilon^2}。$$

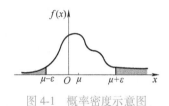

图 4-1　概率密度示意图

切比雪夫不等式也可以写成如下的形式：

$$P(|X-\mu|<\varepsilon)\geqslant1-\frac{\sigma^2}{\varepsilon^2}。$$

在随机变量的分布未知，而只知道 $E(X)$ 和 $D(X)$ 的情况下，切比雪夫不等式给出了估计概率 $P(|X-E(X)|<\varepsilon)$ 的方法。

习题 4.2

1. 设 (X,Y) 的联合密度函数为

$$f(x,y)=\begin{cases}4xy, & 0\leqslant x\leqslant1,0\leqslant y\leqslant1,\\0, & \text{其他},\end{cases}$$

求 $D(X)$ 和 $D(Y)$。

2. 设甲、乙两家灯泡厂生产的灯泡的寿命(单位：h)X 和 Y 的概率分布分别为

X	900	1000	1100
P	0.1	0.8	0.1

Y	950	1000	1050
P	0.3	0.4	0.3

试问哪家工厂生产的灯泡质量较好?

3. 设随机变量 X 与 Y 相互独立，且 $E(X)=2$，$E(Y)=4$，$D(X)=25$，$D(Y)=36$，$\rho=0.4$，求 $E(3X^2-2XY+Y^2-3)$，$D(X+Y)$，$D(2X+3Y+5)$。

4. 设随机变量 X 服从参数为 1 的泊松分布，求 $P(X=E(X^2))$。

4.3　协方差、相关系数及矩

对于二维随机变量 (X,Y)，除了讨论 X 与 Y 的数学期望和方差以外，还需要有能够刻画两个随机变量联系紧密程度的数字特征。本节讨论这方面的数字特征。

根据数学期望的性质，如果两个随机变量 X 和 Y 是相互独立的，则

$$E\{[X-E(X)][Y-E(Y)]\}=0。$$

这意味着当 $E\{[X-E(X)][Y-E(Y)]\}\neq0$ 时，X 与 Y 不相互独立，而是存在着一定联系。为此，我们引入如下定义。

4.3.1 协方差

定义 4.4 设二维随机变量 (X,Y)，如果 $E\{[X-E(X)][Y-E(Y)]\}$ 存在，则称它为 X 与 Y 的协方差，记作 $\mathrm{Cov}(X,Y)$，即
$$\mathrm{Cov}(X,Y)=E\{[X-E(X)][Y-E(Y)]\}。$$
协方差的计算通常采用下面的公式：
$$\mathrm{Cov}(X,Y)=E(XY)-E(X)E(Y)。$$

证

$$
\begin{aligned}
\mathrm{Cov}(X,Y) &= E\{[X-E(X)][Y-E(Y)]\} \\
&= E[XY-XE(Y)-YE(X)+E(X)E(Y)] \\
&= E(XY)-E(X)E(Y)-E(Y)E(X)+E(X)E(Y) \\
&= E(XY)-E(X)E(Y)。
\end{aligned}
$$

4.3.2 协方差的性质

性质 1 $\mathrm{Cov}(X,Y)=\mathrm{Cov}(Y,X)$。

性质 2 $\mathrm{Cov}(aX,bY)=ab\mathrm{Cov}(X,Y)$，$a,b$ 是常数。

性质 3 $\mathrm{Cov}(X_1+X_2,Y)=\mathrm{Cov}(X_1,Y)+\mathrm{Cov}(X_2,Y)$。

性质 4 若随机变量 X 与 Y 相互独立，则 $E(XY)=E(X)E(Y)$，从而
$$\mathrm{Cov}(X,Y)=E(XY)-E(X)E(Y)=0。$$

性质 5 对于任意两个随机变量 X 和 Y，则
$$D(X\pm Y)=D(X)+D(Y)\pm 2\mathrm{Cov}(X,Y)。$$

例 4.3.1 设 (X,Y) 是二维离散型随机变量，其分布律为

X	Y		
	-1	0	1
0	0.1	0.2	0.1
1	0.2	0.3	0.1

求随机变量 X 与 Y 的协方差 $\mathrm{Cov}(X,Y)$。

解 首先由 (X,Y) 的分布律，求出 X 和 Y 的边缘分布律及 XY 的分布律分别为

X	0	1
P	0.4	0.6

Y	-1	0	1
P	0.3	0.5	0.2

XY	-1	0	1
P	0.2	0.7	0.1

计算得

$$E(X) = 0.6, E(Y) = -0.1, E(XY) = -0.1,$$

从而

$$\text{Cov}(X,Y) = E(XY) - E(X)E(Y) = -0.1 - 0.6 \times (-0.1) = -0.04。$$

例 4.3.2　设 (X,Y) 的联合概率密度为

$$f(x,y) = \begin{cases} 8xy, & 0 \leq y \leq x, 0 \leq x \leq 1, \\ 0, & \text{其他,} \end{cases}$$

求协方差 $\text{Cov}(X,Y)$。

解　$E(X) = \displaystyle\int_{-\infty}^{+\infty}\int_{-\infty}^{+\infty} xf(x,y)\,\mathrm{d}x\mathrm{d}y = \int_0^1\left(\int_0^x x8xy\,\mathrm{d}y\right)\mathrm{d}x = \frac{4}{5},$

$E(Y) = \displaystyle\int_{-\infty}^{+\infty}\int_{-\infty}^{+\infty} yf(x,y)\,\mathrm{d}x\mathrm{d}y = \int_0^1\left(\int_0^x y8xy\,\mathrm{d}y\right)\mathrm{d}x = \frac{8}{15},$

$E(XY) = \displaystyle\int_{-\infty}^{+\infty}\int_{-\infty}^{+\infty} xyf(x,y)\,\mathrm{d}x\mathrm{d}y = \int_0^1\left(\int_0^x xy8xy\,\mathrm{d}y\right)\mathrm{d}x = \frac{4}{9},$

所以

$$\text{Cov}(X,Y) = E(XY) - E(X)E(Y) = \frac{4}{9} - \frac{4}{5} \times \frac{8}{15} = \frac{4}{225}。$$

例 4.3.3　设随机变量 X 和 Y，$D(X) = 4$，$D(Y) = 3$，$\text{Cov}(X,Y) = 1$，求 $D(2X-5Y+7)$。

解

$$\begin{aligned} D(2X-5Y+7) &= D(2X-5Y) \\ &= 4D(X) + 25D(Y) - 2 \times 2 \times 5\text{Cov}(X,Y) \\ &= 16 + 75 - 20 \\ &= 71。 \end{aligned}$$

4.3.3　相关系数

协方差虽然在一定程度上反映了随机变量 X 与 Y 之间的相互联系，但它受随机变量 X 与 Y 本身数值大小的影响。例如，令随机变量 X 与 Y 各自增大 c 倍，即令 $X_1 = cX, Y_1 = cY$，此时，随机变量 X_1 与 Y_1 之间的相互联系和随机变量 X 与 Y 之间的相互联系应该是一样的，可是反映这种联系的协方差却增大了 c^2 倍，即有

$$\text{Cov}(X_1, Y_1) = c^2\text{Cov}(X,Y)。$$

为了消除这种影响，需将协方差进行标准化，为此引入相关系数

的概念。

> **定义 4.5** 设 (X,Y) 为二维随机变量，若 $\text{Cov}(X,Y)$ 存在，且 $D(X)>0$，$D(Y)>0$，称
>
> $$\rho_{XY}=\frac{\text{Cov}(X,Y)}{\sqrt{D(X)}\sqrt{D(Y)}}$$
>
> 为随机变量 X 与 Y 的相关系数。

在概率统计中，常需要对随机变量进行"标准化"处理，即对任何随机变量 X，若它的数学期望 $E(X)$，方差 $D(X)$ 都存在，且 $D(X)>0$，则称

$$X^*=\frac{X-E(X)}{\sqrt{D(X)}}$$

为 X 的**标准化随机变量**。X^* 是一个无量纲的随机变量，且 $E(X^*)=0,D(X^*)=1$。

相关系数又称标准化协方差，这是因为随机变量 X 与 Y 经变换得到标准化随机变量

$$X^*=\frac{X-E(X)}{\sqrt{D(X)}},Y^*=\frac{Y-E(Y)}{\sqrt{D(Y)}},$$

$$E(X^*)=0,E(Y^*)=0,$$

$$\rho_{XY}=\frac{\text{Cov}(X,Y)}{\sqrt{D(X)}\sqrt{D(Y)}}=E\left[\frac{X-E(X)}{\sqrt{D(X)}}\cdot\frac{Y-E(Y)}{\sqrt{D(Y)}}\right]$$

$$=\text{Cov}(X^*,Y^*)=\rho_{X^*Y^*}。$$

例 4.3.4 已知 $D(X)=1$，$D(Y)=4$，$\text{Cov}(X,Y)=1$，记 $X_1=X-2Y$，$X_2=2X-Y$，求 $D(X_1)$，$D(X_2)$ 及 X_1 与 X_2 的相关系数。

解 由方差的性质得

$$D(X_1)=D(X-2Y)=D(X)+D(2Y)-2\text{Cov}(X,2Y)$$
$$=D(X)+4D(Y)-4\text{Cov}(X,Y)$$
$$=1+4\times4-4\times1=13。$$

$$D(X_2)=D(2X-Y)=D(2X)+D(Y)-2\text{Cov}(2X,Y)$$
$$=4D(X)+D(Y)-4\text{Cov}(X,Y)$$
$$=4\times1+4-4\times1=4。$$

由协方差的性质知

$$\text{Cov}(X_1,X_2)=\text{Cov}(X-2Y,2X-Y)$$
$$=2D(X)+2D(Y)-5\text{Cov}(X,Y)$$
$$=2\times1+2\times4-5\times1=5,$$

从而，$\rho_{X_1X_2}=\dfrac{\text{Cov}(X_1,X_2)}{\sqrt{D(X_1)D(X_2)}}=\dfrac{5}{\sqrt{13\times4}}\approx0.693。$

4.3.4 相关系数的性质

定理 4.4 随机变量 X 与 Y 的相关系数 ρ_{XY} 具有如下性质：

(1) $|\rho_{XY}| \leqslant 1$；

(2) $|\rho_{XY}| = 1$ 的充要条件是存在常数 $a \neq 0, b$，使 $P(Y = aX+b) = 1$，即 $\rho_{XY} = 1$ 或 $\rho_{XY} = -1$ 的充要条件是随机变量 X 与 Y 以概率 1 存在线性关系。

证 (1) 随机变量 X, Y 经变换得到标准化随机变量

$$X^* = \frac{X-E(X)}{\sqrt{D(X)}}, Y^* = \frac{Y-E(Y)}{\sqrt{D(Y)}}。$$

于是，有 $E(X^*) = 0, E(Y^*) = 0, D(X^*) = 1, D(Y^*) = 1$ 及 $\rho_{XY} = \mathrm{Cov}(X^*, Y^*)$。由方差的非负性知

$$D(X^* \pm Y^*) = D(X^*) + D(Y^*) \pm 2\mathrm{Cov}(X^*, Y^*)$$
$$= 2 \pm 2\rho_{XY} \geqslant 0，即 -1 \leqslant \rho_{XY} \leqslant 1。$$

(2) 充分性 若 $P(Y=aX+b) = 1, a \neq 0$，则 $E(Y) = aE(X)+b$，$D(Y) = a^2 D(X)$，则

$$\mathrm{Cov}(X,Y) = E\{[X-E(X)][(aX+b)-E(aX+b)]\}$$
$$= aE\{[X-E(X)]^2\} = aD(X)，$$

于是

$$\rho_{XY} = \frac{\mathrm{Cov}(X,Y)}{\sqrt{D(X)}\sqrt{D(Y)}} = \frac{aD(X)}{\sqrt{D(X)}\sqrt{D(Y)}} = \frac{aD(X)}{|a|D(X)} = \pm 1。$$

必要性 若 $|\rho_{XY}| = 1$，则 $D(Y^* \pm X^*) = 0$ 及 $E(Y^* \pm X^*) = 0$，由方差的性质，有 $P(Y^* \pm X^* = 0) = 1$，即

$$P\left\{Y = \pm\frac{\sqrt{D(Y)}}{\sqrt{D(X)}}X \mp \frac{\sqrt{D(Y)}}{\sqrt{D(X)}}E(X)+E(Y)\right\} = 1。$$

令 $a = \pm\frac{\sqrt{D(Y)}}{\sqrt{D(X)}}, b = \mp\frac{\sqrt{D(Y)}}{\sqrt{D(X)}}E(X)+E(Y)$，有 $P(X=aX+b) = 1$。

相关系数 ρ_{XY} 是刻画随机变量 X 与 Y 之间的线性关系程度的数字特征，$|\rho_{XY}|$ 越大，随机变量 X 与 Y 之间的线性关系越明显，且当 $\rho_{XY} > 0$ 时，Y 就呈现出随着 X 的增加而增加的趋势；当 $\rho_{XY} < 0$ 时，Y 就呈现出随着 X 的增加而减少的趋势。

当 $\rho_{XY} = 0$ 时，称 X 和 Y **不相关**。

定理 4.5 如果随机变量 X 与 Y 相互独立，则 X 与 Y 不相关。

证 当随机变量 X 与 Y 相互独立时，有 $E(XY) = E(X)E(Y)$，

从而

$$\rho_{XY} = \frac{\text{Cov}(X,Y)}{\sqrt{D(X)}\sqrt{D(Y)}} = \frac{E(XY) - E(X)E(Y)}{\sqrt{D(X)}\sqrt{D(Y)}} = 0_{\circ}$$

注意该定理的逆命题不成立。两个随机变量相互独立与不相关是两个不同的概念，不相关只说明两个随机变量之间没有线性关系，但这时的 X 与 Y 可能有某种其他的函数关系；而相互独立说明两个随机变量之间没有任何关系，既没有线性关系，也没有其他函数关系。

例 4.3.5　设 (X,Y) 服从二维正态分布，它的概率密度为

$$f(x,y) = \frac{1}{2\pi\sigma_1\sigma_2\sqrt{1-\rho^2}}\exp\left\{\frac{-1}{2(1-\rho^2)}\left[\frac{(x-\mu_1)^2}{\sigma_1^2} -\right.\right.$$

$$\left.\left. 2\rho\frac{(x-\mu_1)(y-\mu_2)}{\sigma_1\sigma_2} + \frac{(y-\mu_2)^2}{\sigma_2^2}\right]\right\},$$

求 X 和 Y 的相关系数。

解　因为 (X,Y) 的边缘密度分别为

$$f_X(x) = \frac{1}{\sqrt{2\pi}\sigma_1}e^{-\frac{(x-\mu_1)^2}{2\sigma_1^2}}, \quad -\infty < x < +\infty,$$

$$f_Y(y) = \frac{1}{\sqrt{2\pi}\sigma_2}e^{-\frac{(y-\mu_2)^2}{2\sigma_2^2}}, \quad -\infty < y < +\infty,$$

故知 $E(X) = \mu_1, E(Y) = \mu_2, D(X) = \sigma_1^2, D(Y) = \sigma_2^2$，而

$$\text{Cov}(X,Y) = \int_{-\infty}^{+\infty}\int_{-\infty}^{+\infty}(x-\mu_1)(y-\mu_2)f(x,y)\,\mathrm{d}x\mathrm{d}y$$

$$= \frac{1}{2\pi\sigma_1\sigma_2\sqrt{1-\rho^2}}\int_{-\infty}^{+\infty}\int_{-\infty}^{+\infty}(x-\mu_1)(y-\mu_2)\exp$$

$$\left[\frac{-1}{2(1-\rho^2)}\left(\frac{y-\mu_2}{\sigma_2} - \rho\frac{x-\mu_1}{\sigma_1}\right)^2 - \frac{(x-\mu_1)^2}{2\sigma_1^2}\right]\mathrm{d}y\mathrm{d}x,$$

令 $t = \frac{1}{\sqrt{1-\rho^2}}\left(\frac{y-\mu_2}{\sigma_2} - \rho\frac{x-\mu_1}{\sigma_1}\right), u = \frac{x-\mu_1}{\sigma_1}$，则有

$$\text{Cov}(X,Y) = \frac{1}{2\pi}\int_{-\infty}^{+\infty}\int_{-\infty}^{+\infty}(\sigma_1\sigma_2\sqrt{1-\rho^2}tu + \rho\sigma_1\sigma_2u^2)e^{-(u^2+t^2)/2}\mathrm{d}t\mathrm{d}u$$

$$= \frac{\rho\sigma_1\sigma_2}{2\pi}\left(\int_{-\infty}^{+\infty}u^2e^{-\frac{u^2}{2}}\mathrm{d}u\right)\left(\int_{-\infty}^{+\infty}e^{-\frac{t^2}{2}}\mathrm{d}t\right) +$$

$$\frac{\sigma_1\sigma_2\sqrt{1-\rho^2}}{2\pi}\left(\int_{-\infty}^{+\infty}ue^{-\frac{u^2}{2}}\mathrm{d}u\right)\left(\int_{-\infty}^{+\infty}te^{-\frac{t^2}{2}}\mathrm{d}t\right)$$

$$= \frac{\rho\sigma_1\sigma_2}{2\pi}\sqrt{2\pi}\cdot\sqrt{2\pi},$$

即有 $\mathrm{Cov}(X,Y)=\rho\sigma_1\sigma_2$，于是

$$\rho_{XY}=\frac{\mathrm{Cov}(X,Y)}{\sqrt{D(X)}\sqrt{D(Y)}}=\rho。$$

通过该例题，我们看到二维正态随机变量(X,Y)的概率密度函数中的参数 ρ 就是 X 和 Y 的相关系数，因此二维正态随机变量的分布完全可由 X，Y 各自的数学期望、方差以及它们的相关系数所确定。

4.3.5　矩及协方差矩阵的概念

定义 4.6　设 X 和 Y 是随机变量，

（1）若 $E(X^k)$，$k=1,2,\cdots$ 存在，则称它为 X 的 k 阶**原点矩**，简称 k 阶矩；

（2）若 $E\{[X-E(X)]^k\}$，$k=2,3,\cdots$ 存在，则称它为 X 的 k 阶**中心矩**；

（3）若 $E(X^kY^l)$，$k,l=1,2,\cdots$ 存在，则称它为 X 和 Y 的 $k+l$ 阶**混合矩**；

（4）若 $E\{[X-E(X)]^k[Y-E(Y)]^l\}$，$k,l=1,2,\cdots$ 存在，则称它为 X 和 Y 的 $k+l$ 阶**混合中心矩**。

显然，X 的数学期望 $E(X)$ 是 X 的一阶原点矩，方差 $D(X)$ 是 X 的二阶中心矩，协方差 $\mathrm{Cov}(X,Y)$ 是 X 和 Y 的二阶混合中心矩。随机变量的原点矩、中心矩、混合中心矩概念是对期望、方差与协方差的推广，它们是随机变量的重要特征。从本质上讲，矩是一个特殊的随机变量函数的期望。

例 4.3.6　设随机变量 X 的概率密度为

$$f(x)=\begin{cases}2x,&0<x<1,\\0,&其他,\end{cases}$$

求随机变量 X 的 1 至 4 阶原点矩和 3 阶中心矩。

解　由定义知，X 的 1 至 4 阶原点矩为

$$E(X)=\int_0^1 x\cdot 2x\mathrm{d}x=\frac{2}{3},$$

$$E(X^2)=\int_0^1 x^2\cdot 2x\mathrm{d}x=\frac{1}{2},$$

$$E(X^3)=\int_0^1 x^3\cdot 2x\mathrm{d}x=\frac{2}{5},$$

$$E(X^4)=\int_0^1 x^4\cdot 2x\mathrm{d}x=\frac{1}{3},$$

X 的 3 阶中心矩为

$$E\{[X-E(X)]^3\} = E\{X^3-3X^2E(X)+3X[E(X)]^2-[E(X)]^3\}$$
$$= E(X^3)-3E(X^2)E(X)+2[E(X)]^3$$
$$= \frac{2}{5}-3\times\frac{1}{2}\times\frac{2}{3}+2\left(\frac{2}{3}\right)^3 = -\frac{1}{135}。$$

定义 4.7　若 n 维随机向量 $(X_1,X_2,\cdots,X_n)$ 的二阶混合中心矩 $\mathrm{Cov}(X_i,X_j)$，$i,j=1,2,\cdots,n$ 都存在，则称矩阵

$$C = \begin{pmatrix} \mathrm{Cov}(X_1,X_1) & \mathrm{Cov}(X_1,X_2) & \cdots & \mathrm{Cov}(X_1,X_n) \\ \mathrm{Cov}(X_2,X_1) & \mathrm{Cov}(X_2,X_2) & \cdots & \mathrm{Cov}(X_2,X_n) \\ \vdots & \vdots & & \vdots \\ \mathrm{Cov}(X_n,X_1) & \mathrm{Cov}(X_n,X_2) & \cdots & \mathrm{Cov}(X_n,X_n) \end{pmatrix}$$

为 n 维随机向量 $(X_1,X_2,\cdots,X_n)$ 的协方差矩阵，由 C 的定义可知 C 是对阵矩阵，协方差矩阵给出了 n 维随机向量 $(X_1,X_2,\cdots,X_n)$ 的全部二阶混合中心矩，因此在研究 n 维随机向量 $(X_1,X_2,\cdots,X_n)$ 的统计规律时，协方差矩阵是很重要的。

习题 4.3

1. 已知 $D(X)=25$，$D(Y)=36$，$\rho=0.4$，求 $D(X+Y)$，$D(X-Y)$，$D(2X+3Y)$。

2. 二维离散型随机变量 (X,Y) 的联合分布为

Y	\multicolumn{4}{c}{X}			
	-1	0	1	2
1	0.1	0.1	0.2	0.1
2	0	0.1	0.1	0.3

(1) 求 X 与 Y 的边缘分布；

(2) 判断 X 与 Y 是否独立；

(3) 求 X 与 Y 的协方差 $\mathrm{Cov}(X,Y)$。

3. 设 (X,Y) 的联合密度函数为

$$f(x,y) = \begin{cases} \mathrm{e}^{-(x+y)}, & x>0,y>0, \\ 0, & \text{其他,} \end{cases}$$

求 $\mathrm{Cov}(X,Y)$ 及相关系数 ρ。

4. 设随机变量 X 的密度函数为 $f(x) = \begin{cases} \dfrac{1}{2}x, & 0<x<2, \\ 0, & \text{其他,} \end{cases}$ 求 X 的 1~3 阶原点矩和中心矩。

小结 4

随机变量的数字特征是由随机变量的分布确定的，能描述随机变量某一个方面的特征。最重要的数字特征是数学期望和方差。数学期望刻画随机变量取值的平均大小，方差刻画随机变量偏离其期望的程度。对于第 2 章所介绍的常见随机变量的分布，不仅要知道其概率函数及其所描述的随机现象，而且还要熟记其数字

特征，并能够利用其数字特征反过来研究概率分布的有关问题。为方便起见，将常见分布的概率函数（或密度函数）及其所描述的随机现象以及数字特征等汇总列表如下：

分布名称	概率分布	期望	方差	常见现象
"0-1"分布	$P(X=k)=p^k q^{1-k}$ $(k=0,1)$, 其中 $q=1-p$	p	pq	非此即彼随机检验，如正次品抽查
二项分布	$P(X=k)=C_n^k p^k q^{n-k}$ $(k=0,1,\cdots,n)$, 其中 $q=1-p$	np	npq	独立重复伯努利试验
泊松分布	$P(X=k)=\dfrac{\lambda^k}{k!}e^{-\lambda}$ $(k=0,1,\cdots)$	λ	λ	连续时间或空间事件发生次数
超几何分布	$P(X=k)=\dfrac{C_M^k C_{N-M}^{n-k}}{C_N^n}$ $(0\leqslant k\leqslant n\leqslant N,k\leqslant M)$	$n\dfrac{M}{N}$	$n\cdot\dfrac{M}{N}\cdot\left(1-\dfrac{M}{N}\right)\cdot\dfrac{N-n}{N-1}$	两类元素的一把抓试验
几何分布	$P(X=k)=p(1-p)^{k-1}$ $(k=1,2,\cdots)$	$\dfrac{1}{p}$	$\dfrac{1-p}{p^2}$	直至发生为止的试验
均匀分布	$f(x)=\begin{cases}\dfrac{1}{b-a}, & a<x<b, \\ 0, & \text{其他}\end{cases}$	$\dfrac{a+b}{2}$	$\dfrac{(b-a)^2}{12}$	四舍五入误差，随机候车时间等
指数分布	$f(x)=\begin{cases}\lambda e^{-\lambda x}, & x>0, \\ 0, & x\leqslant 0\end{cases}$	$\dfrac{1}{\lambda}$	$\dfrac{1}{\lambda^2}$	寿命问题，如电子管的使用寿命问题
正态分布	$f(x)=\dfrac{1}{\sqrt{2\pi}\,\sigma}e^{-\frac{(x-\mu)^2}{2\sigma^2}}$	μ	σ^2	中间多、两头少、集中度良好的随机现象

另外，读者需要掌握数学期望和方差的性质。掌握随机变量的函数 $Y=g(X)$ 的数学期望的计算公式。这个公式的意义在于当我们求 $E(Y)$ 时，不必先求出 $Y=g(X)$ 的分布律或概率密度，而只需利用 X 的分布律或概率密度就可以了。

章节测验4

1. 选择题

（1）已知随机变量 $X\sim B(n,p)$，且 $E(X)=2.4$，$D(X)=1.44$，则参数 n,p 的值为（　　）。

（A）$n=4,p=0.6$　　　（B）$n=6,p=0.4$

（C）$n=8,p=0.3$　　　（D）$n=3,p=0.8$

（2）设 X 与 Y 是两个随机变量，则下列各式中正确的是（　　）。

（A）$E(X+Y)=E(X)+E(Y)$

(B) $D(X+Y) = D(X) + D(Y)$

(C) $E(XY) = E(X)E(Y)$

(D) $D(XY) = D(X)D(Y)$

(3) 设随机变量 $X_1, X_2, \cdots, X_n (n \geq 1)$ 独立同分布，且其方差 $\sigma^2 > 0$，令 $Y = \frac{1}{n} \sum_{i=1}^{n} X_i$，则（　　）。

(A) $\mathrm{Cov}(X_1, Y) = \frac{\sigma^2}{n}$　　(B) $\mathrm{Cov}(X_1, Y) = \sigma^2$

(C) $D(X_1 + Y) = \frac{n+2}{n} \sigma^2$　　(D) $D(X_1 - Y) = \frac{n+1}{n} \sigma^2$

(4) 将一枚硬币重复掷 n 次，以 X 和 Y 分别表示正面向上和反面向上的次数，则 X 和 Y 的相关系数等于（　　）。

(A) -1　　(B) 0　　(C) $\frac{1}{2}$　　(D) 1

(5) 如果 X 与 Y 满足 $D(X+Y) = D(X-Y)$，则（　　）。

(A) X 与 Y 独立

(B) X 与 Y 不相关

(C) X 与 Y 不独立

(D) X 与 Y 独立、不相关

2. 填空题

(1) 若 $f(x) = \frac{1}{2\sqrt{2\pi}} e^{-\frac{(x-1)^2}{8}}$ 为随机变量 X 的密度函数，则 $E(X) = $ _____，$D(X)$ _____。

(2) 已知随机变量 X 的分布 $P(X=k) = \frac{c}{2^k k!}$，$k = 0, 1, 2, \cdots$，其中 c 为常数，随机变量 $Y = 2X - 3$，则 $D(Y) = $ _____。

(3) 已知 $D(X) = 16, D(Y) = 9, \rho = 0.2$，则 $D(X - Y) = $ _____。

3. 已知离散型随机变量 X 的分布律为

X	-2	-1	0	1	2
P	0.1	0.2	0.2	0.3	0.2

求 $E(2X+1), E(3X^2+5)$ 及 $D(X)$。

4. 已知 (X, Y) 的联合密度函数

$$f(x, y) = \begin{cases} \dfrac{1}{\pi R^2}, & x^2 + y^2 \leq R^2, \\ 0, & \text{其他}, \end{cases}$$

求：

(1) $E(X), E(Y)$；

(2) $D(X), D(Y)$；

(3) $\mathrm{Cov}(X, Y)$ 与 ρ_{XY}；

(4) 判断 X 与 Y 是否独立。

R 实验 4

实验 4.1　计算数学期望

回顾本章的例 4.1.9，已知随机变量 X 的分布律为

X	-1	0	1	2
P	0.2	0.3	0.1	0.4

求 $Y = 2X^2 + 1$ 的数学期望。

下面使用 R 语言用两种方式计算随机变量的数学期望。

第一种方法：基于公式进行计算。

```
> x<-c(-1,0,1,2)
> weight<-c(0.2,0.3,0.1,0.4)
> sum((2 * (x^2)+1) * weight)
[1] 4.8
```

第二种方法：模拟实验法。

```
> set.seed(34)
> toss<-sample(x,1000,replace=T,weight)
> mean(2*(toss^2)+1)
[1] 4.806
```

实验 4.2 随机变量函数的数学期望和方差

设 X,Y 在区间 $[0,1]$ 上服从均匀分布，且相互独立，求 $E(|X-Y|)$，$D(|X-Y|)$。试运行 R 语言，验证你的计算结果。

计算可得 $E(|X-Y|)=\dfrac{1}{3}$，$D(|X-Y|)=\dfrac{1}{18}$。

通过 R 计算如下：

```
> set.seed(165)
> simn<-1000
> X<-runif(simn,0,1)
> Y<-runif(simn,0,1)
> mean(abs(X-Y))
[1] 0.3316886
> var(abs(X-Y))
[1] 0.05453969
```

实验 4.3 随机变量函数的数学期望

回顾本章例 4.1.11，设随机变量 X 服从参数为 3 的泊松分布，$Y \sim N(0.5,1)$，且 X 与 Y 相互独立，求 $E(3X+4Y-2)$ 和 $E(XY)$。

由题意知 $E(X)=3$，$E(Y)=0.5$，因此 $E(3X+4Y-2)=3E(X)+4E(Y)-2=9$，$E(XY)=3\times0.5=1.5$。

通过 R 计算如下：

```
> set.seed(300)
> simn<-20000
> X<-rpois(simn,3)
> Y<-rnorm(simn,0.5,1)
> mean(3*X+4*Y-2)
[1]8.988852
> mean(X*Y)
[1] 1.489455
```

其中，函数 rpois(n,lambda) 生成服从泊松分布的随机数。n 是整数值，表示随机试验的次数；lambda 为非负数值，表示事件发生的平均次数。

实验 4.4　计算均值、标准差、方差、相关系数矩阵等

视频：R 实验

某矿石有两种有用成分 A，B，取 10 个样本，每个样本成分中 A 的含量百分数为 $x\%$，B 的含量百分数为 $y\%$，计算样本的均值、标准差、方差、相关系数矩阵和协方差矩阵。

```
> ore<-data.frame(
+    x=c(67,54,72,64,39,22,58,43,46,34),
+    y=c(24,15,23,19,16,11,20,16,17,13)
+)
> ore
    x    y
1   67   24
2   54   15
3   72   23
4   64   19
5   39   16
6   22   11
7   58   20
8   43   16
9   46   17
10  34   13
> mean(ore$x) #计算均值
[1] 49.9
> mean(ore$y) #计算均值
[1] 17.4
> sd(ore$x) #计算标准差
[1] 15.89864
> sd(ore$y) #计算标准差
[1] 4.141927
> var(ore$x) #计算方差
[1] 252.7667
> var(ore$y) #计算方差
[1] 17.15556
> cor(ore) #相关系数阵
        x          y
x 1.0000000 0.9202595
y 0.9202595 1.0000000
> cov(ore) #协方差阵
        x          y
x 252.7667 60.60000
y  60.6000 17.15556
```

第 5 章
极限定理

我们曾在第 1 章的时候谈到在大量的观察中随机现象呈现某种稳定性，即频率的稳定性与分布的稳定性。极限定理就是从理论上对这些统计规律性加以阐述和证明。这一章主要介绍随机变量序列的两类基本极限定理，即描述平均数和频率稳定性的"大数定律"及描述分布稳定性的"中心极限定理"。

5.1 大数定律

大数定律说明的是在什么条件下，随机变量序列前 n 项的算术平均值收敛到这些项的概率意义下的平均值，即期望。因此，在给出这些结论之前，我们要先引入一个概念：依概率收敛。

定义 5.1 设 $\{X_n\}$，$n=1,2,\cdots$ 是一个随机变量序列，a 是一个常数。若 $\forall \varepsilon > 0$，有

$$\lim_{n \to \infty} P(\,|X_n - a| < \varepsilon) = 1,$$

则称序列 $\{X_n\}$，$n=1,2,\cdots$ **依概率收敛**于 a，记为 $X_n \xrightarrow{\ P\ } a$。

大数定律是描述平均数稳定性的一族定律。历史上第一个阐明大数定律的数学家是伯努利，他的结果公布于 1713 年。本节中我们只介绍常用的弱大数定律和说明频率稳定性的伯努利大数定律。除此之外，还有泊松大数定律，切比雪夫大数定律和马尔可夫大数定律等在不同条件下证明平均数稳定性的定理，感兴趣的读者可以自行学习。

定理 5.1（弱大数定律） 设 $\{X_n\}$，$n=1,2,\cdots$ 是独立同分布的随机变量序列，且存在期望 $E(X_n) = \mu\,(n=1,2,\cdots)$。作前 n 个变量的算术平均 $\dfrac{1}{n} \sum_{k=1}^{n} X_k$，则 $\forall \varepsilon > 0$，有

$$\lim_{n \to \infty} P\left(\left| \frac{1}{n} \sum_{k=1}^{n} X_k - \mu \right| < \varepsilon \right) = 1, \tag{5.1}$$

即 $\dfrac{1}{n} \sum_{k=1}^{n} X_k \xrightarrow{P} \mu$。

证 证明大数定律的基本工具是切比雪夫不等式，对于该定律，我们通过假设方差存在（$D(X_n) = \sigma^2, n = 1, 2, \cdots$）来简单地证明式（5.1）的成立。

因为 $E\left(\dfrac{1}{n} \sum_{k=1}^{n} X_k \right) = \dfrac{1}{n} \sum_{k=1}^{n} E(X_k) = \dfrac{1}{n} n\mu = \mu$，又因为随机变量是相互独立的，则

$$D\left(\frac{1}{n} \sum_{k=1}^{n} X_k \right) = \frac{1}{n^2} \sum_{k=1}^{n} D(X_k) = \frac{1}{n^2}(n\sigma^2) = \frac{\sigma^2}{n},$$

由切比雪夫不等式得

$$1 - \frac{\sigma^2}{n\varepsilon^2} \leqslant P\left(\left| \frac{1}{n} \sum_{k=1}^{n} X_k - \mu \right| < \varepsilon \right) \leqslant 1,$$

因此，当 $n \to \infty$ 时，

$$\lim_{n \to \infty} P\left(\left| \frac{1}{n} \sum_{k=1}^{n} X_k - \mu \right| < \varepsilon \right) = 1。$$

弱大数定律又叫作辛钦大数定律，用一句话简单地来概括这个定律，就是"独立同分布随机变量的算术平均依概率收敛到期望"。这个定律是统计中的"矩估计法"的理论基础。

定理 5.2（伯努利大数定律） 设 μ_n 是 n 次伯努利试验中事件 A 发生的次数，而 p 是事件 A 每次发生的概率，则 $\forall \varepsilon > 0$，有

$$\lim_{n \to \infty} P\left(\left| \frac{\mu_n}{n} - p \right| \geqslant \varepsilon \right) = 0。 \tag{5.2}$$

证 设随机变量 X_i 是第 i 次伯努利试验中事件 A 发生的次数，且在试验中事件 A 每次发生的概率为 p，则

$$X_i = \begin{cases} 1, & A \text{ 在第 } i \text{ 次试验中发生}, \\ 0, & A \text{ 在第 } i \text{ 次试验中不发生}, \end{cases} \quad i = 1, 2, \cdots, n,$$

易知 X_i 服从"0-1"分布。因此，$\mu_n = X_1 + X_2 + \cdots + X_n \sim B(n, p)$，$E(\mu_n) = np$，再根据辛钦大数定律可知

$$\lim_{n \to \infty} P\left(\left| \frac{\mu_n}{n} - p \right| < \varepsilon \right) = 1,$$

即 $\lim\limits_{n \to \infty} P\left(\left| \dfrac{\mu_n}{n} - p \right| \geqslant \varepsilon \right) = 0$。

通过伯努利大数定律可以说明：在 n 充分大，即试验次数足够多时，频率 $\frac{\mu_n}{n}$ 和概率 p 的偏差小于 ε 这件事几乎必然要发生。这就是我们所说的"频率稳定于概率"的本质。

习题 5.1

1. 设随机变量 $X_1,X_2,\cdots,X_n$ 相互独立同分布，$E(X_i)=\mu$，$D(X_i)=8(i=1,2,\cdots,n)$，则概率 $P(\mu-4<\bar{X}<\mu+4)\geqslant$ _____，其中 $\bar{X}=\frac{1}{n}\sum\limits_{i=1}^{n}X_i$。

2. 设随机变量 $X_1,X_2,\cdots,X_n,\cdots$ 相互独立且同服从参数为 2 的指数分布，则当 $n\to\infty$ 时，$Y_n=\frac{1}{n}\sum\limits_{k=1}^{n}X_i^2$ 依概率收敛于_____。

3. 假设随机变量 $X_1,X_2,\cdots,X_n,\cdots$ 相互独立同分布，X_i 的概率密度是 $f(x)$，问 $X_1,X_2,\cdots$ 是否一定满足大数定律？

4. 假设某一年龄段女童的平均身高为 130cm，标准差是 8cm。现在从该年龄段女童中随机地选取五名儿童测其身高，估计它们的平均身高 $\bar{X}$ 在 120~140cm 的概率。

5. 设随机变量 X 和 Y 的数学期望分别为 -2 和 2，方差分别为 1 和 4，而相关系数为 -0.5，试根据切比雪夫不等式估计 $P(|X+Y|\geqslant6)$ 的值。

5.2　中心极限定理

中心极限定理是概率论中最重要的定理之一。粗略地说，它讨论的是什么条件下，大量独立同分布随机变量的和近似地服从正态分布。这个定理的重要之处在于，一方面，它运用极限的思维，将部分和的计算转化为极限的计算，使运算过程得到了大大的简化；另一方面，中心极限定理的出现说明了正态分布为什么是最常见的分布，为概率论在自然科学领域的应用奠定了理论基础。

历史上，自从拉普拉斯指出测量误差（测量误差通常是由大量极小的偶然误差叠加而成的）服从正态分布之后，人们发现自然界中存在着大量的随机变量受多种独立因素的影响，并且没有哪个因素在其中起到决定性的作用时，那么这个随机变量通常服从或近似地服从正态分布，例如人的身高、体重等。中心极限定理的证明最早由棣莫佛在 1733 年前后给出，但他只证明了 $p=\frac{1}{2}$ 的情形，之后拉普拉斯证明了这个结论在 $0<p<1$ 下均成立，这就是著名的棣莫佛-拉普拉斯中心极限定理。在其后的 200 多年里，人们提出了各种形式的中心极限定理，1902 年，俄国数学家李雅普诺夫对一般形式的中心极限定理进行了严格的证明。实际上直到现在，人们对中心极限定理的研究也没有停止，这个理论始终处在

概率论研究的"中心"位置。

下面介绍的几个中心极限定理都是比较简单的形式。

> **定理 5.3**（棣莫佛-拉普拉斯中心极限定理）　设随机变量 $X \sim B(n,p)$，$0<p<1$，则 $\forall x \in \mathbf{R}$，有
>
> $$\lim_{n \to \infty} P\left(\frac{X-np}{\sqrt{np(1-p)}} \leqslant x\right) = \int_{-\infty}^{x} \frac{1}{\sqrt{2\pi}} e^{-t^2/2} \mathrm{d}t = \Phi(x)。 \quad (5.3)$$
>
> 证明略。

定理 5.3 说明了二项分布的极限分布是正态分布，并且这两个分布的期望和方差是一样的。因此这个定理最直接的一种应用就是二项分布的近似计算。

> **例 5.2.1**　某计算机系统有 120 个终端，每个终端有 5% 时间在使用，假定各个终端使用与否相互独立，求有 10 个以上终端被使用的概率。

视频：例 5.2.1

解　设 X 表示被使用的终端的个数，易知 $X \sim B(120,0.05)$，则使用二项分布的概率分布公式计算

$$P(X>10) = 1-P(X \leqslant 10) = 1 - \sum_{k=0}^{10} \mathrm{C}_{120}^{k} 0.05^k 0.95^{120-k}$$

是很困难的。应用定理 5.3 进行近似计算，采用正态逼近，

$$np=6, np(1-p)=5.7,$$

$$P(X>10) = 1-P(X \leqslant 10) = 1-P\left(\frac{X-6}{\sqrt{5.7}} \leqslant \frac{10-6}{\sqrt{5.7}}\right)$$

$$= 1-\Phi(1.67) = 1-0.9525 = 0.0475。$$

> **定理 5.4**（列维-林德伯格中心极限定理）　设随机变量 X_1，$X_2,\cdots,X_n,\cdots$ 独立同分布，并且期望和方差都存在，即
>
> $$E(X_i)=\mu, \quad D(X_i)=\sigma^2, \quad i=1,2,\cdots,n,\cdots,$$
>
> 则对 $\forall x \in \mathbf{R}$，有
>
> $$\lim_{n \to \infty} P\left(\frac{\sum_{i=1}^{n} X_i - n\mu}{\sqrt{n}\,\sigma} \leqslant x\right) = \int_{-\infty}^{x} \frac{1}{\sqrt{2\pi}} e^{-t^2/2} \mathrm{d}t = \Phi(x)。 \quad (5.4)$$
>
> 证明略。

定理 5.4 说明独立同分布的随机变量只要方差和期望都存在，则它们的和的极限分布是正态分布。一般来说，随机变量的和的分布函数是很难得到的，通过定理 5.4，我们就可以利用正态分布对和的分布进行近似计算和理论分析，好处是非常明显的。同时，

如果我们将式(5.4)的左端分式上下同时除以 n, 就会得到

$$\frac{\frac{1}{n}\sum_{i=1}^{n}X_i-\mu}{\sigma/\sqrt{n}}\xrightarrow{\text{近似地}}N(0,1),$$

即独立同分布随机变量的算术平均近似地服从标准正态分布, 这是大样本统计推断的理论基础。

例 5.2.2　已知某高校的在校学生数服从泊松分布, 期望为 100。现开设一门公共选修课, 按规定, 选课人数超过 120 人(含 120 人)就需分两个班授课, 否则就一个班上课。请问该课程采用分班授课的概率是多少?

　　解　期望为 100 的泊松分布随机变量可以看作 100 个期望为 1 的相互独立的泊松随机变量之和, 则由定理 5.4 可得

$$P(X\geqslant 120)=1-P\left(\frac{X-100}{\sqrt{100}}<\frac{120-100}{\sqrt{100}}\right)=1-\Phi(2)=1-0.9772=0.0228。$$

例 5.2.3　设全校考生的外语成绩 $X\sim N(\mu,\sigma^2)$, 若平均成绩为 72 分, 96 分以上的人数占考生总数的 2.28%, 现任取 100 名考生的成绩, 请问成绩在 60~84 分之间的人数在 60~70 人之间的概率有多大?

　　解　由题意可知 $\mu=72$, 再由 $0.0228=P(X\geqslant 96)=$

$$P\left(\frac{X-72}{\sigma}\geqslant\frac{96-72}{\sigma}\right)=1-\Phi\left(\frac{24}{\sigma}\right)\text{知}$$

$$\Phi\left(\frac{24}{\sigma}\right)=0.9772=\Phi(2),\text{ 故 }\sigma=12。$$

又因为 $P(60\leqslant X\leqslant 84)=\Phi\left(\dfrac{84-72}{12}\right)-\Phi\left(\dfrac{60-72}{12}\right)=2\Phi(1)-1=0.6826$,

故 $Y\sim B(100,0.6826)$, 由于 $n=100$ 很大, 故由棣莫佛-拉普拉斯中心极限定理得

$$P(60\leqslant Y\leqslant 70)\approx\Phi\left(\frac{70-100\times 0.6826}{\sqrt{100\times 0.6826\times 0.3174}}\right)-\Phi\left(\frac{60-100\times 0.6826}{\sqrt{100\times 0.6826\times 0.3174}}\right)$$

$$=\Phi(0.3738)-\Phi(-1.7746)=0.646+0.962-1=0.608。$$

习题 5.2

　　1. 设随机变量 $X_1,X_2,\cdots,X_n,\cdots$ 独立同分布, 且 $E(X_i)=\mu$, $D(X_i)=\sigma^2>0$, 则 $\lim\limits_{n\to\infty}P$ $\left(\dfrac{\sum\limits_{i=1}^{n}X_i-n\mu}{\sqrt{n}\sigma}>2\right)=$ _____ 。

　　2. 设 $X_1,X_2,\cdots,X_n,\cdots$ 独立同分布, $E(X_i^k)=a_k(k=1,2,3,4)$, 则当 n 充分大时, $Z_n=\dfrac{1}{n}\sum\limits_{i=1}^{n}X_i^2$ 近似服从_____。(写出分布及其参数)

　　3. 计算机在进行数学计算时, 遵从四舍五入原

则。为简单计，现在对小数点后面第一位进行舍入运算，则可以认为误差服从区间 $\left[-\frac{1}{2},\frac{1}{2}\right]$ 上的均匀分布。若在一项计算中进行了 48 次运算，试用中心极限定理求总误差落在区间 $[-2,2]$ 上的概率。（$\Phi(1)=0.8413$，这里 $\Phi(x)$ 为标准正态分布函数）

4. 某军队对敌人的防御地段进行射击，在每次射击中，炮弹命中数的数学期望为 2，而命中数的标准差为 1.5。求当射击 100 次时，有 180~220 颗炮弹命中目标的概率。

5. 有一大批种子，其中良种占 $\frac{1}{6}$。现从中任取 6000 粒，用中心极限定理计算：这 6000 粒种子中良种所占的比例与 $\frac{1}{6}$ 之差的绝对值不超过 0.01 的概率。

6. 某工厂有 400 台同类机器，各台机器发生故障的概率都是 0.02。假设各台机器工作是相互独立的，试求机器出故障的台数不少于 2 的概率。

7.（1）一保险公司有 10000 个汽车险投保人，每个投保人索赔金额的数学期望为 280 美元，标准差为 800 美元，求索赔总金额超过 2700000 美元的概率；

（2）一公司有 50 张签约保险单，各张保险单的索赔金额为 $X_i,i=1,2,\cdots,50$（以百万元计）服从威布尔（Weibull）分布，均值 $E(X_i)=5$，方差 $D(X_i)=6$，求 50 张保险单索赔的合计金额大于 300 的概率（设各保险单索赔金额是相互独立的）。

8. 有一批建筑房屋用的木柱，其中 80% 的长度不小于 3m，现从这批木柱中随机地取 100 根，求其中至少有 30 根短于 3m 的概率。

9. 一食品店有三种蛋糕出售，由于售出哪一种蛋糕是随机的，因而售出一只蛋糕的价格是一个随机变量，它取 1 元、1.2 元、1.5 元各个值的概率分别为 0.3、0.2、0.5。若售出 300 只蛋糕。

（1）求收入至少 400 元的概率；

（2）求售出价格为 1.2 元的蛋糕多于 60 只的概率。

10. 一复杂的系统由 100 个相互独立起作用的部件所组成，在整个运行期间每个部件损坏的概率为 0.10。为了使整个系统起作用，至少必须有 85 个部件正常工作，求整个系统起作用的概率。

11. 已知在某十字路口，一周事故发生数的数学期望为 2.2，标准差为 1.4。

（1）以 X 表示一年（以 52 周计）此十字路口事故发生数的算术平均，试用中心极限定理求 X 的近似分布，并求 $P(X<2)$；

（2）求一年事故发生数小于 100 的概率。

小结 5

　　大数定律描述大量重复的随机事件中存在的某种必然性。大数定律分为强大数定律和弱大数定律，其中伯努利大数定律严密地证明了频率稳定于一个常数，从而概率的定义可以由频率的定义和性质启发得到。

　　中心极限定理是数理统计和误差分析的理论基础。本章我们只介绍了较为基础的棣莫佛-拉普拉斯极限定理和独立同分布的列维-林德伯格中心极限定理，能够使读者较为浅显地理解大量的独立随机变量之和近似地服从正态分布，更为深入的理论分析本书未涉及。

章节测验 5

1. 设随机变量 $X_1, X_2, \cdots, X_9$ 相互独立同分布，$E(X_i)=1, D(X_i)=1, i=1,2,\cdots,9$。令 $S_9=\sum_{i=1}^{9} X_i$，则对任意 $\varepsilon>0$，从切比雪夫不等式直接可得( )。

(A) $P(|S_9-1|<\varepsilon) \geq 1-\frac{1}{\varepsilon^2}$

(B) $P(|S_9-9|<\varepsilon) \geq 1-\frac{9}{\varepsilon^2}$

(C) $P(|S_9-9|<\varepsilon) \geq 1-\frac{1}{\varepsilon^2}$

(D) $P\left(\left|\frac{1}{9}S_9-1\right|<\varepsilon\right) \geq 1-\frac{1}{\varepsilon^2}$

2. 假设随机变量 $X_1, X_2, \cdots$ 相互独立且服从同参数 λ 的泊松分布，则下面随机变量序列中不满足切比雪夫大数定律条件的是( )。

(A) $X_1, X_2, \cdots, X_n, \cdots$

(B) $X_1+1, X_2+2, \cdots, X_n+n, \cdots$

(C) $X_1, 2X_2, \cdots, nX_n, \cdots$

(D) $X_1, \frac{1}{2}X_2, \cdots, \frac{1}{n}X_n, \cdots$

3. 设 $X_1, X_2, \cdots, X_n, \cdots$ 是独立同分布的随机变量序列，其分布函数为

$$F(x)=A+\frac{1}{\pi}\arctan\frac{x}{B},$$

其中 $B \neq 0$，则弱大数定律对此随机变量序列( )。

(A) 适用

(B) 当常数 A, B 取适当数值时适用

(C) 无法判断

(D) 不适用

4. 设 $X_1, X_2, \cdots, X_n, \cdots$ 是独立同分布的随机变量序列，且均服从参数为 $\lambda(\lambda>1)$ 的指数分布，记 $\varphi(x)$ 为标准正态分布函数，则( )。

(A) $\lim_{n\to\infty} P\left\{\dfrac{\sum_{i=1}^{n}X_i-n\lambda}{\lambda\sqrt{n}} \leq x\right\}=\Phi(x)$

(B) $\lim_{n\to\infty} P\left\{\dfrac{\sum_{i=1}^{n}X_i-n\lambda}{\sqrt{n\lambda}} \leq x\right\}=\Phi(x)$

(C) $\lim_{n\to\infty} P\left(\dfrac{\lambda\sum_{i=1}^{n}X_i-n}{\sqrt{n}} \leq x\right)=\Phi(x)$

(D) $\lim_{n\to\infty} P\left(\dfrac{\sum_{i=1}^{n}X_i-\lambda}{\sqrt{n\lambda}} \leq x\right)=\Phi(x)$

5. 设随机变量 $X_1, X_2, \cdots, X_{50}$ 相互独立，且 $X_i \sim P(0.1)(i=1,2,\cdots,50)$，则 $\sum_{i=1}^{50} X_i$ 近似服从( )。

(A) $N(5,5)$ (B) $N\left(\frac{1}{5}, \frac{1}{5}\right)$

(C) $N\left(5, \frac{1}{5}\right)$ (D) $N\left(0.1, \frac{1}{500}\right)$

6. 设 $X_1, X_2, \cdots, X_{100}$ 为来自总体 X 的简单随机样本，其中 $P(X=0)=P(X=1)=\frac{1}{2}$，$\Phi(x)$ 表示标准正态分布函数，利用中心极限定理可得 $P\left(\sum_{i=1}^{100} X_i \leq 55\right)$ 的近似值为( )。

(A) $1-\Phi(1)$ (B) $\Phi(1)$

(C) $1-\Phi(0.2)$ (D) $\Phi(0.2)$

7. 在天平上重复称量一重为 a 的物品，假设各次称量结果相互独立且同服从正态分布 $N(a, 0.2^2)$。若以 $\overline{X_n}$ 表示 n 次称量结果的算术平均值，则为使 $P(|\overline{X_n}-a|<0.1) \geq 0.95$，$n$ 的最小值应不小于自然数_____。

8. 试利用：(1)切比雪夫不等式；(2)中心极限定理分别确定投掷一枚均匀硬币的次数，使得出现"正面向上"的频率在 0.4~0.6 之间的概率不小于 0.9。

9. 某保险公司多年的统计资料表明，在索赔户中被盗索赔户占 20%，以 X 表示在随意抽查的 100 个索赔户中因被盗向保险公司索赔的户数。

(1) 写出 X 的概率分布；

(2) 利用棣莫佛-拉普拉斯定理，求被盗索赔户不少于 14 户且不多于 30 户的概率的近似值。

10. 一生产线生产的产品成箱包装，每箱的重

量是随机的。假设每箱平均重 50kg，标准差为 5kg。若用最大载重量为 5t 的汽车承运，试利用中心极限定理说明每辆车最多可以装多少箱，才能保障不超载的概率大于 0.977？

R 实验 5

实验 5.1　大数定律与抛硬币实验

伯努利大数定律可以说明：实验条件不变的情况下，n 充分大，即实验次数足够多时，频率 $\dfrac{\mu_n}{n}$ 和概率 p 的偏差小于 ε 这件事几乎必然发生。这就是我们所说的"频率稳定于概率"。比如，我们向上抛一枚硬币，硬币落下后哪一面朝上本来是偶然的，但当实验次数足够多后，硬币字面向上的次数越来越接近总次数的二分之一，偶然中包含着某种必然。以下用 R 语言模拟抛硬币实验，其中令字面朝上 =1，花面朝上 =0。

代码如下：

```
> big_num<-function(n){
+ count<-0
+ for(i in 1:n){if(sample(c(0,1),1)==1)
+   count<-count+1   ##随机从 0、1 中抽样,统计等于 1 的个数
+                 }
+ return(count/n)   ##返回频率
+                 }
```

以上函数中 n 表示抛硬币实验的次数，运行函数返回的是其中字面朝上的概率。

```
> big_num(50)
[1] 0.54
> big_num(50)
[1] 0.5
> big_num(50)
[1] 0.48
> big_num(50)
[1] 0.44
> big_num(500)
[1] 0.51
> big_num(500)
[1] 0.528
> big_num(500)
[1] 0.506
> big_num(500)
[1] 0.48
```

```
> big_num(5000)
[1] 0.4904
> big_num(5000)
[1] 0.481
> big_num(5000)
[1] 0.4994
> big_num(5000)
[1] 0.502
> big_num(10000)
[1] 0.502
> big_num(10000)
[1] 0.4992
> big_num(10000)
[1] 0.5027
> big_num(10000)
[1] 0.5099
> big_num(1000000)
[1] 0.499598
> big_num(1000000)
[1] 0.49954
> big_num(1000000)
[1] 0.500257
> big_num(1000000)
[1] 0.500395
```

整理以上实验结果，可以获得字面朝上的概率表如下：

序号	$n = 50$	$n = 500$	$n = 5000$	$n = 10000$	$n = 1000000$
1	0.54	0.51	0.4904	0.502	0.499598
2	0.5	0.528	0.481	0.4992	0.49954
3	0.48	0.506	0.4994	0.5027	0.500257
4	0.44	0.48	0.502	0.5099	0.500395

实验 5.2　大数定律与抛硬币实验绘图

绘制图形进一步观察随着抛硬币实验次数的增加，如图 5-1 所示，频率越来越趋近于概率。代码如下：

```
set.seed(10)
flips <-sample(c(1,0),size=2000,replace=TRUE)
plot(cumsum(flips==1) / (1:length(flips)),
     type="l",ylim=c(0,1),
     main="抛硬币实验中字面朝上的频率",
     xlab="实验次数",ylab="频率")
abline(h=0.5,col="red")
```

抛硬币实验中字面朝上的频率

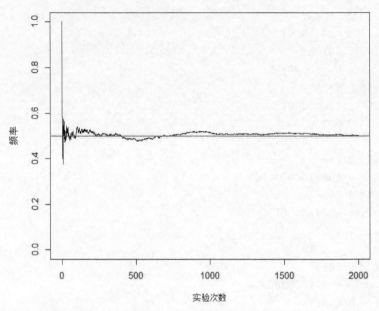

图 5-1   抛硬币实验中字面朝上的频率图

实验 5.3   均匀分布的随机数之和与正态分布

视频：R 实验

本实验主要观察均匀分布之和的分布，并且与正态分布进行比较。首先观察 1 个均匀分布的直方图，然后观察 2 个均匀随机变量和的分布，之后观察 3 个均匀随机变量和的分布，最后观察 5 个均匀随机变量和的分布。对 5 个随机变量和的值进行标准化，绘制正态分布的概率密度图，进行对比。最后通过绘制 Q-Q 图，观察 5 个均匀随机变量和的分布是否近似服从正态分布。

代码如下：

```
>par(mfrow=c(2,2))#设置画布上下各两张图,合计放置 4 张图
#------------------------------------------------------
> #1 个均匀分布的随机变量,模拟 10000 次
#------------------------------------------------------
> x=runif(10000,0,1) #生成均匀分布的随机数 10000 个
> hist(x,freq=FALSE,breaks=20,main="1 个随机变量和的
直方图")#绘制直方图
#------------------------------------------------------
> #2 个均匀分布随机变量的和,模拟 10000 次
#------------------------------------------------------
> x1=runif(10000,0,1) #生成均匀分布的随机数
> x2=runif(10000,0,1) #生成均匀分布的随机数
> hist(x1+x2,freq=FALSE,breaks=20,main="2 个随机变量
和的直方图")#绘制直方图
#------------------------------------------------------
```

```
> #3 个均匀分布随机变量的和,模拟 10000 次
#------------------------------------------------------
> x1=runif(10000,0,1) #生成均匀分布的随机数
> x2=runif(10000,0,1) #生成均匀分布的随机数
> x3=runif(10000,0,1) #生成均匀分布的随机数
> y=x1+x2+x3
> hist(y,freq=FALSE,breaks=20,main="3 个随机变量和的
直方图")#绘制直方图
#------------------------------------------------------
> #5 个均匀分布随机变量的和,模拟 10000 次
#------------------------------------------------------
> x1=runif(10000,0,1) #生成均匀分布的随机数
> x2=runif(10000,0,1) #生成均匀分布的随机数
> x3=runif(10000,0,1) #生成均匀分布的随机数
> x4=runif(10000,0,1) #生成均匀分布的随机数
> x5=runif(10000,0,1) #生成均匀分布的随机数
> y=x1+x2+x3+x4+x5
> z<-(y-mean(y))/sd(y)
> hist(z,freq=FALSE,breaks=40,main="5 个随机变量和的
直方图")#绘制直方图
> curve(dnorm(x),col=6,add=TRUE,lwd=2)
```

其运行结果如图 5-2 所示。

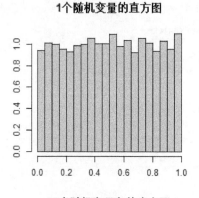
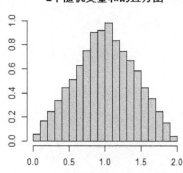
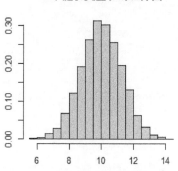
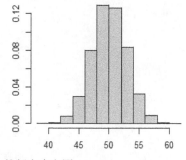

图 5-2 随机变量和的频率直方图

进一步验证 5 个均匀随机变量和的分布是否近似服从正态分布，绘制正态 Q-Q 图。由图形可见，基本在一条直线上，可见 5 个均匀随机变量和的分布近似服从正态分布。

```
> dev.off()    #取消原来的画布设置
> qqnorm(z)    #绘制正态分布 Q-Q 图
```

其运行结果如图 5-3 所示。

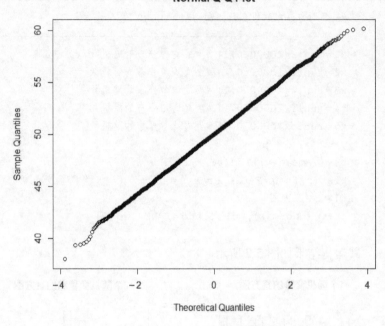

图 5-3　正态 Q-Q 图

第 6 章

数理统计基础知识

通过前面五章的学习，我们知道了概率论的基本知识，利用随机变量来刻画随机现象的客观规律。特别地，根据随机变量的分布研究它的性质、特点和规律。随后的三章我们将要学习数理统计，它以概率论为理论基础，通过试验或观测得到数据，根据数据研究随机现象，并对随机现象的客观规律做出估计和判断。

对随机现象进行观测，并从中收集、整理、分析和解释数据是数理统计的基本任务。数理统计的主要内容包括描述性统计和推断性统计。其中描述性统计是研究数据的收集、处理和描述的统计学分支，推断性统计是研究如何利用数据对总体做出推断的统计学分支。

数理统计与概率论的区别在于对随机变量的了解程度。在概率论中，随机变量的分布是已知的，在此基础上，研究随机变量的性质、特点和规律，比如，一些常见的分布的性质，计算随机变量函数的分布，随机变量的数字特征。在数理统计中，我们研究的随机变量分布是未知的，或是不完全知道的，需要人们通过大量的观测，得到观测值，利用观测值对所研究的随机现象做出推断。

6.1 总体和随机样本

6.1.1 总体

在数理统计中，我们研究有关对象的某一项数量指标的取值规律，比如某厂生产的灯泡寿命。可以对该厂生产的灯泡寿命进行观测，全部可能的观测值构成一个总体，这些观测值是可以重复出现的。因此，**总体**的定义就是某研究对象的一项数量指标的全部观测值。总体的每一个观测值称为**个体**。总体中包含的个体数目称为**总体容量**。容量有限的总体称为**有限总体**，容量无限的总体称为**无限总体**。

例如，考察某大学一年级学生的身高，若一年级共有 3000 人，每位学生的身高就是一个观测值，共有 3000 个观测值。总体容量为 3000，这是一个有限总体。再如，观察并记录某一地点每天（包括过去、现在、未来）的最高气温，所得总体是无限总体。

总体中的每个个体是随机试验的观测值，是某个随机变量 X 的取值。因此，一个总体对应于一个随机变量，也与这个随机变量的分布 F 一一对应，所以今后将总体与随机变量统称为总体 X 或总体 F。

6.1.2 随机样本

在实际情况中，由于各种原因，我们不可能对总体中每个个体都进行观测，通常是从总体中抽取一部分个体，获得数据，利用数据对总体进行推断。被抽出的部分个体叫作总体的一个**样本**。

在相同的条件下对总体 X 进行 n 次重复的、独立的观测，并将 n 次观测按照试验的次序记为 $X_1, X_2, \cdots, X_n$。由于 $X_1, X_2, \cdots, X_n$ 是对总体观测的结果，所以 $X_1, X_2, \cdots, X_n$ 是相互独立的，且与总体 X 具有相同分布的 n 个随机变量。这样得到的 $X_1, X_2, \cdots, X_n$ 称为来自总体 X 的一个**简单随机样本**，n 称为这个**样本的容量**。以后若无特别说明，所提到的样本都是指简单随机样本。n 次观测一经完成，我们就得到一组实数 $x_1, x_2, \cdots, x_n$，它们依次是随机变量 $X_1, X_2, \cdots, X_n$ 的观测值，称为样本值。

综上，我们给出以下的定义。

定义 6.1 设总体 X 具有分布函数 F，若 $X_1, X_2, \cdots, X_n$ 是具有同一分布函数 F，且相互独立的随机变量，则称 $X_1, X_2, \cdots, X_n$ 为从总体 X（或总体 F）中得到的容量为 n 的**简单随机样本**，简称样本，它们的观测值 $x_1, x_2, \cdots, x_n$ 称为**样本值**。

我们可以把样本看成一个随机向量，写成 $(X_1, X_2, \cdots, X_n)$，由定义可得样本 $(X_1, X_2, \cdots, X_n)$ 的联合分布函数为

$$F_{(X_1, X_2, \cdots, X_n)}(x_1, x_2, \cdots, x_n) = \prod_{i=1}^{n} F(x_i)。$$

若总体 X 具有概率密度 f，则样本 $(X_1, X_2, \cdots, X_n)$ 的概率密度为

$$f_{(X_1, X_2, \cdots, X_n)}(x_1, x_2, \cdots, x_n) = \prod_{i=1}^{n} f(x_i)。$$

当我们获得样本后,希望根据样本来估计总体的分布,比如总体的分布函数、概率密度函数和分布律。总体的分布函数可以由经验分布函数估计,总体的概率密度函数可以由频率直方图来估计。

经验分布函数

设 $X_1, X_2, \cdots, X_n$ 是总体 X 的一个样本,定义经验分布函数为

$$F_n(x) = \frac{1}{n} \sum_{i=1}^{n} I(X_i \leqslant x), x \in \mathbf{R},$$

这里 $I(X_i \leqslant x)$ 是一个示性函数,定义如下:

$$I(X_i \leqslant x) = \begin{cases} 1, & X_i \leqslant x, \\ 0, & X_i > x_\circ \end{cases}$$

$F_n(x)$ 表示样本 $X_1, X_2, \cdots, X_n$ 中不大于 x 的随机变量的比例。例如,

(1)设总体 X 有一个样本值 $1, 2, 3$,则经验分布函数 $F_3(x)$ 的观测值为

$$F_3(x) = \begin{cases} 0, & x < 1, \\ 1/3, & 1 \leqslant x < 2, \\ 2/3, & 2 \leqslant x < 3, \\ 1, & x \geqslant 3; \end{cases}$$

(2)设总体 X 有一个样本值 $1, 1, 3$,则经验分布函数 $F_3(x)$ 的观测值为

$$F_3(x) = \begin{cases} 0, & x < 1, \\ 2/3, & 1 \leqslant x < 3, \\ 1, & x \geqslant 3_\circ \end{cases}$$

一般地,当我们求经验分布函数时,先将样本观测值 $x_1, x_2, \cdots, x_n$ 按照从小到大的顺序排列,并重新编号,设为 $x_{(1)} \leqslant x_{(2)} \leqslant \cdots \leqslant x_{(n)}$,则经验分布函数的观测值为

$$F_n(x) = \begin{cases} 0, & x < x_{(1)}, \\ k/n, & x_{(k)} \leqslant x < x_{(k+1)}, k = 1, 2, \cdots, n-1, \\ 1, & x \geqslant x_{(n)\circ} \end{cases}$$

对于经验分布函数 $F_n(x)$,格里汶科(Glivenko)于 1993 年证明:对于任一实数 x,当 $n \to \infty$ 时,$F_n(x)$ 以概率 1 一致收敛于分布函数 $F(x)$,即

$$P(\lim_{n \to \infty} \sup_{-\infty < x < +\infty} |F_n(x) - F(x)| = 0) = 1_\circ$$

因此,当 n 充分大时,经验分布函数的任意一个观测值 $F_n(x)$ 与总体分布函数 $F(x)$ 只有微小的差别,从而在实际中可以近似当作

$F(x)$来使用。

为了对数据进行统计分析，常常要将数据加以整理，借助图形加以描述，对于连续型随机变量 X，引入频率直方图对 X 的概率密度进行粗略估计。

下面以一个实际数据来说明频率直方图的绘制方法。

例 6.1.1　从某种机械零件中抽取 100 个零件，测得它们的直径（单位：mm）数据如下：

34.6	34.9	35.0	36.0	34.6	35.8	35.0	34.6	34.9	35.4
35.1	34.4	34.7	36.3	35.5	34.2	36.5	35.0	35.2	34.7
35.9	34.9	35.5	35.4	34.4	35.2	34.7	35.2	35.4	35.2
35.4	34.4	34.9	34.0	34.5	35.9	34.9	35.6	34.6	35.7
34.6	34.3	34.7	34.7	34.9	34.7	35.3	35.3	35.2	35.8
35.3	34.6	35.2	35.0	35.2	34.4	34.7	35.4	35.1	34.7
33.7	35.6	35.2	35.6	35.0	35.1	34.8	35.8	34.7	35.2
35.2	34.7	34.6	34.9	35.0	35.1	34.8	35.3	36.4
35.0	35.2	34.5	34.9	35.5	34.1	35.1	35.5	35.2	34.8
35.1	35.2	34.0	35.3	34.8	35.3	34.9	35.1	35.5	34.4

对零件直径数据绘制频率直方图。

解　先整理数据，找出这些数据的最小值 33.7、最大值 36.5，所有数据落在 $[33.7, 36.5]$ 中，我们将数据区间选定为 $(33.65, 36.65)$，并把这个区间分为 10 个子区间：$(33.65, 33.95]$，$(33.95, 34.25]$，…，$(36.35, 36.65]$，观测直径落到每个区间内的零件的频数，进一步计算频率，得到分布表 6-1。

表 6-1　100 个零件直径的频数和频率统计

零件直径子区间	频数 m_i	频率 f_i
33.65 ~ 33.95	1	0.01
33.95 ~ 34.25	5	0.05
34.25 ~ 34.55	9	0.09
34.55 ~ 34.85	19	0.19
34.85 ~ 35.15	24	0.24
35.15 ~ 35.45	22	0.22
35.45 ~ 35.75	11	0.11
35.75 ~ 36.05	6	0.06
36.05 ~ 36.35	1	0.01
36.35 ~ 36.65	2	0.02

频率直方图如图 6-1 所示，图中每个小矩形的面积就等于数据落在相应小区间内的频率 f_i。

当 n 很大时，频率接近于概率，因此，每个小区间上的小矩形面积接近于概率密度曲线之下，该小区间之上的曲边梯形的面积，于是，一般来说，直方图的外廓曲线接近于总体 X 的概率密度曲线。

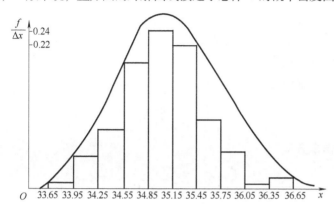

图 6-1　100 个零件的直径频率直方图

习题 6.1

1. 在 1h 内监测电话用户对电话站的呼唤次数，统计得到每分钟的呼唤次数，见表 6-2，计算呼唤次数的经验分布函数。

表 6-2　电话用户对电话站的呼唤次数统计表

每分钟内的呼唤次数 x_i	0	1	2	3	4	5	6
频数 m_i	8	16	17	10	6	2	1

2. 记录自己所在班级的同学身高（单位：cm）或体重（单位：kg），并绘制直方图。

6.2　抽样分布

样本是进行统计推断的依据。在应用中，我们一般是针对不同的问题构造合适的样本函数，然后利用样本函数来进行统计推断。如果样本函数中除了样本之外，不含有其他未知参数，那么我们把这个样本函数称为样本统计量。

定义 6.2　若 $X_1, X_2, \cdots, X_n$ 是来自总体 X 的一个样本，$g(X_1, X_2, \cdots, X_n)$ 是 $X_1, X_2, \cdots, X_n$ 的函数，若 $g(\cdot)$ 中不含有未知参数，则称 $g(X_1, X_2, \cdots, X_n)$ 是一个**统计量**。

因为 $X_1, X_2, \cdots, X_n$ 都是随机变量，所以统计量 $g(X_1, X_2, \cdots, X_n)$ 也是一个随机变量，它对应着一个概率分布。若 $x_1, x_2, \cdots, x_n$ 是相应于样本 $X_1, X_2, \cdots, X_n$ 的观测值，则 $g(x_1, x_2, \cdots, x_n)$ 是 $g(X_1, X_2, \cdots, X_n)$ 的观测值。

6.2.1 常用统计量

数理统计中有一些常用的统计量，下面给出这些统计量的定义。设 $X_1, X_2, \cdots, X_n$ 是来自总体 X 的一个样本，$x_1, x_2, \cdots, x_n$ 是这一样本的观测值。定义

样本平均值

$$\overline{X} = \frac{1}{n} \sum_{i=1}^{n} X_i;$$

样本方差

$$S^2 = \frac{1}{n-1} \sum_{i=1}^{n} (X_i - \overline{X})^2 = \frac{1}{n-1} \left(\sum_{i=1}^{n} X_i^2 - n\overline{X}^2 \right);$$

样本标准差

$$S = \sqrt{S^2} = \sqrt{\frac{1}{n-1} \sum_{i=1}^{n} (X_i - \overline{X})^2} = \sqrt{\frac{1}{n-1} \left(\sum_{i=1}^{n} X_i^2 - n\overline{X}^2 \right)};$$

样本 k 阶原点矩

$$A_k = \frac{1}{n} \sum_{i=1}^{n} X_i^k, \quad k = 1, 2, \cdots;$$

样本 k 阶中心矩

$$B_k = \frac{1}{n} \sum_{i=1}^{n} (X_i - \overline{X})^k, \quad k = 2, 3, \cdots.$$

它们的观测值分别为

$$\bar{x} = \frac{1}{n} \sum_{i=1}^{n} x_i;$$

$$s^2 = \frac{1}{n-1} \sum_{i=1}^{n} (x_i - \bar{x})^2 = \frac{1}{n-1} \left(\sum_{i=1}^{n} x_i^2 - n\bar{x}^2 \right);$$

$$s = \sqrt{s^2} = \sqrt{\frac{1}{n-1} \sum_{i=1}^{n} (x_i - \bar{x})^2} = \sqrt{\frac{1}{n-1} \left(\sum_{i=1}^{n} x_i^2 - n\bar{x}^2 \right)};$$

$$a_k = \frac{1}{n} \sum_{i=1}^{n} x_i^k, k = 1, 2, \cdots;$$

$$b_k = \frac{1}{n} \sum_{i=1}^{n} (x_i - \bar{x})^k, k = 2, 3, \cdots.$$

这些观测值也分别称为样本平均值、样本方差、样本标准差、样本 k 阶原点矩、样本 k 阶中心矩。

根据前面第 5 章学过的辛钦大数定律知，若总体 X 的 k 阶原点矩 $E(X^k)$ 存在，则当 $n \to \infty$ 时，$A_k \xrightarrow{P} \mu_k, k = 1, 2, \cdots$。

6.2.2 抽样分布

样本统计量的分布称为**抽样分布**，下面我们介绍几个数理统

计中常用的抽样分布。

1.χ^2 分布

设 $X_1,X_2,\cdots,X_n$ 是来自标准正态分布总体 $N(0,1)$ 的样本，称统计量

$$\chi^2 = X_1^2 + X_2^2 + \cdots + X_n^2 \tag{6.1}$$

服从自由度为 n 的 χ^2 分布，记为 $\chi^2 \sim \chi^2(n)$。

这里的自由度指式(6.1)右端包含的独立变量的个数。

$\chi^2(n)$ 分布的概率密度函数为

$$f(y) = \begin{cases} \dfrac{1}{2^{n/2}\Gamma(n/2)} y^{n/2-1} \mathrm{e}^{-y/2}, & y>0, \\ 0, & y \leqslant 0, \end{cases} \tag{6.2}$$

其中，$\Gamma(x) = \displaystyle\int_0^{+\infty} t^{x-1} \mathrm{e}^{-t} \mathrm{d}t$。

$f(y)$ 的图像如图 6-2 所示。

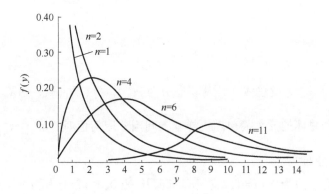

图 6-2　自由度为 n 的 χ^2 分布密度函数图像

根据 Γ 分布的定义和可加性，知

$$\chi^2 = X_1^2 + X_2^2 + \cdots + X_n^2 \sim \Gamma(n/2,2),$$

再依据 Γ 分布的可加性可得 χ^2 分布的可加性如下：

χ^2 分布的可加性　设 $\chi_1^2 \sim \chi^2(n_1)$，$\chi_2^2 \sim \chi^2(n_2)$，并且 χ_1^2 与 χ_2^2 相互独立，则有

$$\chi_1^2 + \chi_2^2 \sim \chi^2(n_1+n_2)。 \tag{6.3}$$

χ^2 分布的数学期望和方差　若 $\chi^2 \sim \chi^2(n)$，则有

$$E(\chi^2) = n, D(\chi^2) = 2n。 \tag{6.4}$$

证　因为 $\chi^2 = \displaystyle\sum_{i=1}^n X_i^2$，又因为 $X_i \sim N(0,1)$，所以

$E(X_i^2) = D(X_i) = 1, D(X_i^2) = E(X_i^4) - E^2(X_i^2) = 3-1 = 2, i=1,2,\cdots,n。$

于是

$$E(\chi^2) = E\left(\sum_{i=1}^{n} X_i^2\right) = \sum_{i=1}^{n} E(X_i^2) = n, D(\chi^2) = D\left(\sum_{i=1}^{n} X_i^2\right)$$

$$= \sum_{i=1}^{n} D(X_i^2) = 2n_{\circ}$$

χ^2 分布的上分位点   对于给定的正数 α, $0<\alpha<1$, 称满足条件

$$P(\chi^2 > \chi_\alpha^2(n)) = \int_{\chi_\alpha^2(n)}^{+\infty} f(y)\,\mathrm{d}y = \alpha \qquad (6.5)$$

的点 $\chi_\alpha^2(n)$ 就是 $\chi^2(n)$ 分布的**上 α 分位点**, 如图 6-3 所示。对于不同的 α,n, 上 α 分位点的值已经制成表格, 可以查表(见附表 4)。例如对于 $\alpha=0.1,n=25$, 查得 $\chi_{0.1}^2(25) = 34.381$。

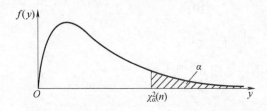

图 6-3 $\chi^2(n)$ 分布的上 α 分位点

例 6.2.1   设总体 X 服从正态分布 $N(0,4^2)$, $X_1,X_2,\cdots,X_n$ 是来自这个总体的 n 个简单随机样本, 问当 a 取何值时, $a\sum_{i=1}^{n} X_i^2$ 服从 $\chi^2(n)$ 分布?

解   因为 $X_i(i=1,2,\cdots,n)$ 都服从 $N(0,4^2)$, 且相互独立, 所以 $\dfrac{X_i}{4}(i=1,2,\cdots,n)$ 都服从 $N(0,1)$ 且相互独立。根据 χ^2 分布的定义, $\sum_{i=1}^{n}\left(\dfrac{X_i}{4}\right)^2 = \dfrac{1}{16}\sum_{i=1}^{n} X_i^2$ 服从 $\chi^2(16)$。所以当 $a=\dfrac{1}{16}$ 时, $a\sum_{i=1}^{n} X_i^2$ 服从 $\chi^2(n)$ 分布。

2. t 分布

设 $X \sim N(0,1)$, $Y \sim \chi^2(n)$, 且 X,Y 相互独立, 则称随机变量

$$t = \frac{X}{\sqrt{Y/n}} \qquad (6.6)$$

服从自由度为 n 的 t **分布**, 记为 $t \sim t(n)$。

t 分布又叫作**学生氏**(Student)**分布**。$t(n)$ 分布的概率密度如下:

$$h(t) = \frac{\Gamma[(n+1)/2]}{\sqrt{\pi n}\,\Gamma(n/2)}\left(1 + \frac{t^2}{n}\right)^{-(n+1)/2}, x \in \mathbf{R}_{\circ} \qquad (6.7)$$

图 6-4 画出了此概率密度函数的图像。

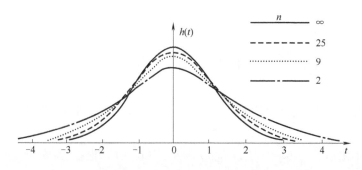

图 6-4　自由度为 n 的 t 分布密度函数图像

从图像可以看出 $h(t)$ 的图形关于 $t=0$ 对称，当 n 充分大时，图形类似于标准正态随机变量的概率密度函数。事实上，利用 Γ 函数的性质可以得到

$$\lim_{n\to\infty}h(t)=\frac{1}{\sqrt{2\pi}}e^{-t^2/2}, \tag{6.8}$$

所以，当 n 足够大的时候，t 分布与标准正态分布近似相同，但是 n 较小的时候，这两个分布相差较大。

t 分布的上分位点　对于给定的正数 α，$0<\alpha<1$，称满足条件

$$P(t>t_\alpha(n))=\int_{t_\alpha(n)}^{+\infty}h(t)\,\mathrm{d}t=\alpha \tag{6.9}$$

的点 $t_\alpha(n)$ 就是 $t(n)$ 分布的**上 α 分位点**，如图 6-5 所示。

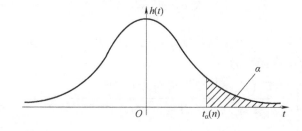

图 6-5　$t(n)$ 分布的上 α 分位点

对于不同的 $\alpha,n,t(n)$ 分布的上 α 分位点的值也制成了表，见附表 3。对于比较大的 n，例如 $n>45$，可以用正态分布的上分位点近似。由 t 分布的上 α 分位点的定义以及密度函数的对称性可知

$$t_{1-\alpha}(n)=-t_\alpha(n)。 \tag{6.10}$$

例 6.2.2　设总体 X 服从正态分布 $N(0,4^2)$，$X_1,X_2,\cdots,X_n,Y_1$，$Y_2,\cdots,Y_n$ 是来自这个总体的 $2n$ 个简单随机样本，问当 b 取何值

时，$b\dfrac{\overline{X}}{\sqrt{\sum\limits_{i=1}^{n}Y_i^2}}$服从 $t(n)$ 分布？

解　根据正态分布的性质，$\overline{X}=\dfrac{1}{n}\sum\limits_{i=1}^{n}X_i\sim N\left(0,\dfrac{4^2}{n}\right)$，将 $\overline{X}$ 标

准化，则 $Z=\dfrac{\sqrt{n}}{4}\overline{X}\sim N(0,1)$，又 $Y_i(i=1,2,\cdots,n)$ 服从 $N(0,4^2)$，

标准化后，$\dfrac{Y_i}{4}(i=1,2,\cdots,n)$ 服从 $N(0,1)$，根据 χ^2 分布的定

义，得

$$\chi^2=\sum_{i=1}^{n}\left(\frac{Y_i}{4}\right)^2\sim\chi^2(n),$$

由于 $X_1,X_2,\cdots,X_n$ 与 $Y_1,Y_2,\cdots,Y_n$ 相互独立，所以 Z 与 χ^2 也是相

互独立的，根据 t 分布的定义，$Z/\sqrt{\chi^2/n}=n\dfrac{\overline{X}}{\sqrt{\sum\limits_{i=1}^{n}Y_i^2}}\sim t(n)$，所以

当 $b=n$ 时，$b\dfrac{\overline{X}}{\sqrt{\sum\limits_{i=1}^{n}Y_i^2}}$ 服从 $t(n)$ 分布。

3. F 分布

设 $U\sim\chi^2(n_1)$，$V\sim\chi^2(n_2)$，且 U,V 相互独立，则称随机变量

$$F=\frac{U/n_1}{V/n_2} \tag{6.11}$$

服从自由度为 (n_1,n_2) 的 **F 分布**，记为 $F\sim F(n_1,n_2)$。$F(n_1,n_2)$ 分布的概率密度函数为

$$f(y)=\begin{cases}\dfrac{\Gamma\left[(n_1+n_2)/2\right](n_1/n_2)^{n_1/2}y^{n_1/2-1}}{\Gamma(n_1/2)\Gamma(n_2/2)\left[1+(n_1y/n_2)\right]^{(n_1+n_2)/2}}, & y>0,\\[4mm] 0, & \text{其他}。\end{cases} \tag{6.12}$$

密度函数的图像如图 6-6 所示。

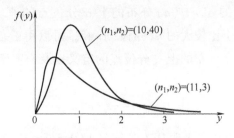

图 6-6　F 分布密度函数图像

由定义可知，若 $F \sim F(n_1, n_2)$，那么

$$\frac{1}{F} \sim F(n_2, n_1)。 \tag{6.13}$$

F 分布的上分位点　对于给定的正数 α，$0 < \alpha < 1$，称满足条件

$$P(F > F_\alpha(n_1, n_2)) = \int_{F_\alpha(n_1, n_2)}^{+\infty} f(y)\,\mathrm{d}y = \alpha \tag{6.14}$$

的点 $F_\alpha(n_1, n_2)$ 就是 F 分布的**上 α 分位点**，如图 6-7 所示。

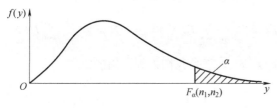

图 6-7　F 分布的上 α 分位点

F 分布的上分位点有如下性质：

$$F_{1-\alpha}(n_1, n_2) = \frac{1}{F_\alpha(n_2, n_1)}。 \tag{6.15}$$

例 6.2.3　设总体 X 服从正态分布 $N(0, 4^2)$，总体 Y 服从正态分布 $N(0, 5^2)$，X 与 Y 相互独立，$X_1, X_2, \cdots, X_{10}$ 是来自总体 X 的 10 个简单随机样本，$Y_1, Y_2, \cdots, Y_{15}$ 是来自总体 Y 的 15 个简单随机样本，问当 c 取何值时，$c \dfrac{\sum\limits_{i=1}^{15} Y_i^2}{\sum\limits_{i=1}^{10} X_i^2}$ 服从 $F(15, 10)$ 分布？

解　根据 χ^2 分布的定义，$U = \dfrac{1}{25}\sum\limits_{i=1}^{15} Y_i^2 \sim \chi^2(15)$，$V = \dfrac{1}{16}\sum\limits_{i=1}^{10} X_i^2 \sim \chi^2(10)$，而 U 与 V 又相互独立，根据 F 分布的定义，$\dfrac{U/15}{V/10} = \dfrac{32}{75} \dfrac{\sum\limits_{i=1}^{15} Y_i^2}{\sum\limits_{i=1}^{10} X_i^2} \sim F(15, 10)$，所以 $c = \dfrac{32}{75}$ 时，$c \dfrac{\sum\limits_{i=1}^{15} Y_i^2}{\sum\limits_{i=1}^{10} X_i^2}$ 服从 $F(15, 10)$ 分布。

习题 6.2

1. 设样本 $X_1, X_2, \cdots, X_6$ 来自标准正态分布 $N(0,1)$，$Y = (X_1 + X_2 + X_3)^2 + (X_4 + X_5 + X_6)^2$，常数 C 取多少时，CY 服从 χ^2 分布？

2. 设样本 $X_1, X_2, \cdots, X_6$ 来自标准正态分布 $N(0,1)$，$Y = \dfrac{C(X_1 + X_2 + X_3)}{(X_4^2 + X_5^2 + X_6^2)^{1/2}}$，常数 C 取多少时，CY 服从 t 分布？

3. 设 X 服从 $t(n)$ 分布，X^2 服从什么分布？

6.3   正态总体的抽样分布定理

样本均值 $\bar{X}$ 和样本方差 S^2 是统计数据中两个重要的统计量，那么它们的分布又是什么呢？我们知道，如果总体服从正态分布 $N(\mu,\sigma^2)$，那么由正态分布的性质可以知道，样本均值 $\bar{X}$ 作为样本的线性组合也是服从正态分布的。

由于 $E(\bar{X})=\dfrac{1}{n}\sum\limits_{i=1}^{n}E(X_i)=\mu$，$D(\bar{X})=\dfrac{1}{n^2}\sum\limits_{i=1}^{n}D(X_i)=\dfrac{\sigma^2}{n}$，所以 $\bar{X}\sim N(\mu,\sigma^2/n)$。于是我们得到下面的定理。

视频：抽样分布

> **定理 6.1**   设 $X_1,X_2,\cdots,X_n$ 是来自正态总体 $N(\mu,\sigma^2)$ 的样本，$\bar{X}$ 是样本均值，那么
> $$\bar{X}\sim N(\mu,\sigma^2/n)。\qquad(6.16)$$

例 6.3.1   样本 $X_1,X_2,\cdots,X_{10}$ 来自正态分布 $N(\mu,1)$，$\bar{X}$ 表示样本均值，求概率 $P(\sqrt{10}\,|\,\bar{X}-\mu\,|<2)$。

解   根据定理 6.1，$\dfrac{\bar{X}-\mu}{1/\sqrt{10}}\sim N(0,1)$，所以

$$P(\sqrt{10}\,|\,\bar{X}-\mu\,|<2)=\Phi(2)-\Phi(-2)=2\Phi(2)-1=2\times0.9772-1=0.9544。$$

样本方差 S^2 是衡量样本数据的分散程度的统计量，其均值为

$$E(S^2)=\frac{1}{n-1}\sum_{i=1}^{n}E(X_i-\bar{X})^2=\frac{1}{n-1}\sum_{i=1}^{n}E(X_i^2-2X_i\bar{X}+\bar{X}^2)$$

$$=\frac{1}{n-1}\left(\sum_{i=1}^{n}E(X_i^2)-nE(\bar{X}^2)\right)=\frac{1}{n-1}\left[n(\mu^2+\sigma^2)-n\left(\mu^2+\frac{\sigma^2}{n}\right)\right]=\sigma^2。$$

关于样本方差有如下定理：

> **定理 6.2**   设 $X_1,X_2,\cdots,X_n$ 是来自正态总体 $N(\mu,\sigma^2)$ 的样本，$\bar{X}$ 是样本均值，S^2 是样本方差，那么有
> $$(1)\ \frac{(n-1)S^2}{\sigma^2}\sim\chi^2(n-1)；\qquad(6.17)$$
> (2) $\bar{X}$ 与 S^2 是相互独立的。
> 证明从略。

例 6.3.2   样本 $X_1,X_2,\cdots,X_{10}$ 来自正态分布 $N(\mu,\sigma^2)$，S^2 是样本方差，求概率 $P\left(\dfrac{S^2}{\sigma^2}>0.3694\right)$。

解　根据定理 6.2，$\dfrac{9S^2}{\sigma^2} \sim \chi^2(9)$，所以

$$P\left(\frac{S^2}{\sigma^2} > 0.3694\right) = P\left(\frac{9S^2}{\sigma^2} > 3.3246\right) \approx 0.95。$$

定理 6.3　设 $X_1, X_2, \cdots, X_n$ 是来自总体 $N(\mu, \sigma^2)$ 的样本，$\overline{X}$，S^2 分别是样本均值和样本方差，则有

$$\frac{\overline{X} - \mu}{S/\sqrt{n}} \sim t(n-1)。 \tag{6.18}$$

证　由定理 6.1 可知 $\dfrac{\overline{X} - \mu}{\sigma/\sqrt{n}} \sim N(0,1)$，由定理 6.2 可知

$\dfrac{(n-1)S^2}{\sigma^2} \sim \chi^2(n-1)$，以及 $\overline{X}$ 与 S^2 是相互独立的，根据 t 分布的定

义可以得到 $\dfrac{\overline{X} - \mu}{\sigma/\sqrt{n}} \Big/ \sqrt{\dfrac{(n-1)S^2}{\sigma^2} \Big/ (n-1)} = \dfrac{\overline{X} - \mu}{S/\sqrt{n}} \sim t(n-1)。$

例 6.3.3　样本 $X_1, X_2, \cdots, X_{16}$ 来自正态分布 $N(\mu, \sigma^2)$，$\overline{X}$ 表示

样本均值，S^2 是样本方差，求概率 $P\left(\dfrac{|\overline{X} - \mu|}{S} > 0.2685\right)$。

解　根据定理 6.3，$t = \dfrac{\overline{X} - \mu}{S/\sqrt{16}} \sim t(15)$，所以

$$\begin{aligned}
P\left(\frac{|\overline{X} - \mu|}{S} > 0.2685\right) &= P\left(\frac{|\overline{X} - \mu|}{S/\sqrt{16}} > 1.074\right) \\
&= P(|t| > 1.074) \\
&= 2P(t > 1.074) \\
&= 2 \times 0.15 \\
&= 0.3。
\end{aligned}$$

对于两个正态总体的样本均值和样本方差，有如下的定理。

定理 6.4　设 $X_1, X_2, \cdots, X_n$ 是来自总体 $N(\mu_1, \sigma_1^2)$ 的样本，$Y_1, Y_2, \cdots, Y_m$ 是来自总体 $N(\mu_2, \sigma_2^2)$ 的样本，且这两个样本相互独立，设 $\overline{X}$，S_1^2 分别是第一组样本的样本均值和样本方差，$\overline{Y}$，S_2^2 分别是第二组样本的样本均值和样本方差，则有

(1) $\dfrac{S_1^2/S_2^2}{\sigma_1^2/\sigma_2^2} \sim F(n-1, m-1)$；

(2) 当 $\sigma_1^2 = \sigma_2^2 = \sigma^2$ 时，

$$\frac{(\overline{X}-\overline{Y})-(\mu_1-\mu_2)}{S_w\sqrt{\dfrac{1}{n}+\dfrac{1}{m}}}\sim t(n+m-2),$$

其中
$$S_w^2=\frac{(n-1)S_1^2+(m-1)S_2^2}{n+m-2},\quad S_w=\sqrt{S_w^2}。$$

证　（1）由定理 6.2 知，$\dfrac{(n-1)S_1^2}{\sigma_1^2}\sim\chi^2(n-1)$，$\dfrac{(m-1)S_2^2}{\sigma_2^2}\sim$

$\chi^2(m-1)$。因为两个样本相互独立，所以 $\dfrac{(n-1)S_1^2}{\sigma_1^2}$ 与 $\dfrac{(m-1)S_2^2}{\sigma_2^2}$ 相互

独立。根据 F 分布的定义，$\dfrac{S_1^2}{\sigma_1^2}\bigg/\dfrac{S_2^2}{\sigma_2^2}=\dfrac{S_1^2/S_2^2}{\sigma_1^2/\sigma_2^2}\sim F(n-1,m-1)$。

（2）根据条件易知 $\overline{X}-\overline{Y}\sim N\left(\mu_1-\mu_2,\ \sigma^2\left(\dfrac{1}{n}+\dfrac{1}{m}\right)\right)$，也就是

$$U=\frac{(\overline{X}-\overline{Y})-(\mu_1-\mu_2)}{\sigma\sqrt{\dfrac{1}{n}+\dfrac{1}{m}}}\sim N(0,1),$$

因为 $\dfrac{(n-1)S_1^2}{\sigma^2}\sim\chi^2(n-1)$，$\dfrac{(m-1)S_2^2}{\sigma^2}\sim\chi^2(m-1)$，根据 χ^2 分布的可

加性，

$$V=\frac{(n-1)S_1^2+(m-1)S_2^2}{\sigma^2}\sim\chi^2(n+m-2),$$

再根据样本均值与样本方差的相互独立性，以及 t 分布的定义知

$$\frac{U}{\sqrt{V/(n+m-2)}}=\frac{(\overline{X}-\overline{Y})-(\mu_1-\mu_2)}{S_w\sqrt{\dfrac{1}{n}+\dfrac{1}{m}}}\sim t(n+m-2)。$$

以上四个定理非常重要，可以用来求样本均值和样本方差落在某个范围的概率。在后面的学习中，区间估计和假设检验也会多次用到这几个定理。

习题 6.3

1. 在总体 $N(56,6.3^2)$ 中随机抽取容量为 36 的样本，求样本均值 $\overline{X}$ 落在区间 $(50.8,53.8)$ 之间的概率。

2. 在总体 $N(\mu,\sigma^2)$ 中抽取一个容量为 16 的样本，这里 μ,σ^2 均未知，

(1) 求 $P(S^2/\sigma^2\leqslant 2.041)$，其中 S^2 为样本方差；

(2) 求 $D(S^2)$；

(3) 若 $S^2=9$，求 $P(|\overline{X}-\mu|\leqslant 2)$。

小结 6

数理统计的研究对象是某个数量指标，而这一指标的全部可能的取值构成一个总体，这个总体对应一个随机变量 X，以后将不区分总体 X 和相应的随机变量 X，统称为总体 X。随机变量 X 服从什么分布，总体就服从什么分布，所以有时候也把总体 X 叫作总体 F，即用分布来表示总体。

在相同条件下，对总体 X 进行 n 次重复独立观测，得到 n 个随机变量 $X_1, X_2, \cdots, X_n$，称 $X_1, X_2, \cdots, X_n$ 为来自总体 X 的一个简单随机样本。它具有两条性质：

(1) $X_1, X_2, \cdots, X_n$ 都与总体 X 服从相同的分布；

(2) $X_1, X_2, \cdots, X_n$ 是相互独立的。

不含任何未知参数的样本函数 $g(X_1, X_2, \cdots, X_n)$ 称为统计量。样本均值

$$\overline{X} = \frac{1}{n} \sum_{i=1}^{n} X_i$$

和样本方差

$$S^2 = \frac{1}{n-1} \sum_{i=1}^{n} (X_i - \overline{X})^2 = \frac{1}{n-1} \left(\sum_{i=1}^{n} X_i^2 - n\overline{X}^2 \right)$$

是两个最重要的统计量。

统计量的分布称为抽样分布，有三个重要的抽样分布，分别是 χ^2 分布、t 分布和 F 分布，在统计推断中起着重要的作用。

关于样本均值 $\overline{X}$ 和样本方差 S^2 有一些重要的结论：

(1) 如果总体 X 的期望和方差都存在，且期望 $E(X) = \mu$，方差 $D(X) = \sigma^2$，$X_1, X_2, \cdots, X_n$ 是来自这个总体的简单随机样本，则

$$E(\overline{X}) = \mu,$$

$$D(\overline{X}) = \frac{1}{n} \sigma^2,$$

$$E(S^2) = \sigma^2。$$

(2) 如果总体服从正态分布 $N(\mu, \sigma^2)$，$X_1, X_2, \cdots, X_n$ 是来自这个总体的简单随机样本，那么

$$\frac{\overline{X} - \mu}{\sigma / \sqrt{n}} \sim N(0, 1),$$

$$\frac{(n-1)S^2}{\sigma^2} \sim \chi^2(n-1),$$

$\overline{X}$ 与 S^2 是相互独立的，

$$\frac{\overline{X}-\mu}{S/\sqrt{n}}\sim t(n-1)。$$

章节测验 6

1. 设随机变量 $X_1,X_2,\cdots,X_n$ 相互独立且都服从标准正态分布，则 $(X_1+X_2+\cdots+X_n)/n$ 和 $(n-1)S^2$ 分别服从什么分布？

2. 设 $X_1,X_2,\cdots,X_n$ 是来自正态总体 $N(\mu,\sigma^2)$ 的样本，则 $\frac{1}{\sigma^2}\sum_{i=1}^{n}(X_i-\mu)^2$ 服从什么分布？

3. 设 $X_1,X_2,\cdots,X_9$ 和 $Y_1,Y_2,\cdots,Y_9$ 是分别来自总体 X 和 Y 的简单随机样本，X 和 Y 相互独立且都服从 $N(0,9)$，求统计量 $\dfrac{X_1+X_2+\cdots+X_9}{\sqrt{Y_1^2+Y_2^2+\cdots+Y_9^2}}$ 所服从的分布。

4. (1) 已知某种能力测试的得分服从正态分布 $N(\mu,\sigma^2)$，随机抽取 10 人参与这一测试，求他们得分的平均值小于 μ 的概率；

(2) 在(1)中设 $\mu=62$，$\sigma^2=25$，若得分超过 70 分就能获奖，求至少有一人获奖的概率。

5. 设总体 $X\sim N(\mu,\sigma^2)$，抽取容量为 9 的样本，样本方差 $S^2=18.45$，求 $P(|\overline{X}-\mu|<2)$。

6. 设总体 $X\sim N(\mu,2^2)$，抽取容量为 16 的样本 $X_1,X_2,\cdots,X_{16}$，求 $P\left(\sum_{i=1}^{16}(X_i-\overline{X})^2<100\right)$。

7. 设总体 $X\sim N(\mu,\sigma^2)$，$X_1,X_2,\cdots,X_{10}$ 是来自 X 的样本，求 $E(\overline{X})$，$D(\overline{X})$，$E(S^2)$。

8. 设总体 $X\sim N(\mu,\sigma^2)$，$X_1,X_2,\cdots,X_{10}$ 是来自 X 的样本，

(1) 写出 $X_1,X_2,\cdots,X_{10}$ 的联合概率密度；

(2) 写出 $\overline{X}$ 的概率密度。

9. 求总体 $N(20,3)$ 的容量分别为 10，15 的两个独立样本均值差的绝对值大于 0.3 的概率。

10. 表 6-3 是 72 个城市在 2017 年的年平均 $PM_{2.5}$ 的浓度，单位是 $\mu g/m^3$，该数据来自《中国环境统计年鉴 2018》。请绘制这 72 个城市的 $PM_{2.5}$ 平均浓度的直方图。

表 6-3　各城市 2017 年的年平均 $PM_{2.5}$ 浓度表

城市	$PM_{2.5}$	城市	$PM_{2.5}$	城市	$PM_{2.5}$
北京	58	深圳	28	牡丹江	36
天津	62	珠海	30	上海	39
石家庄	86	汕头	29	南京	40
唐山	66	湛江	29	无锡	44
秦皇岛	44	南宁	35	徐州	66
邯郸	86	柳州	45	常州	48
保定	84	桂林	44	苏州	42
太原	65	北海	28	南通	39
大同	36	海口	20	连云港	45
阳泉	61	重庆	45	扬州	54
长治	60	成都	56	镇江	55
临汾	79	自贡	66	杭州	45
呼和浩特	43	攀枝花	34	宁波	37
包头	44	泸州	53	西安	73
赤峰	34	德阳	51	铜川	52
沈阳	50	绵阳	48	宝鸡	58
大连	34	南充	46	咸阳	79
鞍山	48	宜宾	57	渭南	70
抚顺	47	贵阳	32	延安	42
本溪	40	遵义	33	兰州	49
锦州	48	昆明	28	金昌	24
长春	46	曲靖	28	西宁	34
哈尔滨	58	玉溪	23	银川	48
齐齐哈尔	38	拉萨	20	乌鲁木齐	70

R 实验 6

实验 6.1　绘制正态分布频数直方图

首先生成 1000 个服从标准正态分布的随机数。使用 hist( ) 函数创建频数直方图。

```
> x<-rnorm(1000,0,1)
> hist(x,freq=T)
```

其运行结果如图 6-8 所示。

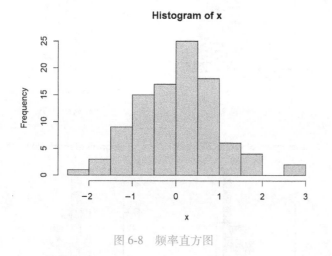

图 6-8　频率直方图

实验 6.2　绘制多幅直方图

```
> par(mfrow=c(2,3))
> for(i in 1:6)(hist(rnorm(200,0,1),col=blues9))
```

由于这里是对生成的随机数绘制直方图，所以每次运行的结果会不一样，如图 6-9 所示。

实验 6.3　认识卡方分布

设置不同的自由度，观察卡方分布图形的变化。

```
> #===chi-squared distribution===
> chif <-function(x,df) {
+    dchisq(x,df=df)
+ }

> ##===卡方分布,自由度 df=1,2,4,6 and 10===
> curve(chif(x,df=1),0,20,ylab="p(x)",lwd=2)
```

```
> curve(chif(x,df=2),0,20,col=2,add=TRUE,lwd=2)
> curve(chif(x,df=4),0,20,col=3,add=TRUE,lwd=2)
> curve(chif(x,df=6),0,20,col=4,add=TRUE,lwd=2)
> curve(chif(x,df=10),0,20,col=5,add=TRUE,lwd=2)
> legend("topright", legend = c("df = 1","df = 2","df = 4",
"df = 6","df = 10"),col=1:5,lty=1,lwd=2)
```

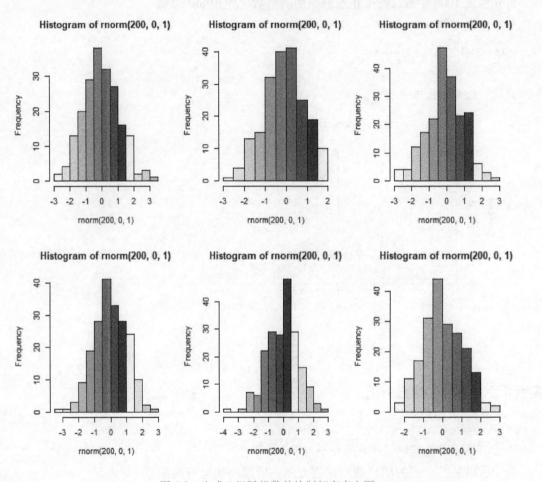

图 6-9　生成 6 组随机数并绘制频率直方图

其运行结果如图 6-10 所示。

再换一组参数，观察图形的变化。

```
> ##===卡方分布，自由度 df=14,16 and 20===
> curve(dchisq(x,14),0,50,col = "Orange",lwd = 3,ylab =
"p(x)")
> curve(dchisq(x,16),0,50,col="blue",add=TRUE,lwd=3)
> curve(dchisq(x,20),0,50,col="black",add=TRUE,lwd=3)
> legend("topright",legend=c("df=14","df=16","df=20"),
col=c("Orange","blue","black"),lty=1,lwd=2)
```

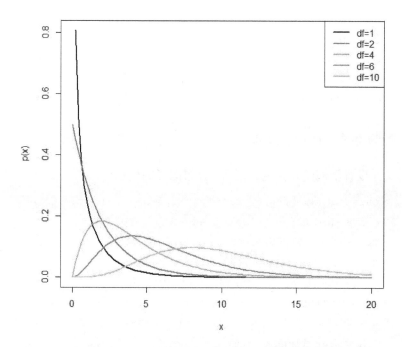

图 6-10　自由度分别为 1,2,4,6,10 时的卡方分布概率密度函数图

其运行结果如图 6-11 所示。

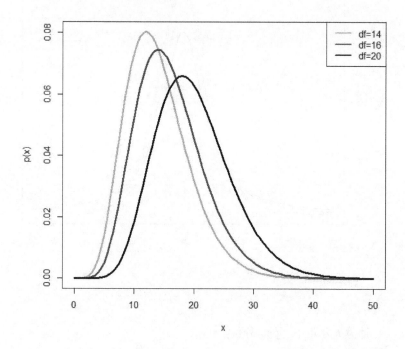

图 6-11　自由度分别为 14,16 和 20 时的卡方分布概率密度函数图

计算卡方分布分位点的值。在 R 中，以 q 为前缀计算的是分布函数的反函数，即给定概率 p 后，给出下分位点的值。

实验代码：

```
> qchisq(0.95,10)
[1] 18.30704
> dchisq(18.30704,10)
[1] 0.01548061
```

实验 6.4　认识 *t* 分布

设置不同的自由度，观察 *t* 分布图形的变化。

```
> curve(dt(x,1),-6,6,ylab="p(x)",lwd=2,ylim=c(0,0.4))
> curve(dt(x,2),-6,6,col=2,add=TRUE,lwd=2)
> curve(dt(x,5),-6,6,col=3,add=TRUE,lwd=2)
> curve(dt(x,10),-6,6,col=4,add=TRUE,lwd=2)
> curve(dnorm(x),col=6,add=TRUE,lwd=4)
> legend("topright",legend=c("df=1","df=2","df=5",
"df=10","df=Inf"),col=c(1:4,6),  lwd=2)
```

其运行结果如图 6-12 所示。

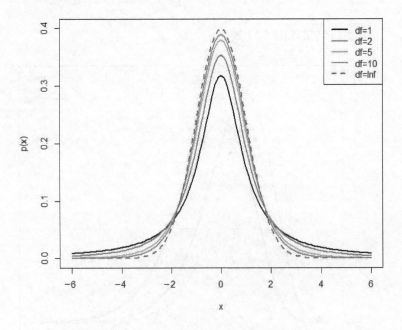

图 6-12　不同自由度的 *t* 分布概率密度函数图

计算 *t* 分布下 alpha 分位点的值。

```
> qt(0.025,10)
[1]-2.228139
> qt(0.975,10)
[1] 2.228139
```

实验 6.5 正态分布和 t 分布的图形

```
> curve(dt(x,4),-6,6,col=4,lwd=3,ylim=c(0,0.4),ylab=
"p(x)")
> curve(dnorm(x),col=6,add=TRUE,lwd=3)
> legend("topright",legend=c("t(4)","N(0,1)"),col=c(4,
6),lwd=3)
```

其运行结果如图 6-13 所示。

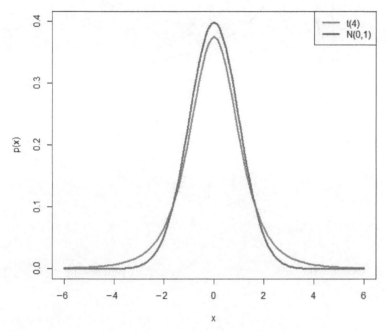

图 6-13 t 分布与标准正态分布概率密度函数的对比图

实验 6.6 认识 F 分布

设置不同的自由度，观察 F 分布图形的变化。

```
> curve(df(x,4,1),0,4,ylab="p(x)",lwd=2,ylim=c(0,0.8))
> curve(df(x,4,4),0,4,col=2,add=TRUE,lwd=2)
> curve(df(x,4,10),0,4,col=3,add=TRUE,lwd=2)
> curve(df(x,4,4000),0,4,col=4,add=TRUE,lwd=2)
> legend("topright",legend=c("F(4,1)","F(4,4)","F(4,
10)","F(4,4000)"),col=1:4,lwd=2)
```

其运行结果如图 6-14 所示。

计算 F 分布下 alpha 分位点的值。

```
> qf(0.95,10,5)
[1] 4.735063
> qf(0.05,5,10)
[1] 0.2111904
```

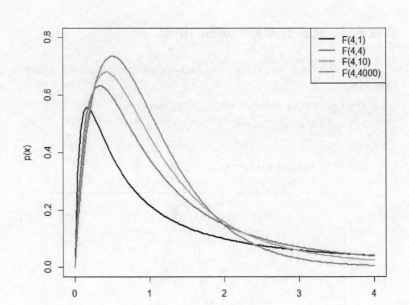

图 6-14　不同自由度的 F 分布概率密度函数图

第7章

参数估计

当总体分布中的一个或多个参数未知时，如何利用获取到的相关样本对未知参数进行估计的问题，叫作参数估计。参数估计是统计推断的重要问题，主要分为点估计和区间估计两种类型。

例如，已知总体 $X \sim N(\mu, \sigma^2)$，其中，方差 σ^2 已知，而均值 μ 未知。$X_1, X_2, \cdots, X_n$ 是取自总体 X 的样本，而 $x_1, x_2, \cdots, x_n$ 是取定的样本值。根据此样本值和已知方差 σ^2，采用某种方法估计未知均值 μ 的确定值或取值区间的问题，就是典型的参数估计问题。

7.1 点估计

7.1.1 点估计简介

点估计，又称作定值估计，是指根据获取的样本估计总体分布中的未知参数的确定值。

例 7.1.1 每分钟平均一秒钟内进入某商场的人数 X 是一个随机变量，其服从 $\lambda > 0$ 的泊松分布，即 $X \sim P(\lambda)$，其中，λ 为未知参数。已知在某小时进入该商场的人数的样本值见表 7-1，试求参数 λ 的点估计值。

表 7-1 在某小时进入某商场人数的统计情况

每分钟平均一秒钟进入该商场的人数	0	1	2	3	4	5	6	7	≥8
分钟数	6	18	17	9	5	2	2	1	0

解 泊松分布的参数 $\lambda = E(X)$，如果用样本均值估计总体均值，那么可以得到未知参数 λ 的点估计值。根据表 7-1 中的数据计算出每分钟平均一秒钟内进入某商场的样本平均人数为

$$\bar{x} = \frac{\sum_{k=0}^{7} k n_k}{\sum_{k=0}^{7} n_k} = \frac{0 \times 6 + 1 \times 18 + 2 \times 17 + 3 \times 9 + 4 \times 5 + 5 \times 2 + 6 \times 2 + 7 \times 1}{6 + 18 + 17 + 9 + 5 + 2 + 2 + 1} = \frac{128}{60} = 2.13,$$

即 $\lambda = E(X)$ 的点估计值为 2.13。

> **定义 7.1** 已知总体 X 服从分布函数为 $F(x;\theta)$ 的分布，其中，θ 为未知参数。$X_1, X_2, \cdots, X_n$ 是从总体 X 中抽取的一个样本，$x_1, x_2, \cdots, x_n$ 是该样本的一个样本值。选用合适的方法构造一个统计量 $\hat{\theta}(X_1, X_2, \cdots, X_n)$，其对应的观察值为 $\hat{\theta}(x_1, x_2, \cdots, x_n)$。$\hat{\theta}(X_1, X_2, \cdots, X_n)$ 和 $\hat{\theta}(x_1, x_2, \cdots, x_n)$ 分别称作参数 θ 的估计量和估计值。

　　因此，所谓未知参数的点估计问题，就是设法为该参数构造一个统计量，使其能在一定程度上对该参数做出合理的估计。本节学习两种常用的点估计方法：矩估计法和最大似然估计法。

7.1.2　矩估计法

视频：矩估计法

　　1894 年，著名的英国统计学家皮尔逊(Pearson)基于辛钦大数定律提出了矩估计法。该方法比较简单，易于理解，只要总体矩存在，就可以使用该方法对分布中的未知参数进行点估计。

　　当 X 为连续型随机变量时，设 $f(x;\theta_1, \theta_2, \cdots, \theta_k)$ 为其概率密度函数，其中，$\theta_1, \theta_2, \cdots, \theta_k$ 为 k 个待估计的参数。若总体 X 的前 k 阶矩 $\mu_m(\theta_1, \theta_2, \cdots, \theta_k) = E(X^m) = \int_{-\infty}^{+\infty} x^m f(x;\theta_1, \theta_2, \cdots, \theta_k) \mathrm{d}x (m = 1, 2, \cdots, k)$ 存在，则样本矩 $A_m = \dfrac{1}{n} \displaystyle\sum_{i=1}^{n} X_i^m$ 依概率收敛于对应的总体矩 $\mu_m(\theta_1, \theta_2, \cdots, \theta_k)(m = 1, 2, \cdots, k)$。当 X 为离散型随机变量时，设 $p(x;\theta_1, \theta_2, \cdots, \theta_k)$ 为其分布律($\theta_1, \theta_2, \cdots, \theta_k$ 为 k 个待估计的参数)。若总体 X 的前 k 阶矩 $\mu_m(\theta_1, \theta_2, \cdots, \theta_k) = E(X^m) = \displaystyle\sum_{x} x^m p(x; \theta_1, \theta_2, \cdots, \theta_k)$ 存在，则样本矩 $A_m = \dfrac{1}{n} \displaystyle\sum_{i=1}^{n} X_i^m$ 依概率收敛于对应的总体矩 $\mu_m(\theta_1, \theta_2, \cdots, \theta_k)(m = 1, 2, \cdots, k)$。由第 5 章中依概率收敛的序列的性质知，样本矩的连续函数 $g(A_m)$ 依概率收敛于对应的总体矩的连续函数 $g(\mu_m(\theta_1, \theta_2, \cdots, \theta_k))(m = 1, 2, \cdots, k)$。由此，自然想到用样本矩近似等于对应的总体矩或用样本矩的连续函数近似等于对应的总体矩的连续函数，即 $\mu_m(\theta_1, \theta_2, \cdots, \theta_k) = A_m$ 或 $g(\mu_m(\theta_1, \theta_2, \cdots, \theta_k)) = g(A_m)(m = 1, 2, \cdots, k)$，求解方程或方程组，就能得到待估参数 θ_m 的点估计量 $\hat{\theta}_m = \hat{\theta}_m(X_1, X_2, \cdots, X_n)(m = 1, 2, \cdots, k)$。若给定样本 $X_1, X_2, \cdots, X_n$ 一个样本值 $x_1, x_2, \cdots, x_n$，则待估参数 θ_m 的点估计值为 $\hat{\theta}_m = \hat{\theta}_m(x_1, x_2, \cdots, x_n)(m = 1, 2, \cdots, k)$。

定义 7.2　设随机变量 X 的前 k 阶总体矩和样本矩分别为 $\mu_m(\theta_1,\theta_2,\cdots,\theta_k)$ 和 A_m，前 k 阶总体矩和样本矩的连续函数分别为 $g(\mu_m(\theta_1,\theta_2,\cdots,\theta_k))$ 和 $g(A_m)$，其中，$\theta_1,\theta_2,\cdots,\theta_k$ 为 k 个待估计的参数，$g(\cdot)$ 为连续函数，$m=1,2,\cdots,k$。令 $\mu_m(\theta_1,\theta_2,\cdots,\theta_k)=A_m$ 或 $g(\mu_m(\theta_1,\theta_2,\cdots,\theta_k))=g(A_m)(m=1,2,\cdots,k)$，求解方程（当 $k=1$ 时）或方程组（当 $k\geq2$ 时），得到待估参数 θ_m 的矩估计量 $\hat{\theta}_m=\hat{\theta}_m(X_1,X_2,\cdots,X_n)(m=1,2,\cdots,k)$。若给定样本 $X_1,X_2,\cdots,X_n$ 一个样本值 $x_1,x_2,\cdots,x_n$，则待估参数 θ_m 的矩估计值 $\hat{\theta}_m=\hat{\theta}_m(x_1,x_2,\cdots,x_n)(m=1,2,\cdots,k)$。

例 7.1.2　已知随机变量 X 服从参数为 θ^{-1} 的指数分布，即 $X\sim\mathrm{Exp}(\theta^{-1})$，其中，$\theta$ 为未知参数，试求参数 θ 的矩估计量。

解　因为 $X\sim\mathrm{Exp}(\theta^{-1})$，所以 $E(X)=\theta$。由于仅有一个未知参数 θ，故仅列一个方程 $\mu_1(\theta)=A_1$ 即可。因为 $\mu_1(\theta)=E(X)=\theta$，$A_1=\overline{X}$，所以 $\hat{\theta}=\overline{X}$。

例 7.1.3　设随机变量 X 在区间 $[a,b]$ 中均匀取值，即 $X\sim U(a,b)$，其中，a 与 b 均为未知参数，试求 a 与 b 的矩估计量。

解　因为 $X\sim U(a,b)$，所以 $E(X)=\dfrac{a+b}{2}$，$D(X)=\dfrac{(b-a)^2}{12}$。

由于有 2 个未知参数，故需要联立 2 个方程 $\mu_m(a,b)=A_m$，$m=1,2$。

因为 $\mu_1(a,b)=E(X)=\dfrac{a+b}{2}$，$\mu_2(a,b)=E(X^2)=[E(X)]^2+D(X)=\left(\dfrac{a+b}{2}\right)^2+\dfrac{(b-a)^2}{12}$，$A_1=\dfrac{1}{n}\sum\limits_{i=1}^{n}X_i=\overline{X}$，$A_2=\dfrac{1}{n}\sum\limits_{i=1}^{n}X_i^2$，所以得到联立方程组

$$\begin{cases}\dfrac{a+b}{2}=\overline{X},\\[2mm]\left(\dfrac{a+b}{2}\right)^2+\dfrac{(b-a)^2}{12}=\dfrac{1}{n}\sum\limits_{i=1}^{n}X_i^2,\end{cases}$$

解得待估参数 a 与 b 的矩估计量为

$$\begin{cases}\hat{a}=\overline{X}-\sqrt{3}\,S_n,\\[2mm]\hat{b}=\overline{X}+\sqrt{3}\,S_n,\end{cases}$$

其中，$\overline{X}=\dfrac{1}{n}\sum\limits_{i=1}^{n}X_i,S_n=\dfrac{1}{n}\sum\limits_{i=1}^{n}(X_i-\overline{X})^2$。

例7.1.4 设随机变量 X 的概率密度函数为

$$f(x;\alpha,\beta)=\begin{cases}(\alpha+1)x^{\beta}, & 0<x<1,\\ 0, & \text{其他},\end{cases}$$

其中，α 与 β 均是未知参数，且 $\beta\neq-2,-3$，试求 α 与 β 的矩估计量。

解 由于有 2 个未知参数，故需要构建 2 个方程：

$$\mu_1(\alpha,\beta)=E(X)=\int_{-\infty}^{+\infty}xf(x)\,\mathrm{d}x=\int_0^1(\alpha+1)x^{\beta+1}\,\mathrm{d}x=\frac{\alpha+1}{\beta+2}=A_1,$$

$$\mu_2(\alpha,\beta)=E(X^2)=\int_{-\infty}^{+\infty}x^2f(x)\,\mathrm{d}x=\int_0^1(\alpha+1)x^{\beta+2}\,\mathrm{d}x=\frac{\alpha+1}{\beta+3}=A_2,$$

解得待估参数 α 与 β 的矩估计量为

$$\begin{cases}\hat{\alpha}=\dfrac{A_1A_2}{A_1-A_2}-1,\\[2mm]\hat{\beta}=\dfrac{3A_2-2A_1}{A_1-A_2},\end{cases}$$

其中，$A_1=\dfrac{1}{n}\sum_{i=1}^{n}X_i=\overline{X}$，$A_2=\dfrac{1}{n}\sum_{i=1}^{n}X_i^2$。

例7.1.5 在某学期，某高校某专业共有 268 名学生参加概率论与数理统计课程期末考试。表 7-2 列出的是从中随机抽取的 20 名学生的考试成绩，试求该专业所有学生成绩的平均值与标准差的矩估计值。

表 7-2 随机抽取的 20 名学生的考试成绩

序号	1	2	3	4	5	6	7	8	9	10
成绩（分）	72	63	88	91	37	53	69	87	82	76
序号	11	12	13	14	15	16	17	18	19	20
成绩（分）	69	57	78	84	94	75	71	85	67	80

解 设随机变量 X 为该专业 268 名学生的考试成绩，$\mu=E(X)$ 与 $\sigma^2=D(X)$ 分别为这些学生成绩的平均值与方差。

由于有 2 个未知参数，故需要构建 2 个方程 $\mu_1=A_1,\mu_2=A_2$。

因为

$$\mu_1=\mu,\mu_2=\sigma^2+\mu^2,A_1=\bar{x}=\frac{1}{20}\sum_{i=1}^{20}x_i=73.90,A_2=\frac{1}{20}\sum_{i=1}^{20}x_i^2=5647.60,$$

所以

$$\hat{\mu}=A_1=73.90,\hat{\sigma}=\sqrt{\hat{\sigma}^2}=\sqrt{A_2-A_1^2}=\sqrt{5647.60-73.90^2}=13.65。$$

因此，该专业所有学生成绩的平均值与标准差的矩估计值分别为 73.90 分与 13.65 分。

7.1.3 最大似然估计法

1912 年，著名的英国统计学家费希尔（Fisher）基于似然函数提出了最大似然估计法。该方法具有比较好的理论性质，可以用于解决总体分布形式已知的参数的点估计问题。本部分先介绍似然函数，再学习最大似然估计的思想、定义和步骤，最后通过几个典型实例加深对最大似然估计法的理解。

视频：最大似然估计法

设总体 X 的概率密度函数为 $f(x;\theta)$ 或分布律为 $p(X=x;\theta)=p(x;\theta)$，其中，$\theta\in\Theta$ 为分布中的未知参数，Θ 为参数 θ 的取值空间。设 $X_1,X_2,\cdots,X_n$ 为总体 X 的一个样本，$x_1,x_2,\cdots,x_n$ 为其一个样本值。样本值 $x_1,x_2,\cdots,x_n$ 的联合概率密度函数或联合分布律为

$$f(x_1,x_2,\cdots,x_n;\theta)=\prod_{i=1}^{n}f(x_i;\theta)\ \text{或}\ p(X=x_1,X=x_2,\cdots,X=x_n;\theta)$$

$$=\prod_{i=1}^{n}p(X=x_i;\theta)=\prod_{i=1}^{n}p(x_i;\theta)。$$

事实上，它们仅是参数 θ 的函数，称为似然函数，记为 $L(\theta)$，即

$$L(\theta)=L(x_1,x_2,\cdots,x_n;\theta)=\prod_{i=1}^{n}f(x_i;\theta)\ \text{或}$$

$$L(\theta)=L(X=x_1,X=x_2,\cdots,X=x_n;\theta)=\prod_{i=1}^{n}p(x_i;\theta)。$$

在某个试验中，若某个结果出现，则一般认为该结果出现的概率最大。同理，若样本 $X_1,X_2,\cdots,X_n$ 取到了样本值 $x_1,x_2,\cdots,x_n$，则说明取到该样本值的概率 $L(\theta)$ 最大。$L(\theta)$ 是有关参数 $\theta\in\Theta$ 的函数，若当 $\theta=\theta_0$ 时，概率 $L(\theta)$ 最大，则将 θ_0 作为参数真值的估计值比较合理。似然函数 $L(\theta)$ 可以理解为度量参数 θ 更像其真值的程度。以上就是最大似然估计法的直观想法。

> **定义 7.3** 设总体 X 的分布函数为 $F(x;\theta)$，其中，分布 F 的形式已知，$\theta\in\Theta$ 为未知参数，Θ 为参数 θ 的取值空间。$X_1,X_2,\cdots,X_n$ 为总体 X 的一个样本，$x_1,x_2,\cdots,x_n$ 为其一个样本值，$L(\theta)=L(x_1,x_2,\cdots,x_n;\theta)$（连续情形）或 $L(\theta)=L(X=x_1,X=x_2,\cdots,X=x_n;\theta)$（离散情形）是参数 θ 的似然函数。若在参数空间 Θ 中存在使得 $L(\theta)$ 达到最大值的统计值 $\hat{\theta}(x_1,x_2,\cdots,x_n)$，即 $\hat{\theta}(x_1,x_2,\cdots,x_n)=\underset{\theta\in\Theta}{\operatorname{argmax}}L(\theta)$，则称统计值 $\hat{\theta}(x_1,x_2,\cdots,x_n)$ 为参数 θ 的最大似然估计值，对应的统计量 $\hat{\theta}(X_1,X_2,\cdots,X_n)$ 为参数 θ 的最大似然估计量。

通常情况下，最大似然估计法的求解步骤如下：

（1）构造参数 θ 的似然函数

$$L(\theta) = \begin{cases} L(x_1, x_2, \cdots, x_n; \theta) = \prod\limits_{i=1}^{n} f(x_i; \theta), & \text{总体 } X \text{ 为连续型随机变量，} \\ L(X=x_1, X=x_2, \cdots, X=x_n; \theta) = \prod\limits_{i=1}^{n} p(x_i; \theta), & \text{总体 } X \text{ 为离散型随机变量。} \end{cases}$$

（2）为了便于求解参数 θ，需要对似然函数 $L(\theta)$ 取自然对数，将连乘转换为连加，即

$$\ln L(\theta) = \sum_{i=1}^{n} \ln f(x_i; \theta) \text{ 或 } \ln L(\theta) = \sum_{i=1}^{n} \ln p(x_i; \theta)。$$

（3）似然函数 $L(\theta)$ 与经自然对数变换后的函数 $\ln L(\theta)$ 等价，即求 $L(\theta)$ 的最大值点等价于求 $\ln L(\theta)$ 的最大值点。函数 $\ln L(\theta)$ 对未知参数 θ 求导数，并令其为 0，即

$$\frac{d[\ln L(\theta)]}{d\theta} = 0。$$

（4）求解上述方程，得到参数 θ 的最大似然估计值 $\hat{\theta}(x_1, x_2, \cdots, x_n)$，对应的最大似然估计量为 $\hat{\theta}(X_1, X_2, \cdots, X_n)$。

例 7.1.6　设总体 X 服从参数为 λ 的泊松分布，即 $X \sim P(\lambda)$，其中，λ 为未知参数。当总体 X 的一个样本值为 $x_1, x_2, \cdots, x_n$ 时，试求参数 λ 的最大似然估计值。

解　根据泊松分布的分布律为

$$P(X=x_i) = \frac{\lambda^{x_i}}{x_i!} e^{-\lambda}, i = 1, 2, \cdots, n,$$

所以参数 λ 的似然函数为

$$L(\lambda) = \prod_{i=1}^{n} \left(\frac{\lambda^{x_i}}{x_i!} e^{-\lambda} \right) = e^{-n\lambda} \frac{\lambda^{\sum\limits_{i=1}^{n} x_i}}{\prod\limits_{i=1}^{n} x_i!}。$$

对似然函数 $L(\lambda)$ 取自然对数，得到

$$\ln L(\lambda) = -n\lambda + \left(\sum_{i=1}^{n} x_i \right) \ln \lambda - \ln \left(\prod_{i=1}^{n} x_i! \right),$$

函数 $\ln L(\lambda)$ 对 λ 求导数，并令其为 0，即

$$\frac{d[\ln L(\lambda)]}{d\lambda} = -n + \frac{1}{\lambda} \sum_{i=1}^{n} x_i = 0,$$

求得参数 λ 的最大似然估计值为

$$\hat{\lambda} = \frac{1}{n} \sum_{i=1}^{n} x_i = \bar{x}。$$

例 7.1.7　已知某场远距离手枪射击打靶比赛中，某位运动员 10 次射击中有 8 枪击中目标，试求该运动员每次射击击中目标的概率的最大似然估计值。

解　设该运动员共射击 n 次，其中，有 $m(m \leq n)$ 次击中目标，每次射击击中目标的概率为 p，具体射击情况为 $x_1, x_2, \cdots, x_n$，其中，$x_i = 0, 1$（1 表示击中，0 表示未击中）。

因为在每次射击中，该运动员是否击中目标服从两点分布，即

$$P(X = x_i) = p^{x_i}(1-p)^{1-x_i}, x_i = 0, 1, i = 1, 2, \cdots, n。$$

所以参数 p 的似然函数为

$$L(p) = \prod_{i=1}^{n} \left[p^{x_i}(1-p)^{1-x_i} \right] = p^{\sum_{i=1}^{n} x_i}(1-p)^{n-\sum_{i=1}^{n} x_i}。$$

对似然函数 $L(p)$ 取自然对数，得到

$$\ln L(p) = \left(\sum_{i=1}^{n} x_i \right) \ln p + \left(n - \sum_{i=1}^{n} x_i \right) \ln(1-p)。$$

函数 $\ln L(p)$ 对 p 求导数，并令其为 0，即

$$\frac{\mathrm{d}[\ln L(p)]}{\mathrm{d}p} = \frac{1}{p}\left(\sum_{i=1}^{n} x_i \right) - \frac{1}{1-p}\left(n - \sum_{i=1}^{n} x_i \right) = 0,$$

求得参数 p 的最大似然估计值为

$$\hat{p} = \frac{1}{n} \sum_{i=1}^{n} x_i = \bar{x}。$$

由于 $n = 10, m = 8$，故 $\hat{p} = \frac{1}{n} \sum_{i=1}^{n} x_i = \frac{8}{10} = 0.80。$

因此，该运动员每次射击击中目标的概率的最大似然估计值为 0.80。

例 7.1.8　已知实际的轴承直径与规定的轴承直径的偏差服从正态分布 $N(\mu, \sigma^2)$，其中，μ 与 σ^2 是未知均值与方差。从某轴承生产厂家生产的轴承中随机抽取 50 件，测得其偏差为 $x_1, x_2, \cdots, x_{50}$。经计算，$\sum_{i=1}^{50} x_i = 6\text{mm}$，$\sum_{i=1}^{50} x_i^2 = 1.32\text{mm}^2$。试求参数 μ 与 σ^2 的最大似然估计值。

解　设 $x_1, x_2, \cdots, x_n$ 是取自该正态总体的样本值。

构造似然函数

$$L(\mu, \sigma^2) = \prod_{i=1}^{n} \frac{1}{\sqrt{2\pi}\sigma} e^{-\frac{(x_i-\mu)^2}{2\sigma^2}} = (2\pi)^{-\frac{n}{2}} \sigma^{-n} e^{-\frac{1}{2\sigma^2}\sum_{i=1}^{n}(x_i-\mu)^2}。$$

对似然函数 $L(\mu, \sigma^2)$ 取自然对数，得到

$$\ln L(\mu,\sigma^2) = -\frac{n}{2}\ln(2\pi) - \frac{n}{2}\ln\sigma^2 - \frac{1}{2\sigma^2}\sum_{i=1}^{n}(x_i-\mu)^2。$$

函数 $\ln L(\mu,\sigma^2)$ 分别对 μ 与 σ^2 求偏导数，并令其为 0，即

$$\begin{cases} \dfrac{\partial[\ln L(\mu,\sigma^2)]}{\partial\mu} = \dfrac{1}{\sigma^2}\sum_{i=1}^{n}(x_i-\mu) = 0, \\[3mm] \dfrac{\partial[\ln L(\mu,\sigma^2)]}{\partial(\sigma^2)} = -\dfrac{n}{2\sigma^2} + \dfrac{1}{2\sigma^4}\sum_{i=1}^{n}(x_i-\mu)^2 = 0, \end{cases}$$

解得

$$\hat{\mu} = \frac{1}{n}\sum_{i=1}^{n}x_i = \bar{x}, \quad \hat{\sigma}^2 = \frac{1}{n}\sum_{i=1}^{n}(x_i-\bar{x})^2 = s_n^2。$$

因为 $n=50$，$\sum_{i=1}^{50}x_i = 6$，$\sum_{i=1}^{50}x_i^2 = 1.32$，所以参数 μ 与 σ^2 的最大似然估计值分别为

$$\hat{\mu} = \frac{6}{50} = 0.12, \quad \hat{\sigma}^2 = \frac{1}{50}\sum_{i=1}^{50}(x_i-\bar{x})^2 = \frac{1}{50}\sum_{i=1}^{50}x_i^2 - \bar{x}^2 = \frac{1.32}{50} - \left(\frac{6}{50}\right)^2 = 0.012。$$

例 7.1.9　设总体 X 服从区间 $[a,b]$ 上的均匀分布，即 $X \sim U(a,b)$，其中，a 与 b 为未知参数，试求参数 a 与 b 的最大似然估计值。

解　因为 $X \sim U(a,b)$，所以 $f(x;a,b) = \dfrac{1}{b-a}I(a \leqslant x \leqslant b)$，其中，$I(a \leqslant x \leqslant b)$ 是示性函数：当 $a \leqslant x \leqslant b$ 时，$I(a \leqslant x \leqslant b) = 1$；否则，$I(a \leqslant x \leqslant b) = 0$。

构造似然函数

$$L(a,b) = \prod_{i=1}^{n}f(x_i;a,b) = \prod_{i=1}^{n}\left[\frac{1}{b-a}I(a \leqslant x_i \leqslant b)\right]$$

$$= \frac{1}{(b-a)^n}I(a \leqslant x_{(1)} \leqslant x_{(n)} \leqslant b),$$

其中，$x_{(1)} = \min\{x_1,x_2,\cdots,x_n\}$，$x_{(n)} = \max\{x_1,x_2,\cdots,x_n\}$。

若通过似然函数或经自然对数变换后的似然函数对未知参数求偏导数，并令其为 0 的方式求解最大似然估计值，发现两个偏导数都不可能为 0，故需要换一种求最大值点的方法。若要使似然函数 $L(a,b)$ 最大，则需要分子 $I(a \leqslant x_{(1)} \leqslant x_{(n)} \leqslant b)$ 最大，分母 $(b-a)^n$ 最小。当 $a \leqslant x_{(1)} \leqslant x_{(n)} \leqslant b$ 时，示性函数 $I(a \leqslant x_{(1)} \leqslant x_{(n)} \leqslant b)$ 取最大值 1。进一步，当 $a = x_{(1)}$，$b = x_{(n)}$ 时，$(b-a)^n$ 取最小值 $(x_{(n)} - x_{(1)})^n$，此时，似然函数 $L(a,b)$ 取到最大值 $(x_{(n)} - x_{(1)})^{-n}$。

因此，参数 a 与 b 的最大似然估计值分别为 $\hat{a} = x_{(1)}$，$\hat{b} = x_{(n)}$。

通过似然函数（或其变换形式）对未知参数求导数（或偏导数），

并令其为 0 的方式求最大值点不一定总是可行的(如例 7.1.9)。即使通过此方法能够获得未知参数的值,该值也未必是最大值点,也有可能是最小值点,因而,最值点的情况需要进一步验证。

如果 $\hat{\theta}$ 为参数 θ 的最大似然估计量,$h(\theta)$ 为定义在参数空间 Θ 中的一个函数,那么 $\hat{h}=h(\hat{\theta})$ 是否为 $h=h(\theta)$ 的最大似然估计量? 事实上,当 $h=h(\theta)(\theta\in\Theta)$ 是严格单调函数,即 $h=h(\theta)$ 有单值反函数 $\theta=\theta(h)(h\in\mathcal{H}$,$\mathcal{H}$ 为 h 的取值空间)时,此结论成立。

定理 7.1 设总体 X 服从分布 $F(x;\theta)$,其中,F 为总体 X 的已知形式的分布函数,$\theta\in\Theta$ 为未知的参数向量,Θ 为参数 θ 的取值空间。若 $\hat{\theta}$ 为参数 θ 的最大似然估计量,$h=h(\theta)$ 是严格单调函数,则 $\hat{h}=h(\hat{\theta})$ 是 $h=h(\theta)$ 的最大似然估计量。该定理称为最大似然估计的不变性原理。

证 由于 $\hat{\theta}$ 是 θ 的最大似然估计量,故 $L(\hat{\theta})=\max\limits_{\theta\in\Theta}L(\theta)$。

因为 $h=h(\theta)$ 是严格单调函数,所以其存在单值反函数 $\theta=\theta(h)(h\in\mathcal{H})$。

进而 $L[\theta(\hat{h})]=\max\limits_{h\in\mathcal{H}}L[\theta(h)]$,即 $L(\hat{h})=\max\limits_{h\in\mathcal{H}}L(h)$。

这就证明了 $\hat{h}=h(\hat{\theta})$ 是 $h=h(\theta)$ 的最大似然估计量。

例 7.1.10 故障设备的维修时间服从对数正态分布。某厂家有多台生产设备,在某月内共发生故障 14 次,其维修时间(单位:min)见表 7-3。试求平均维修时间与维修时间标准差的最大似然估计值。

表 7-3 故障设备的维修时间 (单位:min)

62	71	48	57	95	58	88
82	58	69	53	83	56	45

解 设故障设备的维修时间为 T,对数正态分布为 $LN(\mu_T,\sigma_T^2)$。

因为 $T\sim LN(\mu_T,\sigma_T^2)$,所以 $\ln T\sim N(\mu,\sigma^2)$。

表 7-3 中的数据取自服从对数正态分布 $LN(\mu_T,\sigma_T^2)$ 的总体 T,若对该表中的数据分别做自然对数变换,则变换后的数据(见表 7-4)取自服从正态分布 $N(\mu,\sigma^2)$ 的总体 $\ln T$。

表 7-4 故障设备的维修时间经自然对数变换后的数值

4.1271	4.2627	3.8712	4.0431	4.5539	4.0604	4.4773
4.4067	4.0604	4.2341	3.9703	4.4188	4.0254	3.8067

参数 μ 与 σ 的最大似然估计值分别为

$$\hat{\mu}=\frac{1}{14}\sum_{i=1}^{14}\ln t_i = 4.1656 \ \text{与} \ \hat{\sigma}=\sqrt{\frac{1}{14}\sum_{i=1}^{14}(\ln t_i - \hat{\mu})^2} = 0.2230。$$

总体 T 的均值 μ_T 与标准差 σ_T 和总体 $\ln T$ 的均值 μ 与标准差 σ 的关系为

$$\mu_T = e^{\mu+\frac{\sigma^2}{2}} \ \text{与} \ \sigma_T = \sqrt{\mu_T^2(e^{\sigma^2}-1)}。$$

因此，根据定理 7.1（最大似然估计的不变性原理），得到 μ_T 与 σ_T 的最大似然估计值分别为

$$\hat{\mu}_T = e^{\hat{\mu}+\frac{\hat{\sigma}^2}{2}} = 66.05 \ \text{与} \ \hat{\sigma}_T = \sqrt{\hat{\mu}_T^2(e^{\hat{\sigma}^2}-1)} = 14.92。$$

因此，平均维修时间与维修时间标准差的最大似然估计值分别为 66.05min 与 14.92min。

习题 7.1

1. 设总体 X 服从几何分布 $G(p)$，其中，p 为某事件首次发生的概率，是未知参数。$X_1, X_2, \cdots, X_n$ 为取自总体 X 的样本，试求参数 p 的矩估计量和最大似然估计量。

2. 设总体 X 的分布函数为

$$F(x;\beta)=\begin{cases} 1-\dfrac{1}{x^\beta}, & x>1, \\[2mm] 0, & x\leqslant 1, \end{cases}$$

其中，$\beta>1$ 是未知参数。$X_1, X_2, \cdots, X_n$ 是一个取自总体 X 的样本，试求参数 β 的矩估计量和最大似然估计量。

3. 设某种元器件的寿命 T（单位：h）服从双参数的指数分布 $\widetilde{\mathrm{Exp}}(c,\theta)$，其概率密度为

$$f(t;c,\theta)=\begin{cases} \dfrac{1}{\theta}e^{-\frac{t-c}{\theta}}, & t\geqslant c, \\[2mm] 0, & \text{其他,} \end{cases}$$

其中，$c>0$ 与 $\theta>0$ 都为未知参数。从某批该种元器件中随机抽取 n 件进行寿命试验，失效时间依次为 $t_1 \leqslant t_2 \leqslant \cdots \leqslant t_n$。试求参数 c 与 θ 的矩估计值与最大似然估计值。

7.2 点估计量的评价标准

通过上一节的学习知道，采用不同的方法对同一参数进行点估计，所得的点估计量可能不相同。例如，例 7.1.3 与例 7.1.9 分别采用矩估计法与最大似然估计法对均匀分布 $U(a,b)$ 的未知参数 a 与 b 进行点估计，两个参数的矩估计量与最大似然估计量分别为

$$\begin{cases} \hat{a}=\overline{X}-\sqrt{3}\,S_n, \\ \hat{b}=\overline{X}+\sqrt{3}\,S_n, \end{cases} \ \text{与} \ \begin{cases} \hat{a}=X_{(1)}, \\ \hat{b}=X_{(n)}。 \end{cases}$$

事实上，任何统计量都可以作为未知参数的点估计量。在得到某个未知参数的不止一种点估计量时，一般情况下，我们更倾向于使用最佳的点估计量，那么哪种点估计量是最佳的呢？这就涉及点估计量的评价标准问题。本节学习三种常用的点估计量的评价

标准：相合性、无偏性和有效性。

7.2.1 相合性

参数 θ 的估计量 $\hat{\theta}(X_1, X_2, \cdots, X_n)$ 不仅与样本 $X_1, X_2, \cdots, X_n$ 的取值有关，而且与样本量 n 有关。给定样本量 n 与阈值 $\varepsilon \in (0, +\infty)$，当样本 $X_1, X_2, \cdots, X_n$ 取不同的样本值时，$|\hat{\theta}(X_1, X_2, \cdots, X_n) - \theta|$ 的值一般是不同的，事件 $|\hat{\theta}(X_1, X_2, \cdots, X_n) - \theta| > \varepsilon$ 以一定的概率出现。我们希望样本量 n 越大，估计量 $\hat{\theta}(X_1, X_2, \cdots, X_n)$ 在某种意义下越接近于参数的真实值 θ，即估计量 $\hat{\theta}(X_1, X_2, \cdots, X_n)$ 对真实值 θ 的估计越精确，事件 $|\hat{\theta}(X_1, X_2, \cdots, X_n) - \theta| > \varepsilon$ 出现的概率就越小。下面给出估计量的相合性(或称为一致性)定义。

定义 7.4 对于每个 $n \in \mathbf{N}^*$，设 $\hat{\theta}_n = \hat{\theta}(X_1, X_2, \cdots, X_n)$ 是未知参数 $\theta \in \Theta$ 的一个估计量，Θ 为参数 θ 的取值空间，若对于 $\forall \varepsilon > 0$，

$$\lim_{n \to \infty} P(|\hat{\theta}_n - \theta| < \varepsilon) = 1 \ \text{或} \ \lim_{n \to \infty} P(|\hat{\theta}_n - \theta| > \varepsilon) = 0,$$

则称 $\hat{\theta}_n$ 为 θ 的相合估计量，也称为一致估计量。

简单来说，若估计量序列 $\{\hat{\theta}_n\}_{n=1}^{+\infty}$ 依概率收敛于未知参数 θ，则称 $\hat{\theta}_n$ 为 θ 的相合估计量。换句话说，当样本容量 n 充分大时，估计量 $\hat{\theta}_n$ 可以以任意的精确程度 ε 逼近被估计参数的真实值 θ。相合性是对一个估计量的基本要求，如果一个估计量连相合性都不满足，那么当样本量 n 趋于无穷时，估计量并不收敛于参数的真实值。将这种估计量作为参数真实值的替代，很难得到大众的认同。

定理 7.2 设 $X_1, X_2, \cdots, X_n$ 是取自总体 X 的一个样本，若总体 X 的 $k \in \mathbf{N}^*$ 阶矩 $\mu_k = E(X^k)$ 存在，则样本 k 阶矩 $A_k = \dfrac{1}{n} \sum\limits_{i=1}^{n} X_i^k$ 是总体 k 阶矩 μ_k 的相合估计量；若总体 X 的 k 阶中心矩 $v_k = E[X - E(X)]^k$ 存在，则样本 k 阶中心矩 $B_k = \dfrac{1}{n} \sum\limits_{i=1}^{n} (X_i - \overline{X})^k$ 是总体 k 阶中心矩 v_k 的相合估计量。

证 因为 $X_1, X_2, \cdots, X_n$ 是取自总体 X 的一个样本(简单随机样本)，所以 $X_1, X_2, \cdots, X_n$ 是独立同分布的，进而其函数 $X_1^k, X_2^k, \cdots, X_n^k$ 也是独立同分布的。又因为总体 X 的 $k \in \mathbf{N}^*$ 阶矩 $\mu_k = E(X^k)$ 存在，所以由辛钦大数定律知，样本 k 阶矩 $A_k = \dfrac{1}{n} \sum\limits_{i=1}^{n} X_i^k$ 是总体 k 阶

矩 μ_k 的相合估计量。同理，样本函数 $(X_1-\overline{X})^k,(X_2-\overline{X})^k,\cdots,(X_n-\overline{X})^k$ 是独立同分布的。因为 k 阶中心矩 $v_k=E[X-E(X)]^k$ 存在，所以由辛钦大数定律知，样本 k 阶中心矩 $B_k=\dfrac{1}{n}\sum\limits_{i=1}^{n}(X_i-\overline{X})^k$ 是总体 k 阶中心矩 v_k 的相合估计量。

> **定理 7.3** 设 $\hat{\theta}_{n1},\hat{\theta}_{n2},\cdots,\hat{\theta}_{nk}$ 分别是 $\theta_1,\theta_2,\cdots,\theta_k$ 的相合估计量，若 g 是 k 元连续函数，则 $\hat{g}_n=g(\hat{\theta}_{n1},\hat{\theta}_{n2},\cdots,\hat{\theta}_{nk})$ 是 $g=g(\theta_1,\theta_2,\cdots,\theta_k)$ 的相合估计量。

证 因为 g 是 k 元连续函数，所以对于 $\forall\varepsilon>0$，$\exists\delta>0$，当 $|\hat{\theta}_{ni}-\theta_i|<\delta$，$i=1,2,\cdots,k$ 时，有 $|\hat{g}_n-g|<\varepsilon$。从而有以下事件成立：

$$\bigcap_{i=1}^{k}\{|\hat{\theta}_{ni}-\theta_i|<\delta\}\subset\{|\hat{g}_n-g|<\varepsilon\}。$$

又因为 $\hat{\theta}_{n1},\hat{\theta}_{n2},\cdots,\hat{\theta}_{nk}$ 分别是 $\theta_1,\theta_2,\cdots,\theta_k$ 的相合估计量，所以对于给定的 $\delta\geqslant 0$ 和 $\forall\tau>0$，$\exists N\in\mathbf{N}^*$，当 $n>N$ 时，有

$$P(|\hat{\theta}_{ni}-\theta_i|\geqslant\delta)<\tau/k, i=1,2,\cdots,k,$$

$$P(|\hat{g}_n-g|<\varepsilon)\geqslant P\left(\bigcap_{i=1}^{k}\{|\hat{\theta}_{ni}-\theta_i|<\delta\}\right)=1-P\left(\bigcup_{i=1}^{k}\{|\hat{\theta}_{ni}-\theta_i|\geqslant\delta\}\right)$$

$$\geqslant 1-\sum_{i=1}^{k}P(|\hat{\theta}_{ni}-\theta_i|\geqslant\delta)>1-k\cdot(\tau/k)=1-\tau。$$

由上述不等式和 $\tau>0$ 的任意性，得到 $\hat{g}_n$ 是 g 的相合估计量。

> **定理 7.4** 设 $\hat{\theta}_n$ 是参数 θ 的一个估计量，若 $\lim\limits_{n\to\infty}E(\hat{\theta}_n)=\theta$，$\lim\limits_{n\to\infty}D(\hat{\theta}_n)=0$，则 $\hat{\theta}_n$ 是参数 θ 的相合估计量。

证 由切比雪夫不等式，得到

$$0\leqslant P(|\hat{\theta}_n-\theta|\geqslant\varepsilon)\leqslant\frac{1}{\varepsilon^2}E(\hat{\theta}_n-\theta)^2$$

$$=\frac{1}{\varepsilon^2}E[\hat{\theta}_n-E(\hat{\theta}_n)+E(\hat{\theta}_n)-\theta]^2$$

$$=\frac{1}{\varepsilon^2}E\{[\hat{\theta}_n-E(\hat{\theta}_n)]^2+2[\hat{\theta}_n-E(\hat{\theta}_n)][E(\hat{\theta}_n)-\theta]+[E(\hat{\theta}_n)-\theta]^2\}$$

$$=\frac{1}{\varepsilon^2}\{D(\hat{\theta}_n)+[E(\hat{\theta}_n)-\theta]^2\},$$

由 $\lim\limits_{n\to\infty}E(\hat{\theta}_n)=\theta$ 和 $\lim\limits_{n\to\infty}D(\hat{\theta}_n)=0$，得到 $\lim\limits_{n\to\infty}\{D(\hat{\theta}_n)+[E(\hat{\theta}_n)-\theta]^2\}=0$，进而 $0\leqslant\lim\limits_{n\to\infty}P(|\hat{\theta}_n-\theta|\geqslant\varepsilon)\leqslant 0$，即 $\lim\limits_{n\to\infty}P(|\hat{\theta}_n-\theta|\geqslant\varepsilon)=0$。

因此，$\hat{\theta}_n$ 是参数 θ 的相合估计量。

例 7.2.1 设总体 X 服从参数为 λ 的泊松分布，即 $X \sim P(\lambda)$，其中，λ 未知。$X_1, X_2, \cdots, X_n$ 为取自总体 X 的一个样本，试分析 $P(X=1)$ 的矩估计量的相合性。

解 因为 $X \sim P(\lambda)$，所以总体一阶矩为

$$\mu_1(\lambda) = E(X) = \lambda,$$

样本一阶矩为

$$A_1 = \overline{X} = \frac{1}{n} \sum_{i=1}^{n} X_i。$$

令 $\mu_1(\lambda) = A_1$，求得参数 λ 的矩估计量为

$$\hat{\lambda} = \overline{X} = \frac{1}{n} \sum_{i=1}^{n} X_i,$$

因为 $P(X=1) = \dfrac{\lambda^1}{1!} e^{-\lambda} = \lambda e^{-\lambda}$，所以其矩估计量为 $\overline{X} e^{-\overline{X}}$。

由辛钦大数定律知，$\overline{X}$ 是参数 λ 的相合估计量。又因为 $P(X=1) = \lambda e^{-\lambda}$ 是有关参数 λ 的连续函数，所以由定理 7.3 知，矩估计量 $\overline{X} e^{-\overline{X}}$ 是 $P(X=1) = \lambda e^{-\lambda}$ 的相合估计量。

例 7.2.2 设总体 X 服从均值为 0、方差为 σ^2 的正态分布，即 $X \sim N(0, \sigma^2)$，其中，$\sigma > 0$ 为未知标准差。$X_1, X_2, \cdots, X_n$ 为取自总体 X 的一个样本，试证明估计量 $\hat{\sigma}^2 = \dfrac{1}{n} \sum_{i=1}^{n} X_i^2$ 为总体方差 σ^2 的相合估计量。

证 因为 $X \sim N(0, \sigma^2)$，所以 $E(X) = 0$，$D(X) = \sigma^2$。

因为 $X_1, X_2, \cdots, X_n$ 为取自总体 X 的一个样本，所以 $X_i \sim N(0, \sigma^2), E(X_i^j) = E(X^j), D(X_i) = D(X) = \sigma^2, i = 1, 2, \cdots, n; j = 1, 2$。

$$E(\hat{\sigma}^2) = E\left(\frac{1}{n} \sum_{i=1}^{n} X_i^2 \right) = \frac{1}{n} \sum_{i=1}^{n} E(X_i^2) = \frac{1}{n} \sum_{i=1}^{n} \left\{ [E(X_i)]^2 + D(X_i) \right\}$$

$$= \frac{1}{n} \sum_{i=1}^{n} (0^2 + \sigma^2) = \sigma^2。$$

由于 $\sum_{i=1}^{n} \left(\dfrac{X_i}{\sigma} \right)^2 = \dfrac{1}{\sigma^2} \sum_{i=1}^{n} X_i^2 \sim \chi^2(n), i = 1, 2, \cdots, n$，故 $D\left(\dfrac{1}{\sigma^2} \sum_{i=1}^{n} X_i^2 \right) = \dfrac{1}{\sigma^4} \sum_{i=1}^{n} D(X_i^2) = 2n$，从而 $\sum_{i=1}^{n} D(X_i^2) = 2n\sigma^4$。于是有

$$\lim_{n \to \infty} D(\hat{\sigma}^2) = \lim_{n \to \infty} D\left(\frac{1}{n} \sum_{i=1}^{n} X_i^2 \right) = \lim_{n \to \infty} \frac{1}{n^2} \sum_{i=1}^{n} D(X_i^2) = \lim_{n \to \infty} \frac{1}{n^2} 2n\sigma^4$$

$$= \lim_{n \to \infty} \frac{2\sigma^4}{n} = 0。$$

因此，由定理 7.4 知，估计量 $\hat{\sigma}^2 = \dfrac{1}{n}\sum_{i=1}^{n} X_i^2$ 为总体方差 σ^2 的相合估计量。

7.2.2 无偏性

对于某参数的估计量，由于估计量与样本相关，故若赋予样本不同的样本值，得到的估计量的值一般是不同的。有些估计量的值相对于真实值偏大，有些则偏小。如果所有估计量的值的平均值（数学期望）等于该参数的真实值，那么估计量与真实值之间没有实质性的误差。

定义 7.5　设 $X_1, X_2, \cdots, X_n$ 为取自总体 X 的一个样本，$\theta \in \Theta$（Θ 是 θ 的取值范围）是总体 X 的分布中的一个未知参数，$\hat{\theta} = \hat{\theta}(X_1, X_2, \cdots, X_n)$ 是参数 θ 的一个估计量。若估计量 $\hat{\theta}$ 的数学期望 $E(\hat{\theta})$ 存在，对于 $\forall \theta \in \Theta$，都有 $E(\hat{\theta}) = \theta$ 成立，则称估计量 $\hat{\theta}$ 是参数 θ 的无偏估计量。

$E(\hat{\theta}) - \theta$ 是以 $\hat{\theta}$ 作为参数 θ 的估计量的实质性误差，即系统误差。若 $E(\hat{\theta}) \neq \theta$，即 $E(\hat{\theta}) - \theta \neq 0$，则 $\hat{\theta}$ 与 θ 之间存在系统误差，这时将 $\hat{\theta}$ 作为参数 θ 的估计量存在实质性的风险。定义 7.5 说明参数的无偏估计量与真实值之间不存在系统误差，一般仅存在随机误差。

定理 7.5　设总体 X 的 k 阶矩 $\mu_k = E(X^k)(k \in \mathbf{N}^*)$ 存在，$X_1, X_2, \cdots, X_n$ 为取自总体 X 的一个样本，试证明 k 阶样本矩 $A_k = \dfrac{1}{n}\sum_{i=1}^{n} X_i^k$ 是 k 阶总体矩 μ_k 的无偏估计量。

证　因为 $X_1, X_2, \cdots, X_n$ 为取自总体 X 的一个样本，所以 $X_1, X_2, \cdots, X_n$ 与总体 X 同分布，进而 $X_1^k, X_2^k, \cdots, X_n^k$ 与 X^k 同分布，有
$$E(X_i^k) = E(X^k) = \mu_k, i = 1, 2, \cdots, n,$$
$$E(A_k) = E\left(\frac{1}{n}\sum_{i=1}^{n} X_i^k\right) = \frac{1}{n}\sum_{i=1}^{n} E(X_i^k) = \frac{1}{n}\sum_{i=1}^{n} E(X^k) = E(X^k) = \mu_k。$$

因此，k 阶样本矩 $A_k = \dfrac{1}{n}\sum_{i=1}^{n} X_i^k$ 是 k 阶总体矩 μ_k 的无偏估计量。

例 7.2.3　设总体 X 的概率密度函数为
$$f(x;\theta) = \begin{cases} \dfrac{1}{\theta} x^{\frac{1-\theta}{\theta}}, & 0 < x < 1, \\ 0, & \text{其他}, \end{cases}$$

其中，$\theta>0$ 为未知参数。$X_1,X_2,\cdots,X_n$ 为取自总体 X 的一个样本，试证明参数 θ 的最大似然估计量 $\hat\theta$ 是 θ 的无偏估计量。

证　构造似然函数

$$L(\theta)=\frac{1}{\theta^n}\prod_{i=1}^{n}x_i^{\frac{1-\theta}{\theta}},$$

其自然对数为

$$\ln L(\theta)=-n\ln\theta+\left(\sum_{i=1}^{n}\ln x_i\right)\frac{1-\theta}{\theta}。$$

函数 $\ln L(\theta)$ 对参数 θ 求导数，并令其为 0，即

$$\frac{\mathrm{d}\left[\ln L(\theta)\right]}{\mathrm{d}\theta}=-\frac{n}{\theta}-\left(\sum_{i=1}^{n}\ln x_i\right)\frac{1}{\theta^2}=0,$$

解得最大似然估计值

$$\hat\theta=-\frac{1}{n}\sum_{i=1}^{n}\ln x_i,$$

对应的最大似然估计量为

$$\hat\theta=-\frac{1}{n}\sum_{i=1}^{n}\ln X_i。$$

$$E(\ln X)=\int_{-\infty}^{+\infty}(\ln x)f(x)\mathrm{d}x=\int_{0}^{1}(\ln x)\frac{1}{\theta}x^{\frac{1-\theta}{\theta}}\mathrm{d}x=x^{\frac{1}{\theta}}\ln x\Big|_{0}^{1}-\int_{0}^{1}\frac{1}{x}x^{\frac{1}{\theta}}\mathrm{d}x=-\theta,$$

$$E(\hat\theta)=E\left(-\frac{1}{n}\sum_{i=1}^{n}\ln X_i\right)=-\frac{1}{n}\sum_{i=1}^{n}E(\ln X_i)=-\frac{1}{n}\sum_{i=1}^{n}E(\ln X)=\frac{1}{n}\sum_{i=1}^{n}\theta=\theta。$$

因此，参数 θ 的最大似然估计量 $\hat\theta$ 是 θ 的无偏估计量。

例 7.2.4　设总体 X 服从均值为 μ、方差为 σ^2 的正态分布，即 $X\sim N(\mu,\sigma^2)$。$X_1,X_2,\cdots,X_n$ 为取自总体 X 的一个样本，试求常数 k，使得估计量 $\hat\sigma^2=\frac{1}{k}\sum_{i=1}^{n-1}(X_{i+1}-X_i)^2$ 是方差 σ^2 的无偏估计量。

解　因为 $X_1,X_2,\cdots,X_n$ 为取自总体 X 的一个样本，所以 $X_1,X_2,\cdots,X_n$ 相互独立，进而

$$E(X_iX_{i+1})=E(X_i)E(X_{i+1}),i=1,2,\cdots,n-1。$$

因为 $X_1,X_2,\cdots,X_n$ 为取自总体 X 的一个样本，所以 $X_1,X_2,\cdots,X_n$ 与 X 同分布，进而 $X_1^2,X_2^2,\cdots,X_n^2$ 与 X^2 同分布，有 $E(X_i^2)=E(X^2),i=1,2,\cdots,n$ 成立。

$$E(\hat\sigma^2)$$
$$=E\left[\frac{1}{k}\sum_{i=1}^{n-1}(X_{i+1}-X_i)^2\right]$$
$$=\frac{1}{k}E\left[\sum_{i=1}^{n-1}(X_{i+1}^2-2X_iX_{i+1}+X_i^2)\right]$$

$$= \frac{1}{k} \left[\sum_{i=1}^{n-1} E(X_{i+1}^2) - 2 \sum_{i=1}^{n-1} E(X_i X_{i+1}) + \sum_{i=1}^{n-1} E(X_i^2) \right]$$

$$= \frac{1}{k} \left[\sum_{i=1}^{n-1} E(X^2) - 2 \sum_{i=1}^{n-1} E(X) E(X) + \sum_{i=1}^{n-1} E(X^2) \right]$$

$$= \frac{1}{k} \{ 2(n-1) E(X^2) - 2(n-1) [E(X)]^2 \}$$

$$= \frac{1}{k} [2(n-1)(\mu^2 + \sigma^2) - 2(n-1)\mu^2]$$

$$= \frac{2}{k}(n-1)\sigma^2$$

$$= \sigma^2,$$

因此，$k = 2(n-1)$。

7.2.3 有效性

如果某参数 θ 有两个无偏估计量 $\hat{\theta}_1$ 与 $\hat{\theta}_2$，当样本量 n 相同时，估计量 $\hat{\theta}_1$ 的各个值比估计量 $\hat{\theta}_2$ 的各个值更加密集地分布在真实值 θ 附近，那么相对于 $\hat{\theta}_2$ 而言，自然就认为 $\hat{\theta}_1$ 更适合作为参数 θ 的估计量。而方差是刻画数据分散性的重要特征，由上面的假设，$D(\hat{\theta}_1) = E[\hat{\theta}_1 - E(\hat{\theta}_1)]^2 = E(\hat{\theta}_1 - \theta)^2$，$D(\hat{\theta}_2) = E[\hat{\theta}_2 - E(\hat{\theta}_2)]^2 = E(\hat{\theta}_2 - \theta)^2$，很明显，$D(\hat{\theta}_1) \leqslant D(\hat{\theta}_2)$，因此，若 $\hat{\theta}_1$ 与 $\hat{\theta}_2$ 同为参数 θ 的无偏估计量，且 $D(\hat{\theta}_1) \leqslant D(\hat{\theta}_2)$，则一般认为 $\hat{\theta}_1$ 更为有效。由此，可以得到估计量的有效性的定义。

定义 7.6 设 $\hat{\theta}_1 = \hat{\theta}_1(X_1, X_2, \cdots, X_n)$ 与 $\hat{\theta}_2 = \hat{\theta}_2(X_1, X_2, \cdots, X_n)$ 都是参数 θ 的无偏估计量，若对于 $\forall \theta \in \Theta$，都有 $D(\hat{\theta}_1) \leqslant D(\hat{\theta}_2)$ 成立，且至少对于某一个 $\theta \in \Theta$（Θ 是参数 θ 的取值范围），使得上式中的不等号成立，则称 $\hat{\theta}_1$ 较 $\hat{\theta}_2$ 有效。

例 7.2.5 设总体 X 服从均值为 λ 的指数分布，即 $X \sim \mathrm{Exp}(\lambda^{-1})$，其中，$\lambda$ 未知，X_1, X_2, X_3, X_4 为取自总体 X 的一个样本，构造如下三个估计量：

$$T_1 = \frac{1}{6}(X_1 + X_2) + \frac{1}{3}(X_3 + X_4),$$

$$T_2 = \frac{1}{5}(X_1 + 2X_2 + 3X_3 + 4X_4),$$

$$T_3 = \frac{1}{4}(X_1 + X_2 + X_3 + X_4),$$

对于估计量 T_1, T_2, T_3，有两个能作为参数 λ 的无偏估计量，请问在这两个无偏估计量中哪一个较为有效?

解 (1) 因为总体 X 服从均值为 λ 的指数分布, X_1,X_2,X_3,X_4 为取自总体 X 的一个样本, 所以

$$
\begin{aligned}
E(T_1) &= E\Big[\frac{1}{6}(X_1+X_2)+\frac{1}{3}(X_3+X_4)\Big] \\
&= \frac{1}{6}\big[E(X_1)+E(X_2)\big]+\frac{1}{3}\big[E(X_3)+E(X_4)\big] \\
&= \frac{1}{6}\big[E(X)+E(X)\big]+\frac{1}{3}\big[E(X)+E(X)\big]=E(X)=\lambda,
\end{aligned}
$$

$$
\begin{aligned}
E(T_2) &= E\Big[\frac{1}{5}(X_1+2X_2+3X_3+4X_4)\Big] \\
&= \frac{1}{5}\big[E(X_1)+2E(X_2)+3E(X_3)+4E(X_4)\big] \\
&= \frac{1}{5}\big[E(X)+2E(X)+3E(X)+4E(X)\big]=2E(X)=2\lambda,
\end{aligned}
$$

$$
\begin{aligned}
E(T_3) &= E\Big[\frac{1}{4}(X_1+X_2+X_3+X_4)\Big]=\frac{1}{4}\big[E(X_1)+E(X_2)+E(X_3)+E(X_4)\big] \\
&= \frac{1}{4}\big[E(X)+E(X)+E(X)+E(X)\big]=E(X)=\lambda。
\end{aligned}
$$

因此, 在估计量 T_1,T_2,T_3 中, T_1 与 T_3 是参数 λ 的无偏估计量。

(2) 因为总体 X 服从均值为 λ 的指数分布, X_1,X_2,X_3,X_4 为取自总体 X 的一个样本, 所以

$$
\begin{aligned}
D(T_1) &= D\Big[\frac{1}{6}(X_1+X_2)+\frac{1}{3}(X_3+X_4)\Big] \\
&= \frac{1}{36}\big[D(X_1)+D(X_2)\big]+\frac{1}{9}\big[D(X_3)+D(X_4)\big] \\
&= \frac{1}{36}\big[D(X)+D(X)\big]+\frac{1}{9}\big[D(X)+D(X)\big]=\frac{5}{18}D(X)=\frac{5}{18}\lambda^2,
\end{aligned}
$$

$$
\begin{aligned}
D(T_3) &= D\Big[\frac{1}{4}(X_1+X_2+X_3+X_4)\Big]=\frac{1}{16}\big[D(X_1)+D(X_2)+D(X_3)+D(X_4)\big] \\
&= \frac{1}{16}\big[D(X)+D(X)+D(X)+D(X)\big]=\frac{1}{4}D(X)=\frac{1}{4}\lambda^2。
\end{aligned}
$$

因为 $D(T_1)=\dfrac{5}{18}\lambda^2=\dfrac{10}{36}\lambda^2>\dfrac{9}{36}\lambda^2=\dfrac{1}{4}\lambda^2=D(T_3)$, 所以估计量 T_3 较 T_1 有效。

例 7.2.6 设总体 X 服从区间 $[0,\theta]$ 上的均匀分布, 即 $X\sim U(0,\theta)$, 其中, $\theta>0$ 为未知参数。$X_1,X_2,\cdots,X_n$ 为取自总体 X 的一个样本。

（1）试证明 $\hat{\theta}_1 = 2\overline{X}$ 与 $\hat{\theta}_2 = \dfrac{n+1}{n}\max\limits_{1\leqslant i\leqslant n}\{X_i\}$ 都为参数 θ 的无偏估计；

（2）试分析估计量 $\hat{\theta}_1$ 与 $\hat{\theta}_2$ 哪个较为有效？

（1）证　因为 $X \sim U(0,\theta)$，所以

$$f(x;\theta)=\begin{cases}\theta^{-1}, & 0\leqslant x\leqslant\theta,\\ 0, & \text{其他,}\end{cases}$$

$$E(X)=\int_{-\infty}^{+\infty}xf(x)\,\mathrm{d}x=\int_0^\theta x\frac{1}{\theta}\mathrm{d}x=\frac{\theta}{2},$$

$$E(\hat{\theta}_1)=E(2\overline{X})=E\left(2\frac{1}{n}\sum_{i=1}^n X_i\right)=2\frac{1}{n}\sum_{i=1}^n E(X_i)=2\frac{1}{n}\sum_{i=1}^n E(X)$$

$$=2\cdot\frac{\theta}{2}=\theta,$$

故 $\hat{\theta}_1=2\overline{X}$ 为参数 θ 的无偏估计量。

令 $Z=\max\limits_{1\leqslant i\leqslant n}\{X_i\}$，则 Z 的分布函数为

$$F_Z(z)=P(Z\leqslant z)=P\left(\max_{1\leqslant i\leqslant n}\{X_i\}\leqslant z\right)=P(X_1\leqslant z,X_2\leqslant z,\cdots,X_n\leqslant z)$$

$$=\prod_{i=1}^n P(X_i\leqslant z)=\begin{cases}0, & z<0,\\ \left(\dfrac{z}{\theta}\right)^n, & 0\leqslant z<\theta,\\ 1, & z\geqslant\theta_\circ\end{cases}$$

Z 的分布函数 $F_Z(z)$ 对 z 求导数，得到 Z 的概率密度函数

$$f_Z(z)=\begin{cases}\dfrac{n}{\theta}\left(\dfrac{z}{\theta}\right)^{n-1}, & 0<z<\theta,\\ 0, & \text{其他}_\circ\end{cases}$$

$$E(Z)=\int_{-\infty}^{+\infty}zf(z)\,\mathrm{d}z=\int_0^\theta z\frac{n}{\theta}\left(\frac{z}{\theta}\right)^{n-1}\mathrm{d}z=\frac{n\theta}{n+1},$$

$$E(\hat{\theta}_2)=E\left(\frac{n+1}{n}Z\right)=\frac{n+1}{n}E(Z)=\frac{n+1}{n}\cdot\frac{n\theta}{n+1}=\theta,$$

故 $\hat{\theta}_2=\dfrac{n+1}{n}\max\limits_{1\leqslant i\leqslant n}\{X_i\}$ 也为参数 θ 的无偏估计量。

（2）解　$E(X^2)=\int_{-\infty}^{+\infty}x^2f(x)\,\mathrm{d}x=\int_0^\theta x^2\frac{1}{\theta}\mathrm{d}x=\frac{\theta^2}{3},$

$$D(\hat{\theta}_1)=D(2\overline{X})=4\frac{D(X)}{n}=\frac{4}{n}D(X)=\frac{4}{n}\{E(X^2)-[E(X)]^2\}$$

$$=\frac{4}{n}\left[\frac{\theta^2}{3}-\left(\frac{\theta}{2}\right)^2\right]=\frac{1}{3n}\theta^2,$$

$$E(Z^2)=\int_{-\infty}^{+\infty}z^2f(z)\,\mathrm{d}z=\int_0^\theta z^2\frac{n}{\theta}\left(\frac{z}{\theta}\right)^{n-1}\mathrm{d}z=\frac{n}{n+2}\theta^2,$$

$$D(\hat{\theta}_2)=D\left(\frac{n+1}{n}Z\right)=\left(\frac{n+1}{n}\right)^2 D(Z)=\left(\frac{n+1}{n}\right)^2\{E(Z^2)-[E(Z)]^2\}$$

$$=\left(\frac{n+1}{n}\right)^2\left[\frac{n}{n+2}\theta^2-\left(\frac{n\theta}{n+1}\right)^2\right]=\frac{1}{n(n+2)}\theta^2,$$

$$D(\hat{\theta}_1)-D(\hat{\theta}_2)=\frac{1}{3n}\theta^2-\frac{1}{n(n+2)}\theta^2=\frac{n+2-3}{3n(n+2)}\theta^2=\frac{n-1}{3n(n+2)}\theta^2。$$

当 $n=1$ 时，$D(\hat{\theta}_1)=D(\hat{\theta}_2)$，估计量 $\hat{\theta}_1$ 与 $\hat{\theta}_2$ 同等有效，而当 $n\geqslant 2$ 时，$D(\hat{\theta}_1)>D(\hat{\theta}_2)$，估计量 $\hat{\theta}_2$ 较 $\hat{\theta}_1$ 有效。

习题 7.2

1. 设总体 X 服从参数为 $\lambda>0$ 的指数分布，即 $X\sim\mathrm{Exp}(\lambda)$，其中，$\lambda$ 未知。$X_1,X_2,\cdots,X_n$ 为取自总体 X 的一个样本，试分析参数 λ 的矩估计量的相合性。

2. 设 $X_1,X_2,\cdots,X_n$ 为取自总体的一个样本，$\overline{X}$ 是样本均值，S^2 是样本方差，$E(X)=\mu,D(X)=\sigma^2$。请确定常数 c，使得 $(\overline{X})^2-cS^2$ 是 μ^2 的无偏估计量。

3. 设总体 X 的概率密度函数为

$$f(x;\theta)=\begin{cases}2\mathrm{e}^{-2(x-\theta)}, & x>\theta,\\ 0, & x\leqslant\theta,\end{cases}$$

其中，$\theta>0$ 是未知参数。$X_1,X_2,\cdots,X_n$ 为取自总体 X 的一个样本，令 $\hat{\theta}=\min\{X_1,X_2,\cdots,X_n\}$，将估计量 $\hat{\theta}$ 作为参数 θ 的估计量，请分析 $\hat{\theta}$ 是否为 θ 的无偏估计量。

4. 设 X_1,X_2,X_3 是总体 X 的一个样本，在总体均值 μ 存在时，

(1) 试证明下列三个估计量都是均值 μ 的无偏估计量；

(2) 在总体方差 $\sigma^2>0$ 存在时，试分析这三个估计量中哪个最有效？

$$\hat{\mu}_1=\frac{1}{2}X_1+\frac{1}{3}X_2+\frac{1}{6}X_3,\hat{\mu}_2=\frac{1}{3}(X_1+X_2+X_3),$$

$$\hat{\mu}_3=\frac{1}{6}X_1+\frac{1}{6}X_2+\frac{2}{3}X_3。$$

5. 设总体 X 服从均值为 $\lambda>0$ 的指数分布，即 $X\sim\mathrm{Exp}(\lambda^{-1})$，其中，$\lambda$ 为未知参数。$X_1,X_2,\cdots,X_n$ 为取自总体 X 的一个样本，

(1) 试证明 $\hat{\lambda}_1=\overline{X}$ 与 $\hat{\lambda}_2=n\min\{X_i\}_{i=1}^n$ 都是均值 λ 的无偏估计量；

(2) 试比较 $\hat{\lambda}_1$ 与 $\hat{\lambda}_2$ 的有效性。

7.3　区间估计

7.3.1　区间估计简介

对于一个未知参数 θ，给定一个样本 $X_1,X_2,\cdots,X_n$，通过矩估计法或最大似然估计法等可以得到该参数的点估计量 $\hat{\theta}(X_1,X_2,\cdots,X_n)$。点估计量是参数真实值的一个明确的近似量。一般地，在样本量 n 一定的情况下，赋予样本 $X_1,X_2,\cdots,X_n$ 不同的样本值 $x_1,x_2,\cdots,x_n$，点估计值 $\hat{\theta}(x_1,x_2,\cdots,x_n)$ 或者大于参数的真实值 θ，或者小于参数的真实值 θ，即点估计值 $\hat{\theta}(x_1,x_2,\cdots,x_n)$ 与参

数的真实值 θ 总有一定的差距。点估计法仅是给出参数真实值 θ 的点估计量 $\hat{\theta}(X_1,X_2,\cdots,X_n)$ 或点估计值 $\hat{\theta}(x_1,x_2,\cdots,x_n)$，并未给出反映估计精度的量或值，而 $\hat{\theta}(X_1,X_2,\cdots,X_n)$ 与 $\hat{\theta}(x_1,x_2,\cdots,x_n)$ 本身也不能反映估计的精度。针对参数估计问题，人们不但希望知道参数真实值的点估计，而且希望知道该点估计的精度。区间估计不但给出了参数真实值可能的取值范围：置信区间，而且赋予了这个范围包含参数真实值的可信程度：置信水平。此范围在一定程度上体现了估计的精度。

> **定义 7.7**　设总体 X 的分布函数 $F(x;\theta)$ 含有一个未知参数 $\theta\in\Theta$，Θ 是 θ 可能的取值范围，$X_1,X_2,\cdots,X_n$ 为取自总体 X 的一个样本。若可以构造出两个统计量 $\underline{\theta}=\underline{\theta}(X_1,X_2,\cdots,X_n)$ 与 $\bar{\theta}=\bar{\theta}(X_1,X_2,\cdots,X_n)$，且 $\underline{\theta}<\bar{\theta}$，使得对于 $\forall\theta\in\Theta$ 与给定的 $\alpha(0<\alpha<1)$，都有
> $$P(\underline{\theta}(X_1,X_2,\cdots,X_n)<\theta<\bar{\theta}(X_1,X_2,\cdots,X_n))\geq 1-\alpha$$
> 成立，则称随机区间 $(\underline{\theta},\bar{\theta})$ 是参数 θ 的置信水平（置信度）为 $1-\alpha$ 的（双侧）置信区间，其中，$\underline{\theta}$ 与 $\bar{\theta}$ 分别称为置信水平为 $1-\alpha$ 的（双侧）置信区间的置信下限与置信上限。

简单来说，区间估计就是构造两个统计量 $\underline{\theta}$ 与 $\bar{\theta}$，使得随机区间 $(\underline{\theta},\bar{\theta})$ 包含参数真实值 θ 的概率至少为给定的 $1-\alpha$（离其最近）。对于给定的 α，当 X 是连续型随机变量时，总能求得恰好满足 $P(\underline{\theta}<\theta<\bar{\theta})=1-\alpha$ 要求的参数 θ 的置信水平为 $1-\alpha$ 的置信区间 $(\underline{\theta},\bar{\theta})$；当 X 是离散型随机变量时，一般没有恰好满足 $P(\underline{\theta}<\theta<\bar{\theta})=1-\alpha$ 要求的置信区间 $(\underline{\theta},\bar{\theta})$，但是能够求得满足 $P(\underline{\theta}<\theta<\bar{\theta})\geq 1-\alpha$ 要求且 $P(\underline{\theta}<\theta<\bar{\theta})$ 尽可能地接近置信水平为 $1-\alpha$ 的置信区间 $(\underline{\theta},\bar{\theta})$。因为置信区间 $(\underline{\theta},\bar{\theta})$ 是随机区间，所以当样本量 n 与 α 一定时，重复抽样多次，得到的置信区间 $(\underline{\theta},\bar{\theta})$ 一般是不一样的，有的包含参数真实值 θ，约占 $100(1-\alpha)\%$，有的则不包含，约占 $100\alpha\%$。例如，设 $\alpha=0.10$，重复抽样 100 次，可以得到 100 个置信区间，其中，包含参数真实值 θ 的区间约为 90 个，不包含参数真实值 θ 的区间约为 10 个。置信水平 $1-\alpha$ 表示随机区间 $(\underline{\theta},\bar{\theta})$ 包含参数真实值 θ 的概率，通常取值比较大，如 $\alpha=0.99,\ 0.95,\ 0.90$，表示区间估计的可靠度，而通常给定的 α 的值较小，如 $\alpha=0.01$，

0.05，0.10，表示区间估计的不可靠度。一般地，采用置信区间长度的数学期望 $E(\overline{\theta}-\underline{\theta})$ 表示区间估计的精确度。期望越小，精确度越高。在样本量 n 一定的情况下，可靠度越高，精确度就越低；可靠度越低，精确度就越高。在实际应用中，在可靠度（置信水平）达到一定要求的前提下，求使得精确度尽可能高（区间长度尽可能短）的置信区间。

下面是估计参数真实值 θ 的置信水平为 $1-\alpha$ 的置信区间的一般步骤：

（1）构造一个枢轴量 $Q(X_1,X_2,\cdots,X_n;\theta)$，该量与样本 X_1，$X_2,\cdots,X_n$ 和待估计的参数 θ 有关，而与其他未知参数无关。已知该量服从不依赖任何未知参数的已知分布。

（2）给定 α，由 $Q(X_1,X_2,\cdots,X_n;\theta)$ 服从的已知分布确定出常数 a,b（通常为分布的分位数），使得 $P(a<Q(X_1,X_2,\cdots,X_n;\theta)<b)\geq$ $1-\alpha$（此概率离 $1-\alpha$ 最近）。

（3）求解不等式 $a<Q(X_1,X_2,\cdots,X_n;\theta)<b$，得到 $\underline{\theta}(X_1,X_2,\cdots,$ $X_n)<\theta<\overline{\theta}(X_1,X_2,\cdots,X_n)$，使得 $P\{\underline{\theta}(X_1,X_2,\cdots,X_n)<\theta<\overline{\theta}(X_1,X_2,\cdots,$ $X_n)\}\geq1-\alpha$，则 $(\underline{\theta},\overline{\theta})$ 就是待估计参数的真实值 θ 的置信水平为 $1-\alpha$ 的置信区间，其中，$\underline{\theta}=\underline{\theta}(X_1,X_2,\cdots,X_n)$ 与 $\overline{\theta}=\overline{\theta}(X_1,X_2,\cdots,$ $X_n)$ 分别为该区间的置信下限与置信上限。

7.3.2 单个正态总体的分布参数的置信区间

给定置信水平 $1-\alpha$，设总体 X 服从均值为 μ、方差为 σ^2 的正态分布，即 $X\sim N(\mu,\sigma^2)$，$X_1,X_2,\cdots,X_n$ 为取自总体 X 的一个样本，$\overline{X}=\dfrac{1}{n}\sum_{i=1}^{n}X_i$ 为样本均值，$S^2=\dfrac{1}{n-1}\sum_{i=1}^{n}(X_i-\overline{X})^2$ 为样本方差。

1. 正态总体均值 μ 的置信区间

（1）当方差 σ^2 已知时，因为总体 $X\sim N(\mu,\sigma^2)$，所以 $\overline{X}\sim$ $N\left(\mu,\dfrac{\sigma^2}{n}\right)$，进而

$$Z=\frac{\overline{X}-\mu}{\sqrt{\sigma^2/n}}=\frac{\overline{X}-\mu}{\sigma/\sqrt{n}}\sim N(0,1)。$$

由于 $Z=\dfrac{\overline{X}-\mu}{\sigma/\sqrt{n}}$ 与样本 $X_1,X_2,\cdots,X_n$ 和待估计的参数 μ 有关，而与其他未知参数无关，并且其服从不依赖于参数 μ 的已知分布 $N(0,1)$，故 Z 是有关参数 μ 的枢轴量。根据标准正态分布的分位点（见图 7-1），有

$$P(|Z| < z_{\alpha/2}) = P\left(\left|\frac{\overline{X} - \mu}{\sigma/\sqrt{n}}\right| < z_{\alpha/2}\right) = 1 - \alpha$$

成立，即

$$P\left(\overline{X} - \frac{\sigma}{\sqrt{n}}z_{\alpha/2} < \mu < \overline{X} + \frac{\sigma}{\sqrt{n}}z_{\alpha/2}\right) = 1 - \alpha。$$

因此，正态总体均值 μ 的置信水平为 $1-\alpha$ 的置信区间为

$$\left(\overline{X} - \frac{\sigma}{\sqrt{n}}z_{\alpha/2}, \overline{X} + \frac{\sigma}{\sqrt{n}}z_{\alpha/2}\right),$$

也常写成

$$\left(\overline{X} \pm \frac{\sigma}{\sqrt{n}}z_{\alpha/2}\right)。$$

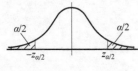

图 7-1 标准正态分布
的分位点

该置信区间长度为 $\left(\overline{X} + \frac{\sigma}{\sqrt{n}}z_{\alpha/2}\right) - \left(\overline{X} - \frac{\sigma}{\sqrt{n}}z_{\alpha/2}\right) = \frac{2\sigma}{\sqrt{n}}z_{\alpha/2}$。因为总体 X 的标准差 σ 已知，所以该置信区间长度与 α 和样本量 n 有关。给定 α，若样本量 n 越大，则置信区间长度就越短，其精确度就越高；给定样本量 n，若可靠度（置信水平）$1-\alpha$ 越大，即不可靠度 α 就越小，分位数 $z_{\alpha/2}$ 就越大，则置信区间长度就越长，其精确度就越低。

例 7.3.1 已知实际的轴承直径 X 服从正态分布 $N(\mu, 0.01)$，其中，μ 是总体 X 的未知均值。从某轴承生产厂家生产的轴承中随机抽取 7 件，测得其直径（单位：mm）为 36.32、36.38、36.41、36.39、36.43、36.35、36.39。试求总体 X 的均值 μ 的置信水平为 95% 的置信区间。

解 计算求得样本均值 $\bar{x} = 36.3814$，查阅标准正态分布表 $z_{0.025} = 1.96$，标准差 $\sigma = \sqrt{0.01} = 0.1$，样本量 $n = 7$，

$$\left(\bar{x} - \frac{\sigma}{\sqrt{n}}z_{\alpha/2}, \bar{x} + \frac{\sigma}{\sqrt{n}}z_{\alpha/2}\right)$$

$$= \left(36.3814 - \frac{0.1}{\sqrt{7}} \cdot 1.96, 36.3814 + \frac{0.1}{\sqrt{7}} \cdot 1.96\right)$$

$$= (36.31, 36.46)。$$

因此，总体 X 的均值 μ 的置信水平为 95% 的置信区间为 $(36.31, 36.46)$。

（2）当方差 σ^2 未知时，$Z = \dfrac{\overline{X} - \mu}{\sigma/\sqrt{n}}$ 中包含两个未知参数 μ 与 σ。

显然，其不再是枢轴量。为了估计参数 μ 的置信区间，可以想办法用某个已知量或参数去替代未知参数 σ。因为样本标准差 S 是

参数 σ 的一个无偏估计量，所以自然想到用 S 去替代 $Z = \dfrac{\overline{X} - \mu}{\sigma/\sqrt{n}}$ 中的 σ，而这时，新构造的量不再服从正态分布，而是服从自由度为 $n-1$ 的 t 分布，即

$$T = \frac{\overline{X} - \mu}{S/\sqrt{n}} \sim t(n-1)。$$

其严谨的推导过程如下：

因为 $X \sim N(\mu, \sigma^2)$，$X_1, X_2, \cdots, X_n$ 为取自总体 X 的一个样本，所以 $Z = \dfrac{\overline{X} - \mu}{\sigma/\sqrt{n}} \sim N(0,1)$，$\chi^2 = \dfrac{(n-1)S^2}{\sigma^2} \sim \chi^2(n-1)$。

由 t 分布的定义，得到

$$T = \frac{Z}{\sqrt{\chi^2/(n-1)}} = \frac{\overline{X} - \mu}{\sigma/\sqrt{n}} \bigg/ \sqrt{\frac{(n-1)S^2}{\sigma^2} \bigg/ (n-1)} = \frac{\overline{X} - \mu}{S/\sqrt{n}} \sim t(n-1)。$$

由于 $T = \dfrac{\overline{X} - \mu}{S/\sqrt{n}}$ 与样本 $X_1, X_2, \cdots, X_n$ 和待估计的参数 μ 有关，而与其他未知参数无关，并且其服从不依赖于参数 μ 的已知分布 $t(n-1)$，故它是有关参数 μ 的枢轴量。根据自由度为 $n-1$ 的 t 分布的分位点（见图 7-2），有

$$P(|T| < t_{\alpha/2}(n-1)) = P\left(\left| \frac{\overline{X} - \mu}{S/\sqrt{n}} \right| < t_{\alpha/2}(n-1) \right) = 1 - \alpha$$

成立，即

$$P\left(\overline{X} - \frac{S}{\sqrt{n}} t_{\alpha/2}(n-1) < \mu < \overline{X} + \frac{S}{\sqrt{n}} t_{\alpha/2}(n-1) \right) = 1 - \alpha。$$

因此，正态总体均值 μ 的置信水平为 $1-\alpha$ 的置信区间为

$$\left(\overline{X} - \frac{S}{\sqrt{n}} t_{\alpha/2}(n-1), \overline{X} + \frac{S}{\sqrt{n}} t_{\alpha/2}(n-1) \right),$$

也常写成

$$\left(\overline{X} \pm \frac{S}{\sqrt{n}} t_{\alpha/2}(n-1) \right)。$$

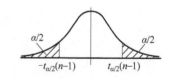

图 7-2　t 分布的分位点

例 7.3.2　某糕点生产厂家采用自动装箱机打包糕点，各箱糕点的重量服从正态分布 $N(\mu, \sigma^2)$，其中，μ 与 σ^2 都为未知参数。测得某批糕点其中 8 箱的重量（单位：kg）为 6.34、6.19、6.07、6.38、6.26、6.33、6.18、6.24，试求总体 X 的均值 μ 的置信水平为 90% 的置信区间。

解　计算求得样本均值 $\bar{x} = 6.2488$，查阅 t 分布表 $t_{0.05}(7) = 1.8946$，样本标准差 $s = 0.1018$，样本量 $n = 8$，

$$\left(\bar{x}-\frac{s}{\sqrt{n}}t_{\alpha/2}(n-1),\bar{x}+\frac{s}{\sqrt{n}}t_{\alpha/2}(n-1)\right)$$

$$=\left(6.2488-\frac{0.1018}{\sqrt{8}}1.8946,6.2488+\frac{0.1018}{\sqrt{8}}1.8946\right)$$

$$=(6.1806,6.3170)。$$

因此，总体 X 的均值 μ 的置信水平为 90% 的置信区间为 $(6.1806,6.3170)$。

2. 正态总体方差 σ^2 的置信区间

（1）当均值 μ 已知时，因为总体 $X\sim N(\mu,\sigma^2)$，$X_1,X_2,\cdots,X_n$ 为取自总体 X 的一个样本，所以 $X_i\sim N(\mu,\sigma^2)$，$i=1,2,\cdots,n$。标准化 $X_1,X_2,\cdots,X_n$ 后的量服从标准正态分布，即 $\dfrac{X_i-\mu}{\sigma}\sim N(0,1)$，$i=1,2,\cdots,n$，进而 $\sum\limits_{i=1}^{n}\left(\dfrac{X_i-\mu}{\sigma}\right)^2\sim\chi^2(n)$。

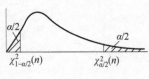

图 7-3　自由度为 n 的卡方分布的分位点

由于 $Y=\sum\limits_{i=1}^{n}\left(\dfrac{X_i-\mu}{\sigma}\right)^2=\dfrac{1}{\sigma^2}\sum\limits_{i=1}^{n}(X_i-\mu)^2$ 与样本 $X_1,X_2,\cdots,X_n$ 和待估计的参数 σ^2 有关，而与其他未知参数无关，并且其服从不依赖于参数 σ^2 的已知分布 $\chi^2(n)$，故它是有关参数 σ^2 的枢轴量。根据自由度为 n 的卡方分布的分位点（见图 7-3），有

$$P(\chi^2_{1-\alpha/2}(n)<Y<\chi^2_{\alpha/2}(n))=P\left(\chi^2_{1-\alpha/2}(n)<\frac{1}{\sigma^2}\sum_{i=1}^{n}(X_i-\mu)^2<\chi^2_{\alpha/2}(n)\right)=1-\alpha$$

成立，即

$$P\left(\frac{\sum\limits_{i=1}^{n}(X_i-\mu)^2}{\chi^2_{\alpha/2}(n)}<\sigma^2<\frac{\sum\limits_{i=1}^{n}(X_i-\mu)^2}{\chi^2_{1-\alpha/2}(n)}\right)=1-\alpha。$$

因此，正态总体方差 σ^2 的置信水平为 $1-\alpha$ 的置信区间为

$$\left(\frac{\sum\limits_{i=1}^{n}(X_i-\mu)^2}{\chi^2_{\alpha/2}(n)},\frac{\sum\limits_{i=1}^{n}(X_i-\mu)^2}{\chi^2_{1-\alpha/2}(n)}\right)。$$

例 7.3.3　用游标卡尺对某宽度 13mm 的汽车零部件重复测量 5 次，其数值为 12.8、13.1、13.0、13.2、12.8（单位：mm）。已知测量的数据服从正态分布 $N(13,\sigma^2)$，其中，方差 σ^2 为未知参数。试求方差 σ^2 的置信水平为 99% 的置信区间。

解　样本量 $n=5$，均值 $\mu=13$，查阅卡方分布表

$$\chi^2_{\alpha/2}(n)=\chi^2_{0.005}(5)=16.748,\chi^2_{1-\alpha/2}(n)=\chi^2_{0.995}(5)=0.412,$$

计算平方和，得

$$\sum_{i=1}^{n}(x_i-\mu)^2=(12.8-13)^2+(13.1-13)^2+(13.0-13)^2+(13.2-13)^2+$$

$$(12.8-13)^2=0.13。$$

于是有

$$\left(\frac{\sum_{i=1}^{n}(x_i-\mu)^2}{\chi_{\alpha/2}^2(n)},\frac{\sum_{i=1}^{n}(x_i-\mu)^2}{\chi_{1-\alpha/2}^2(n)}\right)=\left(\frac{0.13}{16.748},\frac{0.13}{0.412}\right)=(0.0078,0.3155)。$$

因此，方差 σ^2 的置信水平为 99% 的置信区间为 $(0.0078,$ $0.3155)$。

（2）当均值 μ 未知时，构造的有关待估参数 σ^2 的枢轴量不能含有 μ。因为 $X_i \sim N(\mu,\sigma^2)$，$i=1,2,\cdots,n$，所以 $\chi^2=\dfrac{(n-1)S^2}{\sigma^2}\sim$ $\chi^2(n-1)$。因为 χ^2 与样本 $X_1,X_2,\cdots,X_n$ 和待估计的参数 σ^2 有关，而与其他未知参数无关，并且其服从不依赖于参数 σ^2 的已知分布 $\chi^2(n-1)$，所以它是有关参数 σ^2 的枢轴量。根据自由度为 $n-1$ 的卡方分布的分位点（见图7-4），有

$$P(\chi_{1-\alpha/2}^2(n-1)<\chi^2<\chi_{\alpha/2}^2(n-1))=P\left(\chi_{1-\alpha/2}^2(n-1)<\frac{(n-1)S^2}{\sigma^2}<\chi_{\alpha/2}^2(n-1)\right)$$

$$=1-\alpha$$

成立，即

$$P\left(\frac{(n-1)S^2}{\chi_{\alpha/2}^2(n-1)}<\sigma^2<\frac{(n-1)S^2}{\chi_{1-\alpha/2}^2(n-1)}\right)=1-\alpha。$$

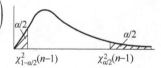

图 7-4　自由度为 $n-1$ 的
卡方分布的分位点

因此，正态总体方差 σ^2 的置信水平为 $1-\alpha$ 的置信区间为

$$\left(\frac{(n-1)S^2}{\chi_{\alpha/2}^2(n-1)},\frac{(n-1)S^2}{\chi_{1-\alpha/2}^2(n-1)}\right)。$$

正态总体标准差 σ 的置信水平为 $1-\alpha$ 的置信区间为

$$\left(\frac{\sqrt{n-1}S}{\sqrt{\chi_{\alpha/2}^2(n-1)}},\frac{\sqrt{n-1}S}{\sqrt{\chi_{1-\alpha/2}^2(n-1)}}\right)。$$

例 7.3.4　为了测得某种医用消毒酒精溶液中的酒精浓度，在同等条件下，抽取 8 个独立的测定值，样本平均值为 75.06%，样本标准差为 0.12%。设测量值近似服从正态分布，试求总体标准差的置信水平为 95% 的置信区间。

解　$n=8$，$s=0.12$，$\chi_{0.025}^2(7)=16.012$，$\chi_{0.975}^2(7)=1.690$，

$$\left(\frac{\sqrt{n-1}s}{\sqrt{\chi_{\alpha/2}^2(n-1)}},\frac{\sqrt{n-1}s}{\sqrt{\chi_{1-\alpha/2}^2(n-1)}}\right)=\left(\frac{\sqrt{7}\times0.12}{\sqrt{16.012}},\frac{\sqrt{7}\times0.12}{\sqrt{1.690}}\right)$$

$$= (0.0793, 0.2442),$$

因此，总体标准差的置信水平为 95% 的置信区间为 $(0.0793, 0.2442)$。

两个正态总体的分布参数的置信区间

在诸多实际问题中，已知某指标服从或近似服从正态分布。当与该指标相关的因素发生变化时，该指标的均值或方差也会发生变化，我们常常需要知道这种变化（可以用均值差或方差比来刻画）的取值范围。

设总体 X 服从正态分布 $N(\mu_1, \sigma_1^2)$，$X_1, X_2, \cdots, X_{n_1}$ 为取自总体 X 的一个样本；总体 Y 服从正态分布 $N(\mu_2, \sigma_2^2)$，$Y_1, Y_2, \cdots, Y_{n_2}$ 为取自总体 Y 的一个样本。设 $X_1, X_2, \cdots, X_{n_1}$ 与 $Y_1, Y_2, \cdots, Y_{n_2}$ 相互独立，其样本均值分别为 $\overline{X}$ 与 $\overline{Y}$，其样本方差分别为 S_1^2 与 S_2^2。

1. 两个正态总体均值差 $\mu_1 - \mu_2$ 的置信区间

（1）当两个总体方差 σ_1^2 与 σ_2^2 已知时，因为 $X \sim N(\mu_1, \sigma_1^2)$，$X_1, X_2, \cdots, X_{n_1}$ 为取自总体 X 的一个样本，所以 $\overline{X} \sim N\left(\mu_1, \dfrac{\sigma_1^2}{n_1}\right)$；同理，$\overline{Y} \sim N\left(\mu_2, \dfrac{\sigma_2^2}{n_2}\right)$。$\overline{X}$ 与 $\overline{Y}$ 的差也服从正态分布：$\overline{X} - \overline{Y} \sim N\left(\mu_1 - \mu_2, \dfrac{\sigma_1^2}{n_1} + \dfrac{\sigma_2^2}{n_2}\right)$。标准化 $\overline{X} - \overline{Y}$ 后的量服从标准正态分布：

$$\widetilde{Z} = \frac{(\overline{X} - \overline{Y}) - (\mu_1 - \mu_2)}{\sqrt{\dfrac{\sigma_1^2}{n_1} + \dfrac{\sigma_2^2}{n_2}}} \sim N(0, 1)。 \tag{7.1}$$

很显然，$\widetilde{Z}$ 为枢轴量。根据标准正态分布的分位点（见图 7-1），有

$$P(\,|\widetilde{Z}| < z_{\alpha/2}) = P\left(\left|\left[(\overline{X} - \overline{Y}) - (\mu_1 - \mu_2)\right]\middle/\sqrt{\dfrac{\sigma_1^2}{n_1} + \dfrac{\sigma_2^2}{n_2}}\right| < z_{\alpha/2}\right) = 1 - \alpha$$

成立，即

$$P\left(\overline{X} - \overline{Y} - z_{\alpha/2}\sqrt{\dfrac{\sigma_1^2}{n_1} + \dfrac{\sigma_2^2}{n_2}} < \mu_1 - \mu_2 < \overline{X} - \overline{Y} + z_{\alpha/2}\sqrt{\dfrac{\sigma_1^2}{n_1} + \dfrac{\sigma_2^2}{n_2}}\right) = 1 - \alpha。$$

因此，两个正态总体 X 与 Y 的均值差 $\mu_1 - \mu_2$ 的置信水平为 $1 - \alpha$ 的置信区间为

$$\left(\overline{X} - \overline{Y} - z_{\alpha/2}\sqrt{\dfrac{\sigma_1^2}{n_1} + \dfrac{\sigma_2^2}{n_2}},\ \overline{X} - \overline{Y} + z_{\alpha/2}\sqrt{\dfrac{\sigma_1^2}{n_1} + \dfrac{\sigma_2^2}{n_2}}\right)。$$

例 7.3.5　某厂采用同一套设备生产某种汽车零件。已知该套设备生产的零件的长度（单位：mm）服从正态分布 $N(\mu,0.16)$，且无论在何种条件下总体方差都不易发生变化。为了对比不同温度条件下总体均值的差异，在 80℃ 下生产 6 个零件，其长度为 88.3、88.2、88.6、88.4、88.3、88.4；在 100℃ 下生产 6 个零件，其长度为 89.7、89.5、89.5、89.8、89.4、89.7。试求两种温度条件下，该种零件长度（总体）的均值差的置信水平为 99% 的置信区间。

解　$n_1=n_2=6$，$\sigma_1^2=\sigma_2^2=\sigma^2=0.16$，$\bar{x}=88.3667$，$\bar{y}=89.6000$，$z_{0.005}=2.575$，

$$\left(\bar{x}-\bar{y}-z_{\alpha/2}\sqrt{\frac{\sigma_1^2}{n_1}+\frac{\sigma_2^2}{n_2}},\bar{x}-\bar{y}+z_{\alpha/2}\sqrt{\frac{\sigma_1^2}{n_1}+\frac{\sigma_2^2}{n_2}}\right)$$

$$=\left(88.3667-89.6000-2.575\times\sqrt{\frac{2\times0.16}{6}},88.3667-89.6000+2.575\times\sqrt{\frac{2\times0.16}{6}}\right)$$

$$=(-1.8280,-0.6386)。$$

因此，分别在 80℃ 与 100℃ 的条件下，该种零件长度（总体）的均值差的置信水平为 99% 的置信区间为 $(-1.8280,-0.6386)$。

（2）当两个总体的方差相等 $\sigma_1^2=\sigma_2^2=\sigma^2$ 但未知时，则式（7.1）变为

$$\widetilde{Z}=\frac{(\bar{X}-\bar{Y})-(\mu_1-\mu_2)}{\sqrt{\frac{\sigma_1^2}{n_1}+\frac{\sigma_2^2}{n_2}}}=\frac{(\bar{X}-\bar{Y})-(\mu_1-\mu_2)}{\sigma\sqrt{\frac{1}{n_1}+\frac{1}{n_2}}}\sim N(0,1)。$$

因为总体 $X\sim N(\mu_1,\sigma_1^2)$，$X_1,X_2,\cdots,X_{n_1}$ 为取自总体 X 的一个样本，所以 $\chi_1^2=\frac{(n_1-1)S_1^2}{\sigma^2}\sim\chi^2(n_1-1)$；同理，$\chi_2^2=\frac{(n_2-1)S_2^2}{\sigma^2}\sim\chi^2(n_2-1)$。$\chi_1^2$ 与 χ_2^2 的和也服从卡方分布：

$$\widetilde{\chi}^2=\chi_1^2+\chi_2^2=\frac{(n_1-1)S_1^2}{\sigma^2}+\frac{(n_2-1)S_2^2}{\sigma^2}=\frac{(n_1-1)S_1^2+(n_2-1)S_2^2}{\sigma^2}\sim\chi^2(n_1+n_2-2)。$$

构造服从 t 分布的量：

$$\widetilde{T}=\frac{\widetilde{Z}}{\sqrt{\widetilde{\chi}^2/(n_1+n_2-2)}}=\frac{(\bar{X}-\bar{Y})-(\mu_1-\mu_2)}{S_w\sqrt{\frac{1}{n_1}+\frac{1}{n_2}}}\sim t(n_1+n_2-2)，$$

其中，$\qquad S_w=\sqrt{\frac{(n_1-1)S_1^2+(n_2-1)S_2^2}{n_1+n_2-2}}。$

很显然，$\widetilde{T}$ 为枢轴量。根据自由度为 n_1+n_2-2 的 t 分布的上 $\alpha/2$ 与下 $\alpha/2$ 分位点，有

$$P(\mid \tilde{T} \mid < t_{\alpha/2}(n_1+n_2-2))$$

$$=P\left(\left|\left[(\overline{X}-\overline{Y})-(\mu_1-\mu_2)\right]\middle/\left(S_w\sqrt{\frac{1}{n_1}+\frac{1}{n_2}}\right)\right|<t_{\alpha/2}(n_1+n_2-2)\right)=1-\alpha$$

成立，即

$$P\left(\overline{X}-\overline{Y}-t_{\alpha/2}(n_1+n_2-2)S_w\sqrt{\frac{1}{n_1}+\frac{1}{n_2}}<\mu_1-\mu_2<\overline{X}-\overline{Y}+t_{\alpha/2}(n_1+n_2-2)\right.$$

$$\left.S_w\sqrt{\frac{1}{n_1}+\frac{1}{n_2}}\right)=1-\alpha。$$

因此，两个正态总体 X 与 Y 的均值差 $\mu_1-\mu_2$ 的置信水平为 $1-\alpha$ 的置信区间为

$$\left(\overline{X}-\overline{Y}-t_{\alpha/2}(n_1+n_2-2)S_w\sqrt{\frac{1}{n_1}+\frac{1}{n_2}},\overline{X}-\overline{Y}+t_{\alpha/2}(n_1+n_2-2)S_w\sqrt{\frac{1}{n_1}+\frac{1}{n_2}}\right),$$

其中，$\qquad S_w=\sqrt{\dfrac{(n_1-1)S_1^2+(n_2-1)S_2^2}{n_1+n_2-2}}。$

例 7.3.6 某饮料公司利用 A 和 B 两条自动化流水线罐装大瓶饮料。现从 A 和 B 两条流水线上随机抽取样本量分别为 $n_1=10$ 瓶和 $n_2=12$ 瓶的饮料，计算得到样本均值分别为 $\bar{x}=2001.6$ 和 $\bar{y}=1999.3$，样本方差分别为 $s_1^2=3.9$ 和 $s_2^2=4.2$。A 和 B 两条流水线所装饮料的容积（单位：mL）分别服从正态分布 $N(\mu_1,\sigma_1^2)$ 和 $N(\mu_2,\sigma_2^2)$，其中，$\mu_1,\mu_2,\sigma_1^2,\sigma_2^2$ 均未知。试求 A 和 B 两条流水线罐装大瓶饮料容积（总体）的均值差 $\mu_1-\mu_2$ 的置信水平为 95% 的置信区间。

解 $\quad s_w=\sqrt{\dfrac{(n_1-1)s_1^2+(n_2-1)s_2^2}{n_1+n_2-2}}=\sqrt{\dfrac{(10-1)\times3.9+(12-1)\times4.2}{10+12-2}}$

$\qquad =2.0162,$

$$t_{\alpha/2}(n_1+n_2-2)=t_{0.025}(20)=2.0860,$$

$$\left(\bar{x}-\bar{y}-t_{\alpha/2}(n_1+n_2-2)s_w\sqrt{\frac{1}{n_1}+\frac{1}{n_2}},\bar{x}-\bar{y}+t_{\alpha/2}(n_1+n_2-2)s_w\sqrt{\frac{1}{n_1}+\frac{1}{n_2}}\right)$$

$$=\left(2001.6-1999.3-2.0860\times2.0162\times\sqrt{\frac{1}{10}+\frac{1}{12}},2001.6-1999.3+\right.$$

$$\left.2.0860\times2.0162\times\sqrt{\frac{1}{10}+\frac{1}{12}}\right)$$

$$=(0.4992,4.1008)。$$

因此，A 和 B 两条流水线罐装大瓶饮料容积（总体）的均值差 $\mu_1-\mu_2$ 的置信水平为 95% 的置信区间为 $(0.4992,4.1008)$。

2. 两个正态总体方差比 σ_1^2/σ_2^2 的置信区间

（1）当两个总体均值 μ_1 与 μ_2 已知时，因为总体 $X \sim N(\mu_1, \sigma_1^2)$，$X_1, X_2, \cdots, X_{n_1}$ 为取自总体 X 的一个样本，所以 $X_i \sim N(\mu_1, \sigma_1^2)$，$i=1$，$2, \cdots, n_1$。对其标准化：$\dfrac{X_i-\mu_1}{\sigma_1} \sim N(0,1), i=1,2,\cdots,n_1$，进而 $\widetilde{\chi}_1^2 = \sum_{i=1}^{n_1}\left(\dfrac{X_i-\mu_1}{\sigma_1}\right)^2 \sim \chi^2(n_1)$。同理，$\widetilde{\chi}_2^2 = \sum_{i=1}^{n_2}\left(\dfrac{Y_i-\mu_2}{\sigma_2}\right)^2 \sim \chi^2(n_2)$。

构造服从 F 分布的量：

$$F = \frac{\widetilde{\chi}_1^2/n_1}{\widetilde{\chi}_2^2/n_2} = \left[\frac{1}{n_1}\sum_{i=1}^{n_1}\left(\frac{X_i-\mu_1}{\sigma_1}\right)^2\right] \Big/ \left[\frac{1}{n_2}\sum_{i=1}^{n_2}\left(\frac{Y_i-\mu_2}{\sigma_2}\right)^2\right]$$

$$= \frac{\widetilde{S}_1^2/\sigma_1^2}{\widetilde{S}_2^2/\sigma_2^2} = \frac{\widetilde{S}_1^2/\widetilde{S}_2^2}{\sigma_1^2/\sigma_2^2} \sim F(n_1, n_2),$$

其中，$\widetilde{S}_1^2 = \dfrac{1}{n_1}\sum_{i=1}^{n_1}(X_i-\mu_1)^2$，$\widetilde{S}_2^2 = \dfrac{1}{n_2}\sum_{i=1}^{n_2}(Y_i-\mu_2)^2$。

根据自由度为 n_1 与 n_2 的 F 分布的分位点（见图 7-5），有

$$P(F_{1-\alpha/2}(n_1, n_2) < F < F_{\alpha/2}(n_1, n_2))$$

$$= P\left(F_{1-\alpha/2}(n_1, n_2) < \frac{\widetilde{S}_1^2/\widetilde{S}_2^2}{\sigma_1^2/\sigma_2^2} < F_{\alpha/2}(n_1, n_2)\right) = 1-\alpha$$

成立，即

$$P\left(\frac{\widetilde{S}_1^2/\widetilde{S}_2^2}{F_{\alpha/2}(n_1, n_2)} < \frac{\sigma_1^2}{\sigma_2^2} < \frac{\widetilde{S}_1^2/\widetilde{S}_2^2}{F_{1-\alpha/2}(n_1, n_2)}\right) = 1-\alpha。$$

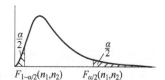

图 7-5　自由度为 n_1 与 n_2 的 F 分布的分位点

因此，两个正态总体 X 与 Y 的方差比 σ_1^2/σ_2^2 的置信水平为 $1-\alpha$ 的置信区间为

$$\left(\frac{\widetilde{S}_1^2/\widetilde{S}_2^2}{F_{\alpha/2}(n_1, n_2)}, \frac{\widetilde{S}_1^2/\widetilde{S}_2^2}{F_{1-\alpha/2}(n_1, n_2)}\right),$$

其中，$\widetilde{S}_1^2 = \dfrac{1}{n_1}\sum_{i=1}^{n_1}(X_i-\mu_1)^2$，$\widetilde{S}_2^2 = \dfrac{1}{n_2}\sum_{i=1}^{n_2}(Y_i-\mu_2)^2$。

例 7.3.7　对于某种汽车零件的生产设备，其使用时间越长，生产出的零件误差就越大，但是零件直径（单位：mm）的均值几乎不变，假设均值一直为标准值 19.060mm。已知该设备生产的零件直径服从正态分布，为了检测该设备的老化情况，即该设备在不同时期生产的零件的误差对比，在该设备投入使用的第 3 个月，随机抽取该月生产的 8 个零件，其直径分别为 19.061、19.061、19.058、19.061、19.062、19.060、19.059、19.058；在该设备投入使用的第 39 个月，随机抽取该月生产的 10 个零件，其直径分别为 19.064、19.066、19.054、19.062、19.067、19.062、19.055、19.057、

19.055、19.058。试求该设备在投入使用的第 3 个月与第 39 个月生产出的零件直径（总体）的方差比的置信水平为 99% 的置信区间。

解　$n_1 = 8$，$n_2 = 10$，$\mu_1 = \mu_2 = 19.060$，

$$\tilde{s}_1^2 = \frac{1}{n_1}\sum_{i=1}^{n_1}(x_i - \mu_1)^2 = 2.00 \times 10^{-6}, \quad \tilde{s}_2^2 = \frac{1}{n_2}\sum_{i=1}^{n_2}(y_i - \mu_2)^2 = 2.08 \times 10^{-5},$$

$$F_{\alpha/2}(n_1, n_2) = F_{0.005}(8,10) = 6.12, \quad F_{1-\alpha/2}(n_1, n_2) = F_{0.995}(8,10)$$

$$= \frac{1}{F_{0.005}(10,8)} = \frac{1}{7.21},$$

$$\left(\frac{\tilde{s}_1^2 / \tilde{s}_2^2}{F_{\alpha/2}(n_1, n_2)}, \frac{\tilde{s}_1^2 / \tilde{s}_2^2}{F_{1-\alpha/2}(n_1, n_2)} \right)$$

$$= \left(\frac{(2.00 \times 10^{-6})/(2.08 \times 10^{-5})}{6.12}, \frac{(2.00 \times 10^{-6})/(2.08 \times 10^{-5})}{1/7.21} \right)$$

$$= (0.0157, 0.6933)。$$

因此，该设备在投入使用的第 3 个月与第 39 个月生产出的零件直径（总体）的方差比 σ_1^2/σ_2^2 的置信水平为 99% 的置信区间为 $(0.0157, 0.6933)$。

（2）当两个总体均值 μ_1 与 μ_2 未知时，因为总体 $X \sim N(\mu_1, \sigma_1^2)$，$X_1, X_2, \cdots, X_{n_1}$ 为取自总体 X 的一个样本，所以 $\chi_1^2 = \dfrac{(n_1-1)S_1^2}{\sigma_1^2} \sim$

$\chi^2(n_1 - 1)$。同理，$\chi_2^2 = \dfrac{(n_2-1)S_2^2}{\sigma_2^2} \sim \chi^2(n_2 - 1)$。

构造服从 F 分布的量：

$$F = \frac{\chi_1^2/(n_1-1)}{\chi_2^2/(n_2-1)} = \left[\frac{(n_1-1)S_1^2}{(n_1-1)\sigma_1^2} \right] \Big/ \left[\frac{(n_2-1)S_2^2}{(n_2-1)\sigma_2^2} \right] = \frac{S_1^2/\sigma_1^2}{S_2^2/\sigma_2^2}$$

$$= \frac{S_1^2/S_2^2}{\sigma_1^2/\sigma_2^2} \sim F(n_1-1, n_2-1),$$

根据自由度为 n_1-1 与 n_2-1 的 F 分布的分位点（见图 7-6），有

$$P(F_{1-\alpha/2}(n_1-1, n_2-1) < F < F_{\alpha/2}(n_1-1, n_2-1))$$

$$= P\left(F_{1-\alpha/2}(n_1-1, n_2-1) < \frac{S_1^2/S_2^2}{\sigma_1^2/\sigma_2^2} < F_{\alpha/2}(n_1-1, n_2-1) \right) = 1 - \alpha$$

成立，即

$$P\left(\frac{S_1^2/S_2^2}{F_{\alpha/2}(n_1-1, n_2-1)} < \frac{\sigma_1^2}{\sigma_2^2} < \frac{S_1^2/S_2^2}{F_{1-\alpha/2}(n_1-1, n_2-1)} \right) = 1 - \alpha。$$

因此，两个正态总体 X 与 Y 的方差比 σ_1^2/σ_2^2 的置信水平为 $1-\alpha$ 的置信区间为

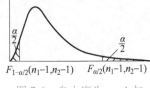

图 7-6　自由度为 n_1-1 与 n_2-1 的 F 分布的分位点

$$\left(\frac{S_1^2/S_2^2}{F_{\alpha/2}(n_1-1, n_2-1)}, \frac{S_1^2/S_2^2}{F_{1-\alpha/2}(n_1-1, n_2-1)} \right)。$$

例 7.3.8 为了检验两种不同鱼饲料 A 与 B 对鱼儿生长的影响差异，同一时期在两个条件基本相同的鱼池放养相同的鲤鱼苗，分别用 A 与 B 饲料喂养。半年后，分别从两个鱼池打捞出若干条鲤鱼，其中，用 A 饲料喂养的鲤鱼 21 条，用 B 饲料喂养的鲤鱼 25 条。已知用 A 与 B 饲料喂养的鲤鱼重量分别服从正态分布 $N(\mu_1, \sigma_1^2)$ 与 $N(\mu_2, \sigma_2^2)$，其中，$\mu_1, \mu_2, \sigma_1^2, \sigma_2^2$ 都是未知参数。已经求得分别用 A 与 B 两种饲料喂养的鲤鱼重量（单位：kg）的样本均值 $\bar{x} = 0.417$ 与 $\bar{y} = 0.463$ 以及样本方差 $s_1^2 = 0.036$ 与 $s_2^2 = 0.022$。试求分别用 A 与 B 两种饲料喂养的鲤鱼重量（总体）的方差比 σ_1^2/σ_2^2 的置信水平为 90% 的置信区间。

解 $n_1 = 21, n_2 = 25, F_{\alpha/2}(n_1-1, n_2-1) = F_{0.05}(20, 24) = 2.03$，

$$F_{1-\alpha/2}(n_1-1, n_2-1) = \frac{1}{F_{\alpha/2}(n_2-1, n_1-1)} = \frac{1}{F_{0.05}(24, 20)} = \frac{1}{2.08},$$

$$\left(\frac{s_1^2/s_2^2}{F_{\alpha/2}(n_1-1, n_2-1)}, \frac{s_1^2/s_2^2}{F_{1-\alpha/2}(n_1-1, n_2-1)} \right) = \left(\frac{0.036/0.022}{2.03}, \frac{0.036/0.022}{1/2.08} \right)$$

$$= (0.8061, 3.4036)。$$

因此，分别用 A 与 B 两种饲料喂养的鲤鱼重量（总体）的方差比 σ_1^2/σ_2^2 的置信水平为 90% 的置信区间为 $(0.8061, 3.4036)$。

7.3.4 非正态总体的分布参数的置信区间

非正态总体的分布参数的区间估计所涉及的问题较多，由于教材篇幅限制和本书并非面向统计类和数学类专业的学生，故本部分仅讨论两个非正态总体的分布参数的区间估计问题：指数分布参数的置信区间和两点分布参数的置信区间。

1. 指数分布参数的置信区间

定理 7.6 若总体 X 服从参数为 $\lambda > 0$ 的指数分布，即 $X \sim \mathrm{Exp}(\lambda)$，$X_1, X_2, \cdots, X_n$ 为取自总体 X 的一个样本，则 $Y = 2\lambda n\bar{X} = 2\lambda \sum_{i=1}^{n} X_i \sim \chi^2(2n)$。

证 因为总体 $X \sim \mathrm{Exp}(\lambda)$，所以其概率密度函数为

$$f(x) = \begin{cases} \lambda \mathrm{e}^{-\lambda x}, & x > 0, \\ 0, & x \leqslant 0, \end{cases}$$

$$F_{2\lambda X_1}(y) = P(2\lambda X_1 \leqslant y) = P\left(X_1 \leqslant \frac{y}{2\lambda}\right) = \begin{cases} \int_{-\infty}^{\frac{y}{2\lambda}} f(x)\,\mathrm{d}x = \int_0^{\frac{y}{2\lambda}} \lambda \mathrm{e}^{-\lambda x}\,\mathrm{d}x, & y > 0, \\ \int_{-\infty}^{\frac{y}{2\lambda}} 0\,\mathrm{d}x = 0, & y \leqslant 0_\circ \end{cases}$$

$2\lambda X_1$ 的分布函数 $F_{2\lambda X_1}(y)$ 对 y 求导数，得到 $2\lambda X_1$ 的概率密度函数

$$f_{2\lambda X_1}(y) = \frac{\mathrm{d}F_{2\lambda X_1}(y)}{\mathrm{d}y} = \begin{cases} \frac{1}{2}\mathrm{e}^{-\frac{y}{2}}, & y > 0, \\ 0, & y \leqslant 0_\circ \end{cases}$$

$f_{2\lambda X_1}(y)$ 是自由度为 2 的卡方分布的概率密度函数，即 $2\lambda X_1 \sim \chi^2(2)$。由卡方分布的可加性，得到 $Y = 2\lambda n\overline{X} = 2\lambda \sum_{i=1}^{n} X_i \sim \chi^2(2n)$。

设法构造一个有关指数分布参数 λ 的枢轴量。由定理 7.6 知，$Y = 2\lambda \sum_{i=1}^{n} X_i$ 与样本 $X_1, X_2, \cdots, X_n$ 和待估计的参数 λ 有关，而与其他未知参数无关，并且其服从不依赖于参数 λ 的已知分布 $\chi^2(2n)$，故 $Y = 2\lambda \sum_{i=1}^{n} X_i$ 是有关 λ 的枢轴量。根据卡方分布的上 $\alpha/2$ 与上 $1-\alpha/2$ 分位点，有

$$P(\chi^2_{1-\alpha/2}(2n) < Y < \chi^2_{\alpha/2}(2n)) = P\left(\chi^2_{1-\alpha/2}(2n) < 2\lambda \sum_{i=1}^{n} X_i < \chi^2_{\alpha/2}(2n)\right) = 1-\alpha$$

成立，即

$$P\left(\frac{\chi^2_{1-\alpha/2}(2n)}{2\sum_{i=1}^{n} X_i} < \lambda < \frac{\chi^2_{\alpha/2}(2n)}{2\sum_{i=1}^{n} X_i}\right) = 1-\alpha_\circ$$

因此，指数分布参数 λ 的置信水平为 $1-\alpha$ 的置信区间为

$$\left(\frac{\chi^2_{1-\alpha/2}(2n)}{2\sum_{i=1}^{n} X_i}, \frac{\chi^2_{\alpha/2}(2n)}{2\sum_{i=1}^{n} X_i}\right) \text{或} \left(\frac{\chi^2_{1-\alpha/2}(2n)}{2n\overline{X}}, \frac{\chi^2_{\alpha/2}(2n)}{2n\overline{X}}\right)_\circ$$

例 7.3.9   已知 LED 灯泡的使用寿命服从指数分布。现从某厂生产的一批 LED 灯泡中随机抽取 8 只，其使用寿命（单位：kh）如下：113、120、106、109、123、115、118、108。试求该批 LED 灯泡的平均使用寿命（总体）的置信水平为 95% 的置信区间。

解   设该批 LED 灯泡的使用寿命（总体）为 X，平均使用寿命为 $\theta = E(X)$。

因为 LED 灯泡的使用寿命 X 服从指数分布，即 $X \sim \mathrm{Exp}(\theta^{-1})$，$\theta^{-1}$ 的置信水平为 $1-\alpha$ 的置信区间为

$$\left(\frac{\chi^2_{1-\alpha/2}(2n)}{2n\overline{X}}, \frac{\chi^2_{\alpha/2}(2n)}{2n\overline{X}} \right),$$

所以 θ 的置信水平为 $1-\alpha$ 的置信区间为

$$\left(\frac{2n\overline{X}}{\chi^2_{\alpha/2}(2n)}, \frac{2n\overline{X}}{\chi^2_{1-\alpha/2}(2n)} \right).$$

由于 $n=8$，$\bar{x}=114$，$\chi^2_{\alpha/2}(2n)=\chi^2_{0.025}(16)=28.845$，$\chi^2_{1-\alpha/2}(2n)=\chi^2_{0.975}(16)=6.908$，故该批 LED 灯泡的平均使用寿命（总体）的置信水平为 95% 的置信区间为

$$\left(\frac{2n\bar{x}}{\chi^2_{\alpha/2}(2n)}, \frac{2n\bar{x}}{\chi^2_{1-\alpha/2}(2n)} \right) = \left(\frac{2\times8\times114}{28.845}, \frac{2\times8\times114}{6.908} \right) = (63.2345, 264.0417).$$

2. 两点分布参数的置信区间

设总体 X 服从参数为 $p \geq 0$ 的两点分布，其概率密度函数为 $f(x;p)=p^x(1-p)^{1-x}, x=0,1$，其中，$p$ 为未知参数，表示一次试验中某结果出现的概率。$X_1, X_2, \cdots, X_n$ 为取自总体 X 的一个样本，当样本量 n 较大（$n>50$）时，求参数 p 的置信水平为 $1-\alpha$ 的置信区间。

因为样本量 n 较大，所以由中心极限定理知，$Y = \dfrac{\sum\limits_{i=1}^{n} X_i - n\mu}{\sqrt{n\sigma^2}} = \dfrac{n\overline{X}-np}{\sqrt{np(1-p)}}$ 近似服从标准正态分布 $N(0,1)$。根据标准正态分布的上 $\alpha/2$ 与下 $\alpha/2$ 分位点（见图 7-1），有

$$P(|Y| < z_{\alpha/2}) = P\left(\left| \frac{n\overline{X}-np}{\sqrt{np(1-p)}} \right| < z_{\alpha/2} \right) = 1-\alpha$$

成立。不等式 $\left| \dfrac{n\overline{X}-np}{\sqrt{np(1-p)}} \right| < z_{\alpha/2}$ 等价于 $(n+z^2_{\alpha/2})p^2 - (2n\overline{X}+z^2_{\alpha/2})p + n\overline{X}^2 < 0$，求解此一元二次不等式，得到参数 p 的近似的置信水平为 $1-\alpha$ 的置信区间 $\left(\dfrac{-b-\sqrt{b^2-4ac}}{2a}, \dfrac{-b+\sqrt{b^2-4ac}}{2a} \right)$，其中，$a = n+z^2_{\alpha/2}, b=-(2n\overline{X}+z^2_{\alpha/2}), c=n\overline{X}^2$。

例 7.3.10 某位从业 5 年的基金经理近半年 125 个交易日中有 90 个交易日收益为正，试求该基金经理的胜率 p 的置信水平为 90% 的置信区间。

解 $n=125$，$\bar{x}=\dfrac{1}{n}\sum\limits_{i=1}^{n} x_i = \dfrac{90}{125} = 0.72$，$z^2_{\alpha/2}=z^2_{0.05}=1.645^2=2.7060$，

$$a = n+z^2_{\alpha/2} = 125+2.7060 = 127.7060,$$

$$b = -(2n\bar{x}+z^2_{\alpha/2}) = -2\times125\times0.72 - 2.7060 = -182.7060,$$

$$c = n\bar{x}^2 = 125 \times 0.72^2 = 64.8000,$$

$$\frac{-b-\sqrt{b^2-4ac}}{2a} = -\frac{(-182.7060)-\sqrt{(-182.7060)^2-4 \times 127.7060 \times 64.8000}}{2 \times 127.7060}$$

$$= 0.6498,$$

$$\frac{-b+\sqrt{b^2-4ac}}{2a} = -\frac{(-182.7060)+\sqrt{(-182.7060)^2-4 \times 127.7060 \times 64.8000}}{2 \times 127.7060}$$

$$= 0.7809。$$

因此，该基金经理的胜率 p 的置信水平为 90% 的置信区间为 $(0.6498, 0.7809)$。

7.3.5 单侧置信区间简介

前面学习的区间估计为估计参数的双侧置信区间 $(\underline{\theta}, \bar{\theta})$，需要构造两个统计量：置信下限 $\underline{\theta} = \underline{\theta}(X_1, X_2, \cdots, X_n)$ 与置信上限 $\bar{\theta} = \bar{\theta}(X_1, X_2, \cdots, X_n)$。然而，在很多实际问题中，我们仅仅关心两个"限"中的一个，如我们希望元器件的使用寿命越长越好，所以我们关心的是平均使用寿命的置信下限；我们希望完成某项工作的时长越短越好，所以我们关心的是平均工作时长的置信上限。针对此类问题，给定置信水平 $1-\alpha$，需要构造单侧置信区间 $(-\infty, \bar{\theta})$ 或 $(0, \bar{\theta})$ 或 $(\underline{\theta}, +\infty)$。

> **定义 7.8** 设总体 X 的分布函数 $F(x;\theta)$ 含有一个未知参数 $\theta \in \Theta$，Θ 是 θ 可能的取值范围，$X_1, X_2, \cdots, X_n$ 为取自总体 X 的一个样本。若可以构造出一个统计量 $\underline{\theta} = \underline{\theta}(X_1, X_2, \cdots, X_n)$，使得对于 $\forall \theta \in \Theta$ 与给定的 $\alpha (0 < \alpha < 1)$，都有
> $$P(\theta > \underline{\theta}) \geq 1-\alpha$$
> 成立，则称随机区间 $(\underline{\theta}, +\infty)$ 是参数 θ 的置信水平（置信度）为 $1-\alpha$ 的单侧置信区间，其中，$\underline{\theta}$ 称为置信水平为 $1-\alpha$ 的单侧置信区间的置信下限。若可以构造出一个统计量 $\bar{\theta} = \bar{\theta}(X_1, X_2, \cdots, X_n)$，使得对于 $\forall \theta \in \Theta$ 与给定的 α，都有
> $$P(\theta < \bar{\theta}) \geq 1-\alpha$$
> 成立，则称随机区间 $(-\infty, \bar{\theta})$（某些问题为 $(0, \bar{\theta})$，其中，$\bar{\theta} > 0$）是参数 θ 的置信水平为 $1-\alpha$ 的单侧置信区间，其中，$\bar{\theta}$ 称为置信水平为 $1-\alpha$ 的单侧置信区间的置信上限。

设总体 X 服从方差 σ^2 已知、均值 μ 未知的正态分布，即 $X\sim$

$N(\mu,\sigma^2)$，$X_1,X_2,\cdots,X_n$ 为取自总体 X 的一个样本，下面求均值 μ 的置信水平为 $1-\alpha$ 的两个单侧置信区间。

构造服从标准正态分布的枢轴量：$Z=\dfrac{\overline{X}-\mu}{\sigma/\sqrt{n}}\sim N(0,1)$。

根据标准正态分布的分位点(见图7-7)，有

$$P(Z<z_\alpha)=P\left(\frac{\overline{X}-\mu}{\sigma/\sqrt{n}}<z_\alpha\right)=1-\alpha \text{ 与 } P(Z>-z_\alpha)=P\left(\frac{\overline{X}-\mu}{\sigma/\sqrt{n}}>-z_\alpha\right)=1-\alpha,$$

即

$$P\left(\mu>\overline{X}-\frac{\sigma}{\sqrt{n}}z_\alpha\right)=1-\alpha \text{ 与 } P\left(\mu<\overline{X}+\frac{\sigma}{\sqrt{n}}z_\alpha\right)=1-\alpha。$$

因此，均值 μ 的置信水平为 $1-\alpha$ 的两个单侧置信区间为 $\left(\overline{X}-\dfrac{\sigma}{\sqrt{n}}z_\alpha,+\infty\right)$ 与 $\left(-\infty,\overline{X}+\dfrac{\sigma}{\sqrt{n}}z_\alpha\right)$ 或 $\left(0,\overline{X}+\dfrac{\sigma}{\sqrt{n}}z_\alpha\right)$，均值 μ 的置信水平为 $1-\alpha$ 的单侧置信区间的置信下限与置信上限分别为 $\overline{X}-\dfrac{\sigma}{\sqrt{n}}z_\alpha$ 与 $\overline{X}+\dfrac{\sigma}{\sqrt{n}}z_\alpha$。

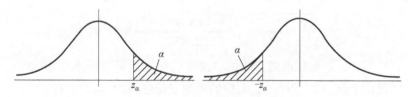

图7-7 标准正态分布的分位点

设总体 X 服从均值为 μ、方差为 σ^2 的正态分布，即 $X\sim N(\mu,\sigma^2)$，其中，μ 与 σ^2 都是未知参数。$X_1,X_2,\cdots,X_n$ 为取自总体 X 的一个样本，下面求方差 σ^2 的置信水平为 $1-\alpha$ 的两个单侧置信区间。

构造服从自由度为 $n-1$ 的卡方分布的枢轴量：$\chi^2=\dfrac{(n-1)S^2}{\sigma^2}\sim\chi^2(n-1)$。

根据自由度为 $n-1$ 的卡方分布的分位点(见图7-8)，有

$$P(\chi^2<\chi^2_\alpha(n-1))=P\left(\frac{(n-1)S^2}{\sigma^2}<\chi^2_\alpha(n-1)\right)=1-\alpha,$$

$$P(\chi^2>\chi^2_{1-\alpha}(n-1))=P\left(\frac{(n-1)S^2}{\sigma^2}>\chi^2_{1-\alpha}(n-1)\right)=1-\alpha,$$

即

$$P\left(\sigma^2>\frac{(n-1)S^2}{\chi^2_\alpha(n-1)}\right)=1-\alpha \text{ 与 } P\left(\sigma^2<\frac{(n-1)S^2}{\chi^2_{1-\alpha}(n-1)}\right)=1-\alpha。$$

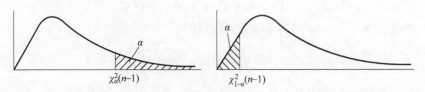

图 7-8　自由度为 $n-1$ 的卡方分布的分位点

因此，方差 σ^2 的置信水平为 $1-\alpha$ 的两个单侧置信区间为 $\left(\dfrac{(n-1)S^2}{\chi_\alpha^2(n-1)},\ +\infty\right)$ 与 $\left(0,\dfrac{(n-1)S^2}{\chi_{1-\alpha}^2(n-1)}\right)$，方差 σ^2 的置信水平为 $1-\alpha$ 的

单侧置信区间的置信下限与置信上限分别为 $\dfrac{(n-1)S^2}{\chi_\alpha^2(n-1)}$ 与 $\dfrac{(n-1)S^2}{\chi_{1-\alpha}^2(n-1)}$。

其他情形的参数的单侧置信区间估计问题可类似分析。

例 7.3.11　为了检测某个高炮发射炮弹的炮口速度的稳定性，试发 8 发炮弹，测得炮弹的炮口速度（单位：m/s）为 1183、1154、1136、1188、1146、1165、1171、1159。已知炮弹的炮口速度服从正态分布，求其标准差的置信水平为 90% 的置信上限。

解　$n=8$，$s^2=315.3571$，$\alpha=0.10$，$\chi_{1-\alpha}^2(n-1)=\chi_{0.90}^2(7)=2.833$，

$$\sqrt{\dfrac{(n-1)s^2}{\chi_{1-\alpha}^2(n-1)}}=\sqrt{\dfrac{(8-1)\times315.3571}{2.833}}=27.91。$$

因此，高炮发射炮弹的炮口速度的标准差的置信水平为 90% 的置信上限为 27.91m/s，对应的单侧置信区间为 $(0,27.91)$。

习题 7.3

1. 某工厂生产的深沟球轴承的滚珠直径（单位：mm）服从方差为 0.005 的正态分布。从该工厂生产的某批滚珠中随机抽取 8 个，测得其直径为 20.53、20.56、20.65、20.73、20.64、20.73、20.66、20.64。试求该工厂生产的深沟球轴承的滚珠直径（总体）均值的置信水平为 90% 的置信区间。

2. 某副食厂生产的中号鸡蛋糕重量（单位：g）服从正态分布。从该厂某天生产的中号鸡蛋糕中随机抽取 6 个，测得其重量如下：48.2、51.8、49.4、47.2、49.3、50.6。试求：

（1）该副食厂生产的中号鸡蛋糕重量（总体）的均值与标准差的置信水平为 95% 的双侧置信区间；

（2）该副食厂生产的中号鸡蛋糕重量（总体）的均值的置信水平为 95% 的单侧置信区间的置信下限，

以及标准差的置信水平为 95% 的单侧置信区间的置信上限。

3. 某航天院所研究两种固体燃料火箭推进器 A 与 B 的燃烧率（单位：cm/s），其中，B 是在 A 的基础上改进而来。已知两种推进器 A 与 B 的燃烧率服从正态分布且标准差都为 0.04。对于推进器 A，抽取样本量为 6 的样本 18.3、18.6、17.9、18.2、18.5、18.1；对于推进器 B，抽取样本量为 8 的样本 24.6、24.1、24.8、24.2、24.6、24.1、23.9、23.7，两个样本相互独立。试求两种固体燃料火箭推进器 B 与 A 的燃烧率（总体）均值差的置信水平为 95% 的双侧置信区间与单侧置信区间的置信下限。

4. 已知人体身高（单位：m）近似服从正态分布。随机选取 A 与 B 两地区 18~22 岁女青年各 20 人，计

算得到 A 地区 20 名女青年身高的样本均值为 1.65、样本标准差为 0.24，计算得到 B 地区 20 名女青年身高的样本均值为 1.63、样本标准差为 0.25。两个地区的女青年身高（总体）的均值与方差均未知。

（1）A 与 B 两个地区 18～22 岁女青年身高（总体）的方差近似相等，试求身高的均值差的置信水平为 95% 的置信区间；

（2）试求 A 与 B 两个地区 18～22 岁女青年身高（总体）方差比的置信水平为 90% 的置信区间。（$F_{0.05}(19,19)=2.1683, F_{0.95}(19,19)=0.4612$）

5. 为了确定某批产品的次品率，从该批产品中随机抽取样本量为 50 的样本，经检验发现其中有 6 件次品，试求这批产品的次品率的置信水平为 99% 的双侧置信区间与单侧置信区间的置信上限。

6. 设顾客在某银行网点业务窗口等待服务的时间 X（单位：min）服从参数为 $\lambda>0$ 的指数分布，即 $X\sim\mathrm{Exp}(\lambda)$。某工作日随机监测了 6 名顾客的等待时间：15、19、24、12、23、21。试求顾客在该银行网点业务窗口等待服务的平均时间的置信水平为 90% 的双侧置信区间与单侧置信区间的置信上限。

小结 7

参数估计主要包括点估计和区间估计。

点估计是指根据获取的样本估计总体分布中的未知参数的确定值。运用某种方法，合理地构造一个统计量作为未知参数的点估计量。若给定一个样本的样本值，将该样本值代入估计量，就得到了该估计量的估计值，此估计值就是未知参数的近似值。本章介绍两种经典的点估计方法：矩估计法和最大似然估计法。矩估计法是用样本矩近似等于对应的总体矩或用样本矩的连续函数近似等于对应的总体矩的连续函数，求解方程或方程组，得到未知参数的点估计。最大似然估计法的主要思想是在给定的样本下，当未知参数取何值时，样本出现的概率（似然函数）最大。

某个未知参数常常不止一种点估计量，那么哪种点估计量是最佳的呢？这就涉及点估计量的评价标准问题。本章学习了三种常用的点估计量的评价标准：相合性、无偏性和有效性。相合性是对一个估计量的基本要求，如果一个估计量连相合性都不满足，那么当样本量趋于无穷时，估计量并不收敛于参数的真实值。无偏性意味着估计量与真实值之间没有实质性的误差（系统误差）。有效性是在无偏性的基础上，找出更加密集地分布在真实值附近的估计量。

点估计法仅是给出参数真实值的点估计量或点估计值，并未给出反映估计精度的量或值，而点估计量与点估计值本身也不能反映估计的精度。区间估计不但给出了参数真实值可能的取值范围：置信区间，而且赋予了这个范围包含参数真实值的可信程度：置信水平。此范围在一定程度上体现了估计的精度。置信区间是一个随机区间，其覆盖未知参数具有预先给定的概率（置信水平）。参数的双侧置信区间和单侧置信区间见表 7-5。

表 7-5 参数的双侧置信区间和单侧置信区间的置信下限与置信上限

分布	待估参数	其他参数情况	枢轴量及其分布	双侧置信区间	单侧置信区间的置信下限与置信上限
正态分布（一个总体）	μ	σ^2 已知	$Z=\dfrac{\bar{X}-\mu}{\sigma/\sqrt{n}}\sim N(0,1)$	$\left(\bar{X}-\dfrac{\sigma}{\sqrt{n}}z_{\alpha/2},\ \bar{X}+\dfrac{\sigma}{\sqrt{n}}z_{\alpha/2}\right)$	$\underline{\mu}=\bar{X}-\dfrac{\sigma}{\sqrt{n}}z_\alpha,\ \bar{\mu}=\bar{X}+\dfrac{\sigma}{\sqrt{n}}z_\alpha$
	μ	σ^2 未知	$T=\dfrac{\bar{X}-\mu}{S/\sqrt{n}}\sim t(n-1)$	$\left(\bar{X}-\dfrac{S}{\sqrt{n}}t_{\alpha/2}(n-1),\ \bar{X}+\dfrac{S}{\sqrt{n}}t_{\alpha/2}(n-1)\right)$	$\underline{\mu}=\bar{X}-\dfrac{S}{\sqrt{n}}t_\alpha(n-1),\ \bar{\mu}=\bar{X}+\dfrac{S}{\sqrt{n}}t_\alpha(n-1)$
	σ^2	μ 已知	$\chi^2=\displaystyle\sum_{i=1}^n\left(\dfrac{X_i-\mu}{\sigma}\right)^2\sim\chi^2(n)$	$\left(\dfrac{\displaystyle\sum_{i=1}^n(X_i-\mu)^2}{\chi^2_{\alpha/2}(n)},\ \dfrac{\displaystyle\sum_{i=1}^n(X_i-\mu)^2}{\chi^2_{1-\alpha/2}(n)}\right)$	$\underline{\sigma^2}=\dfrac{\displaystyle\sum_{i=1}^n(X_i-\mu)^2}{\chi^2_{\alpha}(n)},\ \bar{\sigma^2}=\dfrac{\displaystyle\sum_{i=1}^n(X_i-\mu)^2}{\chi^2_{1-\alpha}(n)}$
	σ^2	μ 未知	$\chi^2=\dfrac{(n-1)S^2}{\sigma^2}\sim\chi^2(n-1)$	$\left(\dfrac{(n-1)S^2}{\chi^2_{\alpha/2}(n-1)},\ \dfrac{(n-1)S^2}{\chi^2_{1-\alpha/2}(n-1)}\right)$	$\underline{\sigma^2}=\dfrac{(n-1)S^2}{\chi^2_{\alpha}(n-1)},\ \bar{\sigma^2}=\dfrac{(n-1)S^2}{\chi^2_{1-\alpha}(n-1)}$
正态分布（两个总体）	$\mu_1-\mu_2$	σ_1^2 与 σ_2^2 已知	$\tilde{Z}=\dfrac{(\bar{X}-\bar{Y})-(\mu_1-\mu_2)}{\sqrt{\dfrac{\sigma_1^2}{n_1}+\dfrac{\sigma_2^2}{n_2}}}\sim N(0,1)$	$\left(\bar{X}-\bar{Y}-z_{\alpha/2}\sqrt{\dfrac{\sigma_1^2}{n_1}+\dfrac{\sigma_2^2}{n_2}},\ \bar{X}-\bar{Y}+z_{\alpha/2}\sqrt{\dfrac{\sigma_1^2}{n_1}+\dfrac{\sigma_2^2}{n_2}}\right)$	$\underline{\mu_1-\mu_2}=\bar{X}-\bar{Y}-z_{\alpha}\sqrt{\dfrac{\sigma_1^2}{n_1}+\dfrac{\sigma_2^2}{n_2}},$ $\overline{\mu_1-\mu_2}=\bar{X}-\bar{Y}+z_{\alpha}\sqrt{\dfrac{\sigma_1^2}{n_1}+\dfrac{\sigma_2^2}{n_2}}$
	$\mu_1-\mu_2$	$\sigma_1^2=\sigma_2^2=\sigma^2$ 未知	$\tilde{T}=\dfrac{(\bar{X}-\bar{Y})-(\mu_1-\mu_2)}{S_w\sqrt{\dfrac{1}{n_1}+\dfrac{1}{n_2}}}\sim t(n_1+n_2-2),$ $S_w=\sqrt{\dfrac{(n_1-1)S_1^2+(n_2-1)S_2^2}{n_1+n_2-2}}$	$\left(\bar{X}-\bar{Y}-t_{\alpha/2}(n_1+n_2-2)S_w\sqrt{\dfrac{1}{n_1}+\dfrac{1}{n_2}},\ \bar{X}-\bar{Y}+t_{\alpha/2}(n_1+n_2-2)S_w\sqrt{\dfrac{1}{n_1}+\dfrac{1}{n_2}}\right)$	$\underline{\mu_1-\mu_2}=\bar{X}-\bar{Y}-t_{\alpha}(n_1+n_2-2)S_w\sqrt{\dfrac{1}{n_1}+\dfrac{1}{n_2}},$ $\overline{\mu_1-\mu_2}=\bar{X}-\bar{Y}+t_{\alpha}(n_1+n_2-2)S_w\sqrt{\dfrac{1}{n_1}+\dfrac{1}{n_2}}$

（续）

分布	待估参数	其他参数情况	枢轴量及其分布	双侧置信区间	单侧置信区间的置信下限与置信上限
正态分布（两个总体）	σ_1^2/σ_2^2	μ_1 与 μ_2 已知	$F=\dfrac{\tilde{S}_1^2/\tilde{S}_2^2}{\sigma_1^2/\sigma_2^2}\sim F(n_1,n_2),$ $\tilde{S}_1^2=\dfrac{1}{n_1}\displaystyle\sum_{i=1}^{n_1}(X_i-\mu_1)^2,$ $\tilde{S}_2^2=\dfrac{1}{n_2}\displaystyle\sum_{i=1}^{n_2}(Y_i-\mu_2)^2$	$\left(\dfrac{\tilde{S}_1^2/\tilde{S}_2^2}{F_{\alpha/2}(n_1,n_2)},\dfrac{\tilde{S}_1^2/\tilde{S}_2^2}{F_{1-\alpha/2}(n_1,n_2)}\right)$	$\underline{\sigma_1^2/\sigma_2^2}=\dfrac{\tilde{S}_1^2/\tilde{S}_2^2}{F_{\alpha}(n_1,n_2)},\overline{\sigma_1^2/\sigma_2^2}=\dfrac{\tilde{S}_1^2/\tilde{S}_2^2}{F_{1-\alpha}(n_1,n_2)}$
	σ_1^2/σ_2^2	μ_1 与 μ_2 未知	$F=\dfrac{S_1^2/S_2^2}{\sigma_1^2/\sigma_2^2}\sim F(n_1-1,n_2-1)$	$\left(\dfrac{S_1^2/S_2^2}{F_{\alpha/2}(n_1-1,n_2-1)},\dfrac{S_1^2/S_2^2}{F_{1-\alpha/2}(n_1-1,n_2-1)}\right)$	$\underline{\sigma_1^2/\sigma_2^2}=\dfrac{S_1^2/S_2^2}{F_{\alpha}(n_1-1,n_2-1)},\overline{\sigma_1^2/\sigma_2^2}=\dfrac{S_1^2/S_2^2}{F_{1-\alpha}(n_1-1,n_2-1)}$
指数分布	λ	无	$Y=2\lambda n\bar{X}\sim\chi^2(2n)$	$\left(\dfrac{\chi^2_{1-\alpha/2}(2n)}{2n\bar{X}},\dfrac{\chi^2_{\alpha/2}(2n)}{2n\bar{X}}\right)$	$\underline{\lambda}=\dfrac{\chi^2_{1-\alpha}(2n)}{2n\bar{X}},\overline{\lambda}=\dfrac{\chi^2_{\alpha}(2n)}{2n\bar{X}}$
两点分布	p	无	$Y=\dfrac{n\bar{X}-np}{\sqrt{np(1-p)}}\sim N(0,1)$	$\left(\dfrac{-b-\sqrt{b^2-4ac}}{2a},\dfrac{-b+\sqrt{b^2-4ac}}{2a}\right),$ $a=n+z^2_{\alpha/2},b=-(2n\bar{X}+z^2_{\alpha/2}),c=n\bar{X}^2$	$\underline{p}=\dfrac{-\tilde{b}-\sqrt{\tilde{b}^2-4\tilde{a}\tilde{c}}}{2\tilde{a}},\overline{p}=\dfrac{-\tilde{b}+\sqrt{\tilde{b}^2-4\tilde{a}\tilde{c}}}{2\tilde{a}},$ $\tilde{a}=n+z^2_{\alpha},\tilde{b}=-(2n\bar{X}+z^2_{\alpha}),\tilde{c}=n\bar{X}^2$

章节测验7

1. 设总体 X 的概率密度函数为

$$f(x;\theta)=\begin{cases}\dfrac{2}{\theta^2}(\theta-x), & 0<x<\theta,\\ 0, & \text{其他},\end{cases}$$

其中，θ 为未知参数。$X_1,X_2,\cdots,X_n$ 为取自总体 X 的一个样本，试求参数 θ 的矩估计量。

2. 设总体 X 的概率密度函数为

$$f(x;\theta)=\begin{cases}\sqrt{\theta}x^{\sqrt{\theta}-1}, & 0<x<1,\\ 0, & \text{其他},\end{cases}$$

其中，$\theta>0$ 为未知参数。$X_1,X_2,\cdots,X_n$ 为取自总体 X 的一个样本，试求参数 θ 的矩估计量。

3. 从某群炒股股民一年的收益率数据中随机抽取 10 人的收益率数据：0.01、-0.11、-0.12、-0.09、-0.13、-0.30、0.10、-0.09、-0.10、-0.11，试求这群股民的收益率的均值与标准差的矩估计值。

4. 总体 X 的分布律见表 7-6。

表 7-6　总体 X 的分布律

X	1	2	3
p_k	θ^2	$2\theta(1-\theta)$	$(1-\theta)^2$

其中，$\theta(0<\theta<1)$ 为未知参数。X_1,X_2,X_3 为取自总体 X 的一个样本，1、2、1 是样本 X_1,X_2,X_3 的一个样本值，试求参数 θ 的矩估计值与最大似然估计值。

5. 专家为了研究某湖滩地区的岩石成分，从该地区随机独立地采集 100 个样品，每个样品有 10 块石子，记录每个样品中属石灰石的石子数，观察到 i 块石灰石的样品个数（$i=0,1,\cdots,10$）见表 7-7。试求每块石子是石灰石的概率的最大似然估计值。

表 7-7　观察到 i 块石灰石的样品个数

样品中属石灰石的石子数 i	0	1	2	3	4	5	6	7	8	9	10
观察到 i 块石灰石的样品个数	0	1	6	7	23	26	21	12	3	1	0

6. 设某种电子元件的使用寿命 X 的概率密度函数为

$$f(x;\theta)=\begin{cases}2\mathrm{e}^{-2(x-\theta)}, & x>\theta,\\ 0, & \text{其他},\end{cases}$$

其中，$\theta>0$ 为未知参数。$X_1,X_2,\cdots,X_n$ 为取自总体 X 的一个样本，试求参数 θ 的最大似然估计量。

7. 设总体 X 服从帕累托（Pareto）分布，其概率密度函数为

$$f(x;\alpha,\theta)=\begin{cases}\theta\alpha^{\theta}x^{-\theta-1}, & x>\alpha,\\ 0, & \text{其他},\end{cases}$$

其中，$\alpha>0,\theta>0$ 都为未知参数。$X_1,X_2,\cdots,X_n$ 为取自总体 X 的一个样本，试求参数 α 与 θ 的最大似然估计量。

8. 设总体 X 的概率密度函数为

$$f(x;\theta)=\begin{cases}\theta, & 0<x<1,\\ 1-\theta, & 1\leq x<2,\\ 0, & \text{其他},\end{cases}$$

其中，$0<\theta<1$ 为未知参数。$X_1,X_2,\cdots,X_n$ 为取自总体 X 的一个样本，记 N 为一个样本值 $x_1,x_2,\cdots,x_n$ 中小于 1 的个数。试求参数 θ 的矩估计值与最大似然估计值。

9. 设总体 $X\sim N(\mu,\sigma^2)$，其中，μ 与 σ^2 都是未知参数。$X_1,X_2,\cdots,X_n$ 为取自总体 X 的一个样本，试证明估计量 $S_n^2=\dfrac{1}{n}\sum_{i=1}^{n}(X_i-\overline{X})^2$ 是总体方差 σ^2 的相合估计量。

10. 设总体 $X\sim U(\theta,2\theta)$，其中，$\theta>0$ 是未知参数。$X_1,X_2,\cdots,X_n$ 为取自总体 X 的一个样本，$\overline{X}$ 是样本均值。

（1）试证明 $\hat{\theta}=\dfrac{2}{3}\overline{X}$ 是参数 θ 的无偏估计量与相合估计量；

（2）试求参数 θ 的最大似然估计量，并讨论该估计量的无偏性与相合性。

11. 设总体 $X\sim N(\mu,\sigma^2)$，其中，μ 与 σ^2 都是未知参数。$X_1,X_2,\cdots,X_n$ 为取自总体 X 的一个样本，记 $\overline{X}=\dfrac{1}{n}\sum_{i=1}^{n}X_i$，$S^2=\dfrac{1}{n-1}\sum_{i=1}^{n}(X_i-\overline{X})^2$，$T=\overline{X}^2-\dfrac{1}{n}S^2$，

试证明统计量 T 是参数 μ^2 的无偏估计量。

12. 已知某均匀分布的概率密度函数为

$$f(x;\theta)=\begin{cases}\dfrac{1}{\theta}, & 0<x\leqslant\theta,\\ 0, & 其他,\end{cases}$$

其中，$\theta>0$ 为未知参数。试证明参数 θ 的最大似然估计量不是无偏的。

13. 设炮弹着落点 (X,Y) 离目标（原点）的距离为 $Z=\sqrt{X^2+Y^2}$。若 X 与 Y 为独立同分布的随机变量，其共同分布为 $N(0,\sigma^2)$，可得随机变量 Z 服从瑞利分布，其概率密度函数为

$$f(z;\sigma)=\begin{cases}\dfrac{z}{\sigma^2}e^{-\frac{z^2}{2\sigma^2}}, & z>0,\\ 0, & 其他,\end{cases}$$

其中，$\sigma>0$ 为未知参数。$Z_1,Z_2,\cdots,Z_n$ 为取自总体 Z 的一个样本，试求 σ^2 的最大似然估计量，并分析该估计量的无偏性。

14. 设总体 X 服从均值为 μ、方差为 σ^2 的正态分布，即 $X\sim N(\mu,\sigma^2)$。$X_1,X_2,\cdots,X_n$ 为取自总体 X 的一个样本。试求常数 k，使得估计量 $\hat{\sigma}=\dfrac{1}{k}\sum\limits_{i=1}^{n}|X_i-\overline{X}|$ 是参数 σ 的无偏估计量。

15. 设总体 $X\sim\mathrm{Exp}(\theta^{-1})$，其中，$\theta$ 为未知参数。$X_1,X_2,\cdots,X_n$ 为取自总体 X 的一个样本，记 $\overline{X}=\dfrac{1}{n}\sum\limits_{i=1}^{n}X_i$，$X_{(1)}=\min\{X_1,X_2,\cdots,X_n\}$。试分析参数 θ 的两个无偏估计量 $\hat{\theta}_1=\overline{X}$ 与 $\hat{\theta}_2=nX_{(1)}$ 的有效性。

16. 设总体 $X\sim U(\theta,\theta+1)$，其中，θ 为未知参数。$X_1,X_2,\cdots,X_n$ 为取自总体 X 的一个样本，$X_{(1)}=\min\{X_1,X_2,\cdots,X_n\}$，$X_{(n)}=\max\{X_1,X_2,\cdots,X_n\}$。

（1）试证明：$\hat{\theta}_1=\overline{X}-\dfrac{1}{2}$，$\hat{\theta}_2=X_{(1)}-\dfrac{1}{n+1}$，$\hat{\theta}_3=X_{(n)}-\dfrac{n}{n+1}$ 都是参数 θ 的无偏估计量；

（2）试比较 3 个无偏估计量 $\hat{\theta}_1,\hat{\theta}_2,\hat{\theta}_3$ 的有效性。

17. 设总体 $X\sim U(0,\theta)$，其中，θ 为未知参数。$X_1,X_2,\cdots,X_n$ 为取自总体 X 的一个样本，$X_{(1)}=\min\{X_1,X_2,\cdots,X_n\}$，$X_{(n)}=\max\{X_1,X_2,\cdots,X_n\}$，$\hat{\theta}_1=2\overline{X}$，$\hat{\theta}_2=\dfrac{n+1}{n}X_{(n)}$，$\hat{\theta}_3=(n+1)X_{(1)}$。

（1）试分析估计量 $\hat{\theta}_1,\hat{\theta}_2,\hat{\theta}_3$ 的无偏性；

（2）在估计量 $\hat{\theta}_1,\hat{\theta}_2,\hat{\theta}_3$ 中，试比较参数 θ 的无偏估计量的有效性；

（3）试分析估计量 $\hat{\theta}_1,\hat{\theta}_2,\hat{\theta}_3$ 的相合性。

18. 设从均值为 μ、方差为 $\sigma^2>0$ 的总体中分别抽取样本量为 n_1 与 n_2 的两个独立样本。$\overline{X}_1$ 与 $\overline{X}_2$ 分别是两个样本的均值。试证明对于 $\forall a,b(a+b=1)$，$Y=a\overline{X}_1+b\overline{X}_2$ 都是均值 μ 的无偏估计量，并确定常数 a 与 b，使得 $D(Y)$ 达到最小。

19. 从某种清漆中采集 9 个样品，记录其干燥时间（单位：h）：6.0、5.7、5.8、6.5、7.0、6.3、5.6、6.1、5.0。已知清漆的干燥时间服从正态分布 $N(\mu,\sigma^2)$。

（1）根据以往经验知标准差 $\sigma=0.6$，试求均值 μ 的置信水平为 95% 的双侧置信区间与单侧置信区间的置信上限；

（2）若标准差 σ 未知，则试求均值 μ 的置信水平为 95% 的双侧置信区间与单侧置信区间的置信上限。

20. 某小型超市洗洁精的月销售量服从正态分布 $N(\mu,\sigma^2)$，其中，均值 μ 与方差 σ^2 均未知。为了确定该商品的进货量，需要对均值 μ 做估计。已知该商品前 7 个月的销售量分别为 52、59、62、75、79、65、51，试求均值 μ 的置信水平为 95% 的双侧置信区间与单侧置信区间的置信上限。

21. 已知某厂生产的零件长度 X（单位：cm）服从正态分布 $N(\mu,\sigma^2)$，其中，均值 μ 未知。从该厂生产的某批零件中随机选取 16 个，测得其长度为 2.14、2.10、2.13、2.15、2.13、2.12、2.13、2.10、2.15、2.12、2.14、2.10、2.13、2.11、2.14、2.11。

（1）已知 $\sigma=0.01$，试求均值 μ 的置信水平为 90% 的置信区间；

（2）若 σ 未知，求均值 μ 的置信水平为 90% 的置信区间。

22. 考察两种不同的挤压机生产的钢棒直径，各取一个样本测其直径。样本量为 $n_1=15$ 与 $n_2=17$、样本均值为 $\overline{x}_1=8.73$ 与 $\overline{x}_2=8.68$、样本方差为 $s_1^2=0.35$ 与 $s_2^2=0.39$。已知两个样本源自方差分别为 $\sigma_1^2=0.36$ 与 $\sigma_2^2=0.40$ 的正态总体，试给出平均直径差 $\mu_1-\mu_2$ 的置信水平为 95% 的置信区间。

23. 计算某农作物的两个品种 A 与 B 在 8 个地区

的亩产量(见表 7-8,单位: kg)。已知两个品种的亩产量都服从正态分布且方差相等,试求品种 A 与 B 的平均亩产量之差的置信水平为 95% 的置信区间。

表 7-8 某农作物的两个品种 A 与 B 在 8 个地区的亩产量 (单位: kg)

地区	1	2	3	4	5	6	7	8
品种 A	86	87	56	93	84	93	75	79
品种 B	79	58	91	77	82	74	80	66

24. 随机地从 A 批导线中抽取 4 根,从 B 批导线中抽取 5 根,测得的电阻值(单位: Ω)见表 7-9。设测定的数据分别来自正态分布 $N(\mu_1,\sigma^2)$ 与 $N(\mu_2,\sigma^2)$,且两个样本相互独立,其中,μ_1,μ_2,σ^2 均为未知参数。试求两批导线的均值差 $\mu_1-\mu_2$ 的置信水平为 95% 的双侧置信区间与单侧置信区间的置信下限与置信上限。

表 7-9 抽取的导线的电阻值 (单位: Ω)

A 批导线	0.143	0.142	0.143	0.137	—
B 批导线	0.140	0.142	0.136	0.138	0.140

25. 某自动机床加工同类型套筒,假设套筒的直径服从正态分布。现从两个不同班次的产品中各抽验 5 个套筒,测出它们的直径(以 cm 计,见表 7-10)。

试求两班加工的套筒直径的方差比 σ_A^2/σ_B^2 的置信水平为 90% 的置信区间与单侧置信区间的置信上限。

表 7-10 抽验的套筒的直径

A 班	2.066	2.063	2.068	2.060	2.067
B 班	2.058	2.057	2.063	2.059	2.060

26. 设两位化验员 A 与 B 用相同的方法独立地对某种聚合物的含氯量各做 10 次测定,其测定值的样本方差分别为 $s_A^2 = 0.5419$ 与 $s_B^2 = 0.6065$。设 σ_A^2 与 σ_B^2 分别为化验员 A 与 B 所测定的测定值总体的方差,两个总体都服从正态分布,两个样本相互独立。求方差比 σ_A^2/σ_B^2 的置信水平为 95% 的置信区间。

27. 在某产品的用户满意度调研中,200 名参与调研的用户中有 150 名用户声称对该产品满意。试求所有使用该产品的用户中对该产品满意的人的概率的置信水平为 95% 的双侧置信区间与单侧置信区间的置信下限。

28. 设某工厂的某位修理工修理机器的时间 X(单位: min)服从参数为 $\theta^{-1} > 0$ 的指数分布,即 $X \sim \mathrm{Exp}(\theta^{-1})$。随机抽取该修理工某月修理的 5 台机器所用的时间: 43、28、36、25、32。试求该修理工修理机器的平均时间的置信水平为 95% 的双侧置信区间与单侧置信区间的置信上限。

R 实验 7

实验 7.1 正态分布参数的区间估计

根据公式写出函数,估计正态分布单个样本均值 μ 的区间估计。R 代码如下:

视频: R 实验

```
interval_estimate1<-function(x,sigma=-1,alpha=0.05){
    n<-length(x);xb<-mean(x)
    if (sigma>=0){
        tmp<-sigma/sqrt(n) * qnorm(1-alpha/2);df<-n
    }
    else{
      tmp<-sd(x)/sqrt(n) * qt(1-alpha/2,n-1);df<-n-1
    }
    data.frame(mean=xb,df=df,a=xb-tmp,b=xb+tmp)
}
```

当已知总体方差的时候，可以在函数中输入总体标准差的值，函数将调用正态分布分位点的估计值。当方差未知时，无须输入 sigma 的值。

实验 7.2　正态分布总体均值的区间估计（总体方差已知）

回顾本章例 7.3.1，已知实际的轴承直径 X 服从正态分布 $N(\mu,0.01)$，其中，μ 是总体 X 的未知均值。从某轴承生产厂家生产的轴承中随机抽取 7 件，测得其直径（单位：mm）为 36.32、36.38、36.41、36.39、36.43、36.35、36.39。试求总体 X 的均值 μ 的置信水平为 95% 的置信区间。

R 代码如下：

```
> X<-c(36.32,36.38,36.41,36.39,36.43,36.35,36.39)
> interval_estimate1(X,sigma=0.1)
   mean df       a        b
1 36.38143  7 36.30735  36.45551
```

四舍五入之后，计算得到的区间为（36.31,36.46）。

实验 7.3　正态分布总体均值的区间估计（总体方差未知）

回顾本章例 7.3.2，某糕点生产厂家采用自动装箱机打包糕点，各箱糕点的重量服从正态分布 $N(\mu,\sigma^2)$，其中，μ 与 σ^2 都为未知参数。测得某批糕点中 8 箱的重量（单位：kg）为 6.34、6.19、6.07、6.38、6.26、6.33、6.18、6.24，试求总体 X 的均值 μ 的置信水平为 90% 的置信区间。

R 代码如下：

```
> X2<-c(6.34,6.19,6.07,6.38,6.26,6.33,6.18,6.24)
> interval_estimate1(X2,alpha=0.1)
   mean df       a        b
16.24875  7 6.180587  6.316913
```

四舍五入后，计算得到的区间为（6.1806,6.3170）。

实验 7.4　标准差的区间估计

根据本章的公式写出总体均值已知和均值未知两种情况下标准差的区间估计的 R 程序。

代码如下：

```
interval_sd<-function(x,mu=Inf,alpha=0.05){
    n<-length(x)
    if (mu<Inf){
        S2 <-sum((x-mu)^2)/(n-1);df <-n
```

```
    }
    else{
        S2 <-var(x);df <-n-1
    }
    a<-df * S2/qchisq(1-alpha/2,df)
    b<-df * S2/qchisq(alpha/2,df)
    data.frame(var=sqrt(S2),df=df,lower=sqrt(a),upper=
sqrt(b))
}
```

实验7.5　均值和标准差的区间估计

有一种袋装食品，现从中随机抽取 16 袋，测得重量（单位：g）如下：

506,508,499,503,504,510,497,512,514,505,493,496,506,502,509,496

设该袋装食品的重量近似服从正态分布，求总体均值和标准差的置信区间，置信水平为 0.95。

调用之前的函数，可以得到参数的区间估计，代码如下：

```
>Y<-c(506,508,499,503,504,510,497,512,514,505,493,496,
506,502,509,496)
> interval_estimate1(Y,alpha=0.05)
    mean df    lower      upper
1 503.75 15   500.4451   507.0549
>interval_sd(Y)
     var df     lower      upper
1 6.20215 15   4.581558   9.599013
```

因此，总体均值的置信水平为 95% 的置信区间为（500.4451，507.0549），标准差的置信水平为 95% 的置信区间为（4.581558，9.599013）。

实验7.6　两样本差的区间估计

A 国和 B 国就两国之间的贸易限制问题进行了激烈的谈判。A 国声称，B 国生产商生产的同款产品虽然同时在两国市场销售，但是在 B 国的产品定价高于在 A 国的产品定价，这种打低价战的做法损害了 A 国的企业利益。某经济学家想要检验此说法，因此 A 国和 B 国分别独立抽样获得了同一时间同一款车型的零售价格数据 50 个，并根据当前汇率将价格统一为美元。试构造一个置信水平为 95% 的双侧置信区间，说明两国这种车型零售价格总体均值的差异，并对结果进行解释。

A 国汽车售价（单位：千美元）：31.02 28.82 29.92 31.57

31.24 29.26 27.39 29.48 24.31 22.88 31.35 28.05 28.82 28.93
31.02 32.45 25.52 29.48 25.19 29.92 31.02 28.93 29.48 29.04
31.46 28.16 29.81 30.91 31.79 31.90 30.03 31.68 27.39 29.37
33.33 29.81 27.06 29.92 25.30 31.24 29.59 25.63 28.93 28.49
29.26 30.36 28.60 29.81 27.06 30.80

B 国汽车售价(单位:千美元):31.35 26.40 31.02 34.21
26.29 31.57 27.39 29.04 28.93 30.80 29.48 32.78 30.03 29.26
27.39 28.93 29.15 27.94 30.36 33.11 29.04 30.80 30.25 31.24
32.78 27.28 31.02 29.37 33.22 28.82 33.44 30.69 28.05 27.94
30.47 29.81 30.69 30.14 31.02 28.82 31.35 29.59 30.36 26.84
34.76 31.46 28.82 26.73 24.75 33.00

R 软件中 t.test( ) 函数可以给出双样本差的区间估计,代码
如下:

```
>A<-c (31.02,28.82,29.92,31.57,31.24,29.26,27.39,29.48,
    24.31,22.88,31.35,28.05,28.82,28.93,31.02,32.45,
    25.52,29.48,25.19,29.92,31.02,28.93,29.48,29.04,
    31.46,28.16,29.81,30.91,31.79,31.90,30.03,31.68,
    27.39,29.37,33.33,29.81,27.06,29.92,25.30,31.24,
    29.59,25.63,28.93,28.49,29.26,30.36,28.60,29.81,
    27.06,30.80)
>B<-c (31.35,26.40,31.02,34.21,26.29,31.57,27.39,29.04,
    28.93,30.80,29.48,32.78,30.03,29.26,27.39,28.93,
    29.15,27.94,30.36,33.11,29.04,30.80,30.25,31.24,
    32.78,27.28,31.02,29.37,33.22,28.82,33.44,30.69,
    28.05,27.94,30.47,29.81,30.69,30.14,31.02,28.82,
    31.35,29.59,30.36,26.84,34.76,31.46,28.82,26.73,
    24.75,33.00)
> t.test(A,B,var.equal=TRUE,conf.level=0.95)

    Two Sample t-test

data: A and B
t=-1.618,df=98,p-value=0.1089
alternative hypothesis: true difference in means is not
equal to 0 95 percent confidence interval:
-1.5674606  0.1594606
sample estimates:
mean of x mean of y
  29.2556    29.9596
```

得 $\mu_1 - \mu_2$ 的置信水平为 95% 的双侧置信区间为 $(-1.5674606,$
0.1594606)。

实验7.7 方差比的置信区间

参考本章例7.3.7，对于某种汽车零件的生产设备，其使用时间越长，生产出的零件误差就越大。已知该设备生产的零件直径(单位：mm)服从正态分布，为了检测该设备的老化情况，对比该设备在不同时期生产的零件的误差，在该设备投入使用的第3个月，随机抽取该月生产的8个零件，其直径分别为19.061、19.061、19.058、19.061、19.062、19.060、19.059、19.058；在该设备投入使用的第39个月，随机抽取该月生产的10个零件，其直径分别为 19.064、19.066、19.054、19.062、19.067、19.062、19.055、19.057、19.055、19.058。试求该设备在投入使用的第3个月与第39个月生产出的零件直径(总体)的方差比的置信水平为99%的置信区间。

此处均值未知，使用R软件的var.test()函数。R代码如下：

```
> A3 < - c (19.061, 19.061, 19.058, 19.061, 19.062, 19.060,
19.059,19.058)
> A39 < - c (19.064, 19.066, 19.054, 19.062, 19.067, 19.062,
19.055,19.057,19.055,19.058)
>var.test(A3,A39,conf.level=0.99)


        F test to compare two variances

data:  A3 and A39

F=0.098901,num df=7,denom df=9,p-value=0.005945
alternative hypothesis:true ratio of variances is not equal
to 1
99 percent confidence interval:
0.01436491   0.84202646
sample estimates:
ratio of variances
        0.0989011
```

因此，该设备在投入使用的第3个月与第39个月生产出的零件直径(总体)的方差比 σ_1^2/σ_2^2 的置信水平为99%的置信区间为(0.01436491,0.84202646)。

第8章
假设检验

统计推断的另一个主要任务是假设检验。对总体 X 的分布或者分布参数做某种假设，然后根据样本观测值，对所提出的假设做出决策，接受或者拒绝假设，这就是我们要讨论的假设检验问题。本章对分布参数的假设检验展开讨论。

8.1 假设检验的基本思想与概念

8.1.1 假设检验的基本思想

先从一个实例来说明假设检验的基本思想。

例 8.1.1（女士品茶） 一种奶茶由牛奶与茶按照一定比例混合而成，可以先倒茶后倒奶（记为 TM），也可以先倒奶后倒茶（记为 MT）。某女士称她可以鉴别是 TM 还是 MT，周围品茶的人对此产生了议论，"这怎么可能呢？""她在胡言乱语。""不可想象。"难道仅仅是加茶和加奶的顺序不一样，就会使奶茶的味道不同吗？难道会产生不同的化学反应？

这个问题引起了费希尔的兴趣，他兴奋地说："让我们做个试验，检验一下吧！看看她是不是真的有这个本事？"他请人准备好了 10 杯调制好的奶茶，一杯一杯地奉上，让该女士品尝，说出是先加的茶？还是先加的奶？结果该女士竟然都说对了！于是，大家虽然觉得不可思议，但都认可该女士有此鉴别能力。故事到此就为止了，但费希尔的思考并没有停止，如果该女士说对了 9 杯（或者 8 杯等），那么又该如何做出判断呢？该判断会发生错误吗？发生错误的概率是多少？

后来，他提炼出了一个统计推断方法，这就是假设检验。在统计上，对该问题进行描述并做出合理解释。

首先，提出要检验的一对假设，也就是人们要做出的两种决策。

H_0：该女士无此鉴别能力，

H_1：该女士有此鉴别能力，

通常把 H_0 称为原假设（或零假设），H_1 称为备择假设。

然后利用现有的样本信息判断哪一个假设成立，做出选择。假如 H_0 是对的，该女士无此鉴别能力，那么她连续 10 次都猜对的概率为

$$P = 0.5^{10} \approx 0.001。$$

这是一个很小的概率。在一次试验中，几乎不会发生的事件，如今该事件竟然发生了，这只能说明假设不当，应当拒绝 H_0，从而接受 H_1，认为该女士确有此鉴别能力。

费希尔对该类问题做了周密的研究，提出了一些新的概念，建立了一套可行的方法，形成了假设检验理论，为进一步发展假设检验理论和方法打下了牢固的基础。假设检验方法的基本过程如下：

（1）提出一对假设 $H_0(H_1)$；

（2）计算概率：如果假设 H_0 成立，得到现在的样本结果的可能性有多大？

（3）得出结论：如果得到现有结果的可能性很小（小概率），那么就拒绝 H_0；如果得到现有结果不是小概率，那么没有理由拒绝 H_0。

下面再用一个实例引出假设检验的基本概念和操作步骤。

例 8.1.2 某生产流水线上用一台自动包装机包装袋装白糖，按标准每袋白糖重（以 g 计）$X \sim N(500, 1.5)$。一段时间后，为检验包装机是否发生了漂移，随机抽取了 9 袋白糖，测得重量为 x_1，$x_2, \cdots, x_9$，其均值为 499.12(g)，问包装机是否发生了漂移？

解 在这个实际问题中，面临的决策是：包装机工作正常，即 $H_0: \mu = \mu_0 = 500$；

或者包装机发生了漂移，即 $H_1: \mu \neq \mu_0 = 500$。现在，要从原假设 H_0 与备择假设 H_1 中选择其一，不同选择的解释如下：

（1）接受原假设 H_0，也就是认为包装机工作正常，由于抽样的随机性使得样本均值 $\bar{x} = 499.12$ 与总体均值 $\mu_0 = 500$ 出现差异，这是随机误差导致的；

（2）接受备择假设 H_1，即拒绝原假设 H_0，也就是认为包装机发生了漂移，样本均值 $\bar{x} = 499.12$ 与总体均值 $\mu_0 = 500$ 的差异不是随机误差导致的，而是由于包装机发生漂移所导致的，这是导致差异的本质原因，或者说存在显著性差异。

上述两种解释，选择哪一种比较合理呢？

在 H_0 正确的假设下，考虑样本均值 $\bar{x} = 499.12$ 这一结果的概

率，当然，这只是一次观测的结果，$\overline{X}$ 仍然有可能比 499.12 更小，或者更大。这样的情况发生的可能性有多大？也就是样本均值 $\overline{X}$ 与总体均值 500 的偏差超过 0.88 这一事件的概率，即

$$P(\,|\,\overline{X}-500\,|\geqslant 0.88\,)\,。$$

在原假设 H_0 成立的情况下，得到这种结果的概率，统计上称之为 p 值。如果 p 值很小，我们就拒绝原假设 H_0。

这个概率的计算，要借助样本均值 $\overline{X}$ 的抽样分布

$$Z=\frac{\overline{X}-\mu_0}{\sigma/\sqrt{n}}\sim N(0,1)\,,$$

这里 $\mu_0=500$，$\sigma^2=\sigma_0^2=1.5$，$n=9$，于是有

$$\begin{aligned}P(\,|\,\overline{X}-500\,|\geqslant 0.88\,)&=P\!\left(\,|\,Z\,|\geqslant\frac{0.88}{\sqrt{1.5}/\sqrt{9}}\right)\\&=P(\,|\,Z\,|\geqslant 2.16)\\&=2(1-\varPhi(2.16))=0.0308\,。\end{aligned}$$

这是一个小概率，也就是说，假如包装机工作正常，得到这个样本结果的可能性约为 3%，因此这个结果更倾向于支持备择假设 H_1。因此，我们做出结论：拒绝 H_0，认为包装机发生了漂移，这样做犯错误的概率为 0.0308。

一般情况下，p 值多小，才算一个小概率呢？在实际中，经常选取 $\alpha=0.05$ 为小概率，称为显著性水平。

与显著性水平 α 对应，在 Z 统计量的分布中，有一个临界值 $z_{\alpha/2}$，也就是正态分布的上 $\alpha/2$ 分位数，以其为临界值，构成拒绝域 W，当样本落入拒绝域时，小概率事件发生，拒绝 H_0，否则就不拒绝 H_0。

在该例中，取显著性水平 $\alpha=0.05$，拒绝域为

$$W=\{\,|\,Z\,|\geqslant z_{\alpha/2}\}=\{\,|\,Z\,|\geqslant z_{0.025}\}=\{\,|\,Z\,|\geqslant 1.96\}\,,$$

将样本均值 $\overline{x}=499.12$ 代入 Z 统计量，得到 $Z=2.16$，超过了临界值 1.96，即落入拒绝域，因此拒绝 H_0，认为包装机发生了漂移。

将刚才的过程整理一下，就得到了假设检验的一般步骤。

8.1.2　假设检验的步骤

（1）根据实际问题，提出一对假设 $H_0(H_1)$，即

$$H_0:\mu=\mu_0=500,\quad H_1:\mu\neq\mu_0=500,$$

选取显著性水平 $\alpha=0.05$。

（2）选择检验统计量，确定拒绝域，即

$$Z=\frac{\overline{X}-\mu_0}{\sigma/\sqrt{n}}\sim N(0,1)\,,$$

拒绝域为 $W = \{ |Z| \geqslant z_{\alpha/2} \} = \{ |Z| \geqslant z_{0.025} \} = \{ |Z| \geqslant 1.96 \}$。

（3）计算统计量的样本观测值，即

$$|Z| = \left| \frac{499.12 - 500}{\sqrt{1.5}/\sqrt{9}} \right| = 2.16 > 1.96,$$

判断其是否落入拒绝域。

（4）写出结论。落入拒绝域，因此拒绝 H_0，认为包装机发生了漂移。

在实际应用中，也可以根据样本观测值计算 p 值进行假设检验。很多统计软件直接给出了检验的 p 值，如果 p 值 $<\alpha$，意味着小概率事件发生，结论是拒绝 H_0；如果 p 值 $>\alpha$，结论是不拒绝 H_0。

8.1.3 假设检验的两类错误

在假设检验中，由于真实情况未知，根据小概率原理，我们的决策可能正确，也可能犯错。当原假设 H_0 为真时，由于样本的随机性，落入了拒绝域，于是我们得到了拒绝原假设 H_0 的错误决策，这个错误称为第一类错误。当原假设 H_0 不真时，同样由于样本的随机性，没有落入拒绝域，我们得到了不拒绝原假设 H_0 的错误决策，这个错误称为第二类错误。具体见表 8-1。

表 8-1　假设检验的两类错误

真实情况	决策	
（未知）	接受 H_0	拒绝 H_0
H_0 为真	正确	第一类错误
H_0 不真	第二类错误	正确

通常称第一类错误为拒真错误，第二类错误为取伪错误。这两类错误的概率为

第一类错误的概率：$P(\text{拒绝 } H_0 \mid H_0 \text{ 真}) = \alpha$；

第二类错误的概率：$P(\text{接受 } H_0 \mid H_0 \text{ 不真}) = \beta$。

在实际应用中，无论是接受 H_0，还是拒绝 H_0，都要冒着犯两类错误的风险，每一个错误都无法避免。能否找到一个检验，在样本量固定的情况下，使其犯两类错误的概率都尽可能小呢？遗憾的是我们做不到这一点。

下面看一个例子。

例 8.1.3　设 $x_1, x_2, \cdots, x_n$ 是总体 $X \sim N(\mu, 1)$ 的样本，考虑假设检验问题

$$H_0: \mu = 2, \quad H_1: \mu = 3。$$

若检验的拒绝域为 $W=\{\bar{x}\geq 2.6\}$，则该检验犯两类错误的概率分别为多少？

这里为了方便讨论，选择备则假设为 $H_1:\mu=3$。

假设实际情况：H_0 是对的。此时，我们的决策有可能犯第一类错误，概率为

$\alpha=P(拒绝\ H_0\mid H_0真)=P((x_1,x_2,\cdots,x_n)\in W\mid H_0)=P(\bar{x}\geq 2.6\mid\mu=2)$

$$=P\left(\frac{\bar{x}-2}{1/\sqrt{n}}\geq\frac{0.6}{1/\sqrt{n}}\right)=1-\Phi(0.6\sqrt{n})。$$

假设实际情况：H_1 是对的。此时，我们的决策有可能犯第二类错误，概率为

$\beta=P(接受\ H_0\mid H_0不真)=P((x_1,x_2,\cdots,x_n)\notin W\mid H_1)=P(\bar{x}<2.6\mid\mu=3)$

$$=P\left(\frac{\bar{x}-3}{1/\sqrt{n}}<\frac{-0.4}{1/\sqrt{n}}\right)=\Phi(-0.4\sqrt{n})=1-\Phi(0.4\sqrt{n})。$$

两类错误的关系如图 8-1 所示。

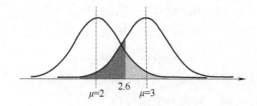

图 8-1　假设检验的两类错误

从图 8-1 可以看出，在假设检验中，如果想减小第一类错误的概率，则第二类错误的概率就会变大，反之亦然。

进一步的研究可以得到，当样本容量固定时，若控制 α 变小，则 β 变大；相反，若控制 β 变小，则 α 变大，不可能两者同时都小。于是在统计上采用了折中的方案，通常只控制第一类错误的概率，这个概率一般比较小，是小概率，称为显著性水平，一般取 $\alpha=0.01$，0.05，0.1 等。这类假设检验称为显著性假设检验。

习题 8.1

1. 在假设检验中，若得到拒绝原假设的结论，则可能犯哪一类错误？若得到不拒绝原假设的结论，则可能犯哪一类错误？

2. 在假设检验中，若 p 值比显著性水平 α 大，则我们做的决策是什么？能否说明我们的决策是正确的？

3. 设 $X_1, X_2, \cdots, X_{20}$ 是来自总体 $X \sim N(\mu, 1)$ 的样本，考虑检验问题

$$H_0 : \mu = 2, H_1 : \mu = 3,$$

若拒绝域 $W = \{\overline{X} \geqslant 2.6\}$，求该检验犯两类错误的概率。

8.2 单正态总体参数的假设检验

这一节中，我们对单正态总体参数 μ 和 σ^2 的各种检验分别进行讨论。

设总体 $X \sim N(\mu, \sigma^2)$，抽取容量为 n 的样本 $X_1, X_2, \cdots, X_n$，样本均值和样本方差分别为

$$\overline{X} = \frac{1}{n} \sum_{i=1}^{n} X_i, \quad S^2 = \frac{1}{n-1} \sum_{i=1}^{n} (X_i - \overline{X})^2.$$

8.2.1 单正态总体均值 μ 的假设检验

考虑如下三种关于 μ 的假设检验问题：

$$H_0 : \mu = \mu_0, \quad H_1 : \mu \neq \mu_0;$$
$$H_0 : \mu \geqslant \mu_0, \quad H_1 : \mu < \mu_0;$$
$$H_0 : \mu \leqslant \mu_0, \quad H_1 : \mu > \mu_0,$$

第一种情形检验的拒绝域在两侧，称之为双侧检验；另外两种检验的拒绝域在一侧，称之为单侧检验。

1. 已知 σ^2 的 Z 检验

由于 σ^2 已知，μ 的点估计 $\overline{X}$，故选用检验统计量

$$Z = \frac{\overline{X} - \mu_0}{\sigma / \sqrt{n}} \sim N(0, 1)$$

是合适的，第一种情形的检验拒绝域 $W_1 = \{|Z| \geqslant z_{\alpha/2}\}$ 在上节已经讨论过。第二种情形，假如 $H_0 : \mu \geqslant \mu_0$ 是对的，则直觉告诉我们样本均值 $\overline{X}$ 超过 μ_0 时，倾向于接受原假设，同时，由于抽样的随机性，$\overline{X}$ 比 μ_0 小一点时，就拒绝原假设是不合适的，只有当 $\overline{X}$ 比 μ_0 小到一定程度，拒绝原假设才是比较合适的，最后对应的拒绝域为

$$W_2 = \{Z \leqslant -z_\alpha\} \text{。}$$

类似讨论可得第三种情形对应的拒绝域为 $W_3 = \{Z \geqslant z_\alpha\}$。图 8-2 可以直观看出三种 Z 检验的拒绝域。

2. 未知 σ^2 的 t 检验

由于 σ^2 未知，无法使用 Z 统计量进行检验，考虑用样本标准差 S 替换 Z 统计量中的 σ，这就是 t 检验统计量

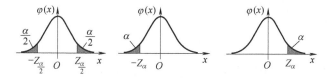

图 8-2 Z 检验的拒绝域

$$t = \frac{\overline{X} - \mu_0}{S/\sqrt{n}} \sim t(n-1)。$$

三种情形的检验拒绝域与 Z 检验的拒绝域类似，分别为 $W_1 = \{|t| \geq t_{\alpha/2}(n-1)\}$，$W_2 = \{t \leq -t_\alpha(n-1)\}$，$W_3 = \{t \geq t_\alpha(n-1)\}$。图 8-3 可以直观看出三种 t 检验的拒绝域。

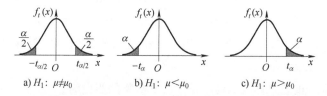

a) $H_1: \mu \neq \mu_0$ b) $H_1: \mu < \mu_0$ c) $H_1: \mu > \mu_0$

图 8-3 t 检验的拒绝域

例 8.2.1 某厂生产的钢管内径服从正态分布 $X \sim N(\mu, \sigma^2)$，内径的设计值为 100mm，现在从该厂生产的一批产品中抽取 10 件，测其内径，数据如下：100.36，100.31，99.99，100.11，100.64，100.85，99.42，99.91，99.35，100.10。分别在下列条件下：

（1）已知 $\sigma^2 = 0.5^2$；

（2）σ^2 未知，

检验假设 $H_0: \mu = 100$，$H_1: \mu \neq 100$。取显著性水平 $\alpha = 0.05$。

解 由已知数据计算得 $\bar{x} = 100.104$，$s = 0.476$。

正态总体 $X \sim N(\mu, \sigma^2)$，要检验的假设为

$$H_0: \mu = 100, \quad H_1: \mu \neq 100。$$

（1）已知 $\sigma^2 = 0.5^2$，选择检验统计量

$$Z = \frac{\overline{X} - \mu_0}{\sigma/\sqrt{n}} \sim N(0,1)，$$

$\alpha = 0.05$，查表得拒绝域 $W = \{|Z| \geq z_{\alpha/2} = z_{0.025} = 1.96\}$，
计算统计量 Z 的观测值，得

$$|Z| = \left| \frac{100.104 - 100}{0.5/\sqrt{10}} \right| = 0.658 < 1.96，$$

没有落入拒绝域，所以不拒绝原假设，认为内径的值符合设计要求。

（2）σ^2 未知，选择检验统计量

$$t = \frac{\overline{X} - \mu_0}{S/\sqrt{n}} \sim t(n-1),$$

$\alpha = 0.05$，查表得拒绝域 $W = \{|t| \geqslant t_{\alpha/2}(n-1) = t_{0.025}(9) = 2.2622\}$，计算统计量 t 的观测值，得

$$|t| = \left| \frac{100.104 - 100}{0.476/\sqrt{10}} \right| = 0.6909 < 2.2622$$

没有落入拒绝域，所以不拒绝原假设，认为内径的值符合设计要求。

例 8.2.2 某厂生产的固体燃料推进器的燃烧率服从正态分布 $X \sim N(40, 2^2)$，现在采用技术研发部设计的新方法生产了一批推进器，随机测试 25 只，测得燃烧率的样本均值为 $\bar{x} = 41.25$，假设在新方法下 $\sigma = 2$，问用新方法生产的推进器的燃烧率是否有显著的提高？（$\alpha = 0.05$）

解 正态总体 $X \sim N(\mu, \sigma^2)$，要检验的假设为

$$H_0: \mu \leqslant 40, \quad H_1: \mu > 40,$$

已知 $\sigma = 2$，选择检验统计量

$$Z = \frac{\overline{X} - \mu_0}{\sigma/\sqrt{n}} \sim N(0,1),$$

$\alpha = 0.05$，查表得拒绝域 $W = \{Z \geqslant z_{\alpha} = z_{0.05} = 1.645\}$，计算统计量 Z 的观测值，得

$$Z = \frac{41.25 - 40}{2/\sqrt{25}} = 3.125 > 1.645,$$

落入拒绝域，所以拒绝原假设，认为新方法生产的推进器的燃烧率有显著的提高。

8.2.2 单正态总体方差 σ^2 的 χ^2 检验

考虑如下三种关于 σ^2 的假设检验问题：

$$H_0: \sigma^2 = \sigma_0^2, \quad H_1: \sigma^2 \neq \sigma_0^2;$$
$$H_0: \sigma^2 \geqslant \sigma_0^2, \quad H_1: \sigma^2 < \sigma_0^2;$$
$$H_0: \sigma^2 \leqslant \sigma_0^2, \quad H_1: \sigma^2 > \sigma_0^2,$$

其中 σ_0^2 是已知常数。在实际应用中，通常 μ 未知，采用的检验统计量为

$$\chi^2 = \frac{(n-1)S^2}{\sigma_0^2} \sim \chi^2(n-1)。$$

这个检验称为 χ^2 检验，对应的检验拒绝域分别为

$$W_1 = \{\chi^2 \geq \chi^2_{\alpha/2}(n-1) \text{ 或 } \chi^2 \leq \chi^2_{1-\alpha/2}(n-1)\},$$
$$W_2 = \{\chi^2 \leq \chi^2_{1-\alpha}(n-1)\},$$
$$W_3 = \{\chi^2 \geq \chi^2_{\alpha}(n-1)\}.$$

图 8-4 可以直观看出三种 χ^2 检验的拒绝域。

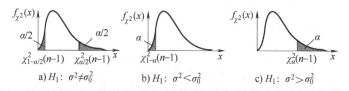

a) $H_1: \sigma^2 \neq \sigma_0^2$ 　 b) $H_1: \sigma^2 < \sigma_0^2$ 　 c) $H_1: \sigma^2 > \sigma_0^2$

图 8-4 χ^2 检验的拒绝域

例 8.2.3 某类钢板每块的重量服从正态分布 $X \sim N(\mu, \sigma^2)$，其中一项质量指标是钢板重量的方差不得超过 0.016，现在从一批钢板中随机测试 25 块，得样本方差为 $s^2 = 0.025$，问这批钢板重量的方差是否符合要求？（$\alpha = 0.05$）

解 正态总体 $X \sim N(\mu, \sigma^2)$，要检验的假设为

$$H_0: \sigma^2 \leq \sigma_0^2 = 0.016, \quad H_1: \sigma^2 > \sigma_0^2 = 0.016,$$

选择检验统计量

$$\chi^2 = \frac{(n-1)S^2}{\sigma_0^2} \sim \chi^2(n-1),$$

$\alpha = 0.05$，查表得拒绝域 $W = \{\chi^2 \geq \chi^2_{\alpha}(n-1) = \chi^2_{0.05}(24) = 36.415\}$，计算统计量 χ^2 的观测值，得

$$\chi^2 = \frac{(25-1) \times 0.025}{0.016} = 37.5 > 36.415,$$

落入拒绝域，所以拒绝原假设，认为这批钢板重量的方差不符合要求。

例 8.2.4 某切割机在正常工作时，切割每段金属棒的平均长度为 10.5cm，标准差是 0.15cm，今从一批产品中随机抽取 15 段进行测量，其结果如下：

10.4　10.6　10.1　10.4　10.5　10.3　10.3　10.2
10.9　10.6　10.8　10.5　10.7　10.2　10.7

假定切割的长度服从正态分布 $N(\mu, \sigma^2)$，试问该机工作是否正常？（$\alpha = 0.05$）

分析 切割机工作正常既包括平均长度正常，又包括标准差正常，分别对其进行检验。

解 由已知数据计算得 $\bar{x} = 10.48$，$s^2 = 0.056$，$s = 0.237$。

（1）检验平均长度是否正常，要检验的假设为

$$H_0: \mu = 10.5, \quad H_1: \mu \neq 10.5,$$

正态总体 $N(\mu, \sigma^2)$，未知 σ^2，选择检验统计量

$$t = \frac{\overline{X} - \mu_0}{S/\sqrt{n}} \sim t(n-1),$$

$\alpha = 0.05$，查表得拒绝域 $W = \{|t| \geq t_{\alpha/2}(n-1) = t_{0.025}(14) = 2.1448\}$，计算统计量 t 的观测值，得

$$|t| = \left| \frac{10.48 - 10.5}{0.237/\sqrt{15}} \right| = 0.327 < 2.1448,$$

没有落入拒绝域，所以不拒绝原假设，认为金属棒的平均长度符合要求。

（2）检验标准差是否正常，要检验的假设为

$$H_0: \sigma = 0.15, \quad H_1: \sigma \neq 0.15,$$

选择检验统计量

$$\chi^2 = \frac{(n-1)S^2}{\sigma_0^2} \sim \chi^2(n-1),$$

$\alpha = 0.05$，查表得 $\chi_{\alpha/2}^2(n-1) = \chi_{0.025}^2(14) = 26.119$，$\chi_{1-\alpha/2}^2(n-1) = \chi_{0.975}^2(14) = 5.629$，

$$拒绝域 \ W = \{\chi^2 \geq 26.119 \ 或 \ \chi^2 \leq 5.629\},$$

计算统计量 χ^2 的观测值，得

$$\chi^2 = \frac{(15-1) \times 0.056}{0.15^2} = 34.844 > 26.119,$$

落入拒绝域，所以拒绝原假设，认为金属棒的标准差不正常。

综合来看，切割机工作不正常。

单正态总体参数 μ 和 σ^2 的检验问题汇总成表 8-2。

表 8-2 单正态总体均值和方差的假设检验

	H_0	H_1	检验统计量	拒绝域
Z 检验 已知 $\sigma^2 = \sigma_0^2$	$\mu = \mu_0$	$\mu \neq \mu_0$	$Z = \dfrac{\overline{X} - \mu_0}{\sigma/\sqrt{n}} \sim N(0,1)$	$|Z| \geq z_{\alpha/2}$
	$\mu \geq \mu_0$	$\mu < \mu_0$		$Z \leq -z_\alpha$
	$\mu \leq \mu_0$	$\mu > \mu_0$		$Z \geq z_\alpha$
t 检验 σ^2 未知	$\mu = \mu_0$	$\mu \neq \mu_0$	$t = \dfrac{\overline{X} - \mu_0}{S/\sqrt{n}} \sim t(n-1)$	$|t| \geq t_{\alpha/2}(n-1)$
	$\mu \geq \mu_0$	$\mu < \mu_0$		$t \leq -t_\alpha(n-1)$
	$\mu \leq \mu_0$	$\mu > \mu_0$		$t \geq t_\alpha(n-1)$
χ^2 检验	$\sigma^2 = \sigma_0^2$	$\sigma^2 \neq \sigma_0^2$	$\chi^2 = \dfrac{(n-1)S^2}{\sigma_0^2} \sim \chi^2(n-1)$	$\chi^2 \geq \chi_{\alpha/2}^2(n-1)$ 或 $\chi^2 \leq \chi_{1-\alpha/2}^2(n-1)$
	$\sigma^2 \geq \sigma_0^2$	$\sigma^2 < \sigma_0^2$		$\chi^2 \leq \chi_{1-\alpha}^2(n-1)$
	$\sigma^2 \leq \sigma_0^2$	$\sigma^2 > \sigma_0^2$		$\chi^2 \geq \chi_\alpha^2(n-1)$

习题 8.2

1. 从 A 地向 B 地发送信号，由于在传输中受到各种因素的干扰，B 地收到的信号有一定的波动，现在 A 地重复发送同一信号 6 次，B 地接收的信号值如下：

8.05 8.15 8.2 8.1 8.25 8.12

假如 B 地收到的信号值服从正态分布 $N(\mu, 0.2^2)$，接收方猜测 A 地发送的信号值为 8，请问在显著性水平 $\alpha = 0.05$ 下，能否接受这个猜测？

2. 某厂生产的轮胎的寿命服从正态分布 $N(\mu, \sigma^2)$，其均值设定为 4.75 万 km。现从某批产品中抽取 12 件，测定其寿命，得样本均值为 $\bar{x} = 4.709$ 万 km，样本方差 $s^2 = 0.0615$，在显著性水平 $\alpha = 0.05$

下，能否认为该批轮胎寿命的均值满足设定要求？

3. 某型号熔丝的熔化时间 X 服从正态分布，正常情况下方差为 400。现从某批产品中抽取容量为 25 的样本，测量其熔化时间，计算得 $s^2 = 404.87$。在显著性水平 $\alpha = 0.05$ 下，检验这批熔丝的熔化时间的方差与正常有无显著差异。

4. 某导线的电阻 X 服从正态分布，其质量标准规定电阻的标准差不得超过 0.005Ω。现从一批导线中随机测试 24 根，得其样本标准差为 $s = 0.007\Omega$。在显著性水平 $\alpha = 0.05$ 下，检验这批导线的标准差是否显著地偏大？

8.3 双正态总体参数的假设检验

本节中，我们讨论双正态总体中参数的假设检验问题。

设总体 $X \sim N(\mu_1, \sigma_1^2)$，总体 $Y \sim N(\mu_2, \sigma_2^2)$，分别从两个总体中抽取容量为 m 和 n 的样本

$$X_1, X_2, \cdots, X_m \text{ 和 } Y_1, Y_2, \cdots, Y_n,$$

样本均值和样本方差分别为

$$\bar{X} = \frac{1}{m} \sum_{i=1}^{m} X_i, \quad S_1^2 = \frac{1}{m-1} \sum_{i=1}^{m} (X_i - \bar{X})^2$$

及

$$\bar{Y} = \frac{1}{n} \sum_{i=1}^{n} Y_i, \quad S_2^2 = \frac{1}{n-1} \sum_{i=1}^{n} (Y_i - \bar{Y})^2。$$

1. 双正态总体均值 $\mu_1 = \mu_2$ 的假设检验

考虑如下三种假设检验问题：

$$H_0 : \mu_1 = \mu_2, \quad H_1 : \mu_1 \neq \mu_2;$$
$$H_0 : \mu_1 \geqslant \mu_2, \quad H_1 : \mu_1 < \mu_2;$$
$$H_0 : \mu_1 \leqslant \mu_2, \quad H_1 : \mu_1 > \mu_2。$$

考虑 σ_1^2, σ_2^2 未知但相等的情形，令 $\sigma_1^2 = \sigma_2^2 = \sigma^2$，它们采用的检验统计量为

$$t = \frac{(\bar{X} - \bar{Y}) - (\mu_1 - \mu_2)}{S_w \sqrt{\frac{1}{m} + \frac{1}{n}}} \sim t(m+n-2),$$

这里 $S_w = \sqrt{\dfrac{(m-1)S_1^2+(n-1)S_2^2}{m+n-2}}$，对应的检验拒绝域分别为

$$W_1 = \left\{\, |t| \geq t_{\alpha/2}(m+n-2) \,\right\},$$

$$W_2 = \left\{\, t \leq -t_{\alpha}(m+n-2) \,\right\},$$

$$W_3 = \left\{\, t \geq t_{\alpha}(m+n-2) \,\right\}。$$

由图 8-5 可以直观看出三种 t 检验的拒绝域。

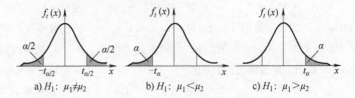

a) H_1: $\mu_1 \neq \mu_2$　　b) H_1: $\mu_1 < \mu_2$　　c) H_1: $\mu_1 > \mu_2$

图 8-5　t 检验的拒绝域

2. 双正态总体方差 $\sigma_1^2 = \sigma_2^2$ 的假设检验

考虑如下三种假设检验问题：

$$H_0: \sigma_1^2 = \sigma_2^2, \quad H_1: \sigma_1^2 \neq \sigma_2^2;$$

$$H_0: \sigma_1^2 \geq \sigma_2^2, \quad H_1: \sigma_1^2 < \sigma_2^2;$$

$$H_0: \sigma_1^2 \leq \sigma_2^2, \quad H_1: \sigma_1^2 > \sigma_2^2。$$

考虑 μ_1，μ_2 未知的情形，采用的检验统计量为

$$F = \frac{S_1^2/\sigma_1^2}{S_2^2/\sigma_2^2} \sim F(m-1,n-1)。$$

三种检验的拒绝域分别为

$$W_1 = \left\{ F \geq F_{\alpha/2}(m-1,n-1) \text{ 或 } F \leq F_{1-\alpha/2}(m-1,n-1) \right\},$$

$$W_2 = \left\{ F \leq F_{1-\alpha}(m-1,n-1) \right\},$$

$$W_3 = \left\{ F \geq F_{\alpha}(m-1,n-1) \right\}。$$

图 8-6 可以直观看出三种 F 检验的拒绝域。

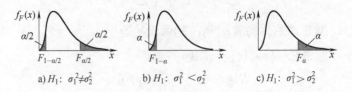

a) H_1: $\sigma_1^2 \neq \sigma_2^2$　　b) H_1: $\sigma_1^2 < \sigma_2^2$　　c) H_1: $\sigma_1^2 > \sigma_2^2$

图 8-6　F 检验的拒绝域

例 8.3.1　考察某种物品在处理前后的含脂率是否发生显著性变化，为此在处理前和处理后分别抽取容量为 7 和 8 的样本，含脂率分别如下：

处理前　0.19　0.18　0.21　0.30　0.41　0.12　0.27

处理后　0.15　0.13　0.07　0.24　0.19　0.06　0.08　0.12

假设处理前和处理后的含脂率都服从正态分布。

（1）处理前后含脂率的方差是否有显著性差异？（$\alpha = 0.05$）

（2）处理后含脂率的均值是否显著降低？（$\alpha = 0.05$）

解 设处理前的含脂率 $X \sim N(\mu_1, \sigma_1^2)$，处理后的含脂率 $Y \sim N(\mu_2, \sigma_2^2)$。

由已知数据计算得 $\bar{x} = 0.24$，$s_1^2 = 0.0091$，$\bar{y} = 0.13$，$s_2^2 = 0.0039$。

（1）要检验的假设为

$$H_0: \sigma_1^2 = \sigma_2^2, \quad H_1: \sigma_1^2 \neq \sigma_2^2$$

选择检验统计量

$$F = \frac{S_1^2 / \sigma_1^2}{S_2^2 / \sigma_2^2} \sim F(m-1, n-1),$$

$\alpha = 0.05$，查表得 $F_{\alpha/2}(m-1, n-1) = F_{0.025}(6,7) = 5.12$，

$$F_{1-\alpha/2}(m-1, n-1) = F_{0.975}(6,7) = \frac{1}{F_{0.025}(7,6)} = \frac{1}{5.70} = 0.175,$$

拒绝域 $W_1 = \{F \geqslant 5.12 \text{ 或 } F \leqslant 0.175\}$。

计算统计量 F 的观测值，得

$$0.175 < F = \frac{0.0091}{0.0039} = 2.33 < 5.12,$$

没有落入拒绝域，所以不拒绝原假设，认为处理前后含脂率的方差没有显著性差异。

（2）要检验的假设为

$$H_0: \mu_1 = \mu_2, \quad H_1: \mu_1 > \mu_2,$$

由第一问可知，可以认为两总体的方差相等，选择检验统计量

$$t = \frac{(\bar{X} - \bar{Y}) - (\mu_1 - \mu_2)}{S_w \sqrt{\dfrac{1}{m} + \dfrac{1}{n}}} \sim t(m+n-2),$$

$\alpha = 0.05$，查表得拒绝域 $W = \{|t| \geqslant t_{\alpha}(m+n-2) = t_{0.05}(13) = 1.7709\}$

计算统计量 t 的观测值，得

$$s_w = \sqrt{\frac{6 \times 0.0091 + 7 \times 0.0039}{7 + 8 - 2}} = 0.0794,$$

$$t = \frac{0.24 - 0.13}{0.0794 \times \sqrt{\dfrac{1}{7} + \dfrac{1}{8}}} = 2.677 > 1.7709$$

落入拒绝域，所以拒绝原假设，认为处理后含脂率的均值显著降低了。

注：在计算过程中，由于保留小数位数的不同，最终计算的结果与软件运算的结果有些许的误差这是正常现象。

习题 8.3

1. 某厂有两个车间生产同一型号的电子器件，现从两个车间生产的产品中抽取部分产品进行电阻(单位：Ω)测试，数据见表 8-3。

表 8-3 电阻测试值统计表

| A 车间 | 0.140 | 0.138 | 0.143 | 0.142 | 0.144 | 0.137 |
| B 车间 | 0.135 | 0.140 | 0.142 | 0.136 | 0.138 | 0.140 |

假设两个车间生产的电子器件电阻值都服从正态分布，检验：

(1) 两个总体的方差是否相等？（取 $\alpha = 0.05$）

(2) 两个总体的均值是否相等？（取 $\alpha = 0.05$）

8.4 原假设选取原则*

假设检验是一种应用非常广泛的统计推断方法，显著性假设检验的原则是控制犯第一类错误的概率不超过显著性水平 α，而对犯第二类错误的概率没有限制，因此，如何选择原假设 H_0 与备择假设 H_1 就有讲究了。原假设 H_0 和备择假设 H_1 的选取不同会对假设检验结果有什么影响？我们应该如何正确地选择原假设 H_0 和备择假设 H_1？这是假设检验中第一步要解决的问题，也是假设检验中最为困难的问题。本节从下面的实例出发，通过结合假设检验的原理，给出了提出原假设 H_0 的一般原则。

例 8.4.1 某商家欲购进一批发动机，假如发动机使用柴油每升的运转时间服从正态分布，按设计要求，平均每升运转时间应在 30min 以上，现随机测试 6 台，其运转时间(以 min 计)分别为 28、27、31、29、30、27。问：商家是否购进这批发动机？（显著性水平 $\alpha = 0.05$）

本题表面看比较简单，属于单个正态总体，方差未知，均值 μ 的假设检验。但是，对原假设 H_0 的提出，如果按下面两种方案进行计算，问题就出现了。

方案 1

提出原假设 $H_0: \mu \geq \mu_0 = 30$，备择假设 $H_1: \mu < 30$，

选择统计量 $t = \dfrac{\bar{X} - \mu_0}{S/\sqrt{n}} \sim t(n-1)$，

在显著性水平 $\alpha = 0.05$ 下，查 t 分布表得拒绝域

$$W = \{t < -t_{0.05}(5) = -2.015\},$$

由样本值观测计算得 $\bar{x} = 28.67$，$s = 1.633$，于是

$$t = \frac{28.67 - 30}{1.633/\sqrt{6}} = -2.00 > -2.015,$$

t 的观测值没有落入拒绝域，意味着接受原假设 H_0，因此商家购进这批发动机。

方案 2

提出原假设 $H_0 : \mu \leqslant \mu_0 = 30$，备择假设 $H_1 : \mu > 30$，

$$选择统计量\ t = \frac{\overline{X} - \mu_0}{S / \sqrt{n}} \sim t(n-1)，$$

在显著性水平 $\alpha = 0.05$ 下，查 t 分布表得拒绝域

$$W = \{ t > t_{0.05}(5) = 2.015 \}，$$

由样本值观测计算得 $\overline{x} = 28.67$，$s = 1.633$，于是

$$t = \frac{28.67 - 30}{1.633 / \sqrt{6}} = -2.00 < 2.015，$$

t 的观测值也没有落入拒绝域，意味着接受原假设 H_0，因此商家不购进这批发动机。

两种方案出现了相反的结果。为什么用同样的样本数据，同样的方法进行检验，在不同的假设前提下，得到的却是完全相反的结果？其中的原因或"矛盾"产生在什么地方？什么样的假设才是正确的假设？在类似情况下如何进行假设呢？

出现上述矛盾的原因在于保护原假设的原则——当我们进行假设检验时，原假设是受到保护的。

在应用假设检验时，我们只控制犯第一类错误的概率，即给定显著性水平 α。α 越小，拒绝域就越小，否定原假设就越困难，换言之，对原假设的保护程度越大。选定哪一个作为原假设，就要使其处于强有力的受保护的地位，如果没有充分的证据，不能轻易拒绝原假设。这就是说假设检验的原理使得我们更容易得出接受原假设的结论，只要样本数据偏差得不是特别严重，我们都会得出接受原假设的结论。进一步，一旦我们做出拒绝原假设的决定，几乎每次都是对的(犯错误的概率不超过 α)，在很罕见的情况下，我们也可能犯错误，即拒绝 H_0 拒绝错了。因此，在假设检验的结论中，采用拒绝原假设，或者不拒绝原假设更为贴切。

因此，在两个对立假设中，选取原假设 H_0 的原则为：原假设应当是经过细致的调查和考察的，应当加以保护，不能轻易否定，拒绝它应当谨慎。

下面根据原假设 H_0 的选取原则分析下该例，同样的样本数据，在不同的假设前提下，得到的却是完全相反的结果，究竟哪个结果更合理呢？我们认为两种假设，两种结果都有其合理的一面。原因如下：

分析 1　作为商家需要保护自身的利益，一旦购进次品，造

成经济损失，是他最不想看到的。此时，为了保护商家的利益，应当选择发动机不符合设计要求为原假设，即原假设 $H_0: \mu \leqslant \mu_0 = 30$，备择假设 $H_1: \mu > 30$，从而做出决策，不购进这批发动机；

分析 2   在做统计决策时，除样本信息外，还应充分考虑非样本信息，如果我们事先知道这种发动机的设计很成熟，技术参数通常能达到设计要求，制造工艺也很稳定，绝大多数发动机在试运行一段时间后，经过一定的磨合期后平均每升运转时间在 30min 以上。这时，如果判断发动机不合格，将使商家失去一个良好的进货渠道，因此商家为了保护自身利益，更愿意选取发动机符合设计要求为原假设，即原假设 $H_0: \mu \geqslant \mu_0 = 30$，备择假设 $H_1: \mu < 30$，从而做出决策，购进这批发动机。综合两种分析结果，如果对生产发动机的厂家了解不多或厂家信誉不太好时，不购进为好；如果厂家信誉良好，还是应该购进这批发动机。

对于该例，还可以进一步思考：作为生产发动机的厂家来说，面对同样的样本数据，如何界定自己的产品？厂家一旦判定发动机不合格，就应停产，找出原因，排除故障，然后再生产。而停产的损失是非常大的，因此厂家为了维护自身利益，应当选择"发动机合格"为原假设进行假设检验，即原假设 $H_0: \mu \geqslant \mu_0 = 30$，备择假设 $H_1: \mu < 30$，最终，得出这批发动机合格的结论。

以上分析可以看出，无论面临什么样的问题，只要遵循原假设的选取原则"原假设应当是经过细致的调查和考察的，应当加以保护，不能轻易否定，拒绝它应当谨慎。"就能提出合适的假设，得到合理的结论。

有时候，对于一些具体的题目，总原则不太容易把握好，尤其是初学者。为此，我们从总原则出发，将其划分为如下原则，更加实用。

(1) 要决定提出的新方法(新材料、新工艺、新配方等)是否比原方法好，应当保护的是原有的(老的)方案，此时原假设 H_0 为：新方法不比旧方法好，即老方案好。

(2) 在某些情况下，将有可能造成严重后果的错误设置为第一类错误而不要设置为第二类错误，因为犯第一类错误的概率是可以通过选取 α 的大小来控制的，犯第二类错误的概率 β 是无法控制的。例如：有一种新药，对它可能做出的两个对立假设是"有毒"与"无毒"。显然，有毒的药物比无毒的药物造成的后果严重，故应将这一严重错误作为第一类错误，以便可以控制。此时假设为 H_0：药物有毒，H_1：药物无毒。

(3) 若在两类错误中，没有一类错误的后果严重得更需要避免时，常取原假设 H_0 为维持原状。直观地说，若假设中包含有等号，该假设就可作为原假设，其对立的就是备择假设。

（4）将产生怀疑可能被拒绝的结论设为原假设 H_0。

（5）先从备择假设 H_1 入手，再确定原假设 H_0，也是一种比较好的方法。备择假设往往不仅是人们希望去证实并且期待接受的结论；也是人们根据以往知识和现有数据猜想可能成立的结论。

小结 8

假设检验是重要的统计推断，在研究中，对某个结论提出疑问或者看法，澄清疑问证实看法的过程就是先做一对假设，再利用样本信息对假设进行判别，拒绝原假设或者不拒绝原假设。

在应用中，无论拒绝原假设或者不拒绝原假设，都有可能犯错，具体如下：

（1）H_0 为真，统计决策是拒绝 H_0，犯第一类错误；

（2）H_0 为假，统计决策是不拒绝 H_0，犯第二类错误；

（3）H_0 为真，统计决策是不拒绝 H_0，不犯错误；

（4）H_0 为假，统计决策是拒绝 H_0，不犯错误。

在应用中，只控制犯第一类错误的概率，这就导致假设检验的两个决策地位不对等。拒绝 H_0，几乎都是对的，犯错的概率不超过 α；不拒绝 H_0，更容易得到统计结果，可能会犯第二类错误，犯错的大小不知。这类假设检验称为显著性假设检验。

检验的 p 值是拒绝 H_0 的最小显著性水平，也是以样本数据为临界值对应的概率。

我们还详细介绍了正态总体下各种参数的假设检验问题，其拒绝域的形式由 H_1 决定。

章节测验 8

1. 在假设检验中，当拒绝域很小时，得到结论：拒绝原假设。请问应该如何理解该结论？当拒绝域很小时，得到结论：接受原假设。请问应该如何理解该结论？

2. 在显著性假设检验中，如果我们的决策犯了第一类错误，则我们的决策是什么？

3. 已知某种元件的寿命（单位：h）服从正态分布 $N(225,100^2)$，现测得 16 只元件的寿命如下：

159	280	101	212	224	379	179	264
222	362	168	250	149	260	485	170

在显著性水平 $\alpha = 0.05$ 下，检验这批元件的平均寿命是否等于 225h？

4. 某铝材的长度（单位：cm）服从正态分布 $N(\mu, \sigma^2)$，抽取容量为 12 的样本，测其长度，得样本均值 $\bar{x} = 239.5$cm，样本方差 $s^2 = 0.64$，在显著性水平 $\alpha = 0.05$ 下，检验这批铝材的长度的平均值是否等于 240cm?

5. 某次考试的成绩服从正态分布,现随机抽取 36 位考生的成绩,计算得到平均成绩为 66.5 分,标准差为 15 分,在显著性水平 $\alpha = 0.05$ 下,是否可以认为这次考试考生的平均成绩为 70 分?

6. 某种感冒冲剂的生产线规定每包质量为 12g,标准差为 0.6g,现随机抽取 25 包,测其质量,计算得 $s^2 = 0.4$。假如每包感冒冲剂的质量服从正态分布 $X \sim N(\mu, \sigma^2)$,在显著性水平 $\alpha = 0.05$ 下,检验感冒冲剂质量的方差与规定有无显著性差异?

7. 某机床加工一类套筒,假设套筒的直径 X 服从正态分布,正常情况方差不超过 0.01。从某批产品中抽取容量为 25 的样本,测量其直径,计算得 $s^2 = 0.012$。在显著性水平 $\alpha = 0.05$ 下,检验这批套筒直径的方差是否显著偏大?

8. 某材料抗压强度服从正态分布 $X \sim N(\mu, \sigma^2)$,现随机抽取容量为 10 的样本,计算得到样本均值 $\bar{x} = 454$,样本方差 $s^2 = 890$,在显著性水平 $\alpha = 0.05$ 下,检验假设 $H_0 : \sigma^2 \geq 900$。

9. 对冷却到 $-72℃$ 的样品,用 A 和 B 两种测量方法测量其融化到 $0℃$ 时的潜热,数据如下:

方法 A 79.98 80.04 80.02 80.04 80.03
80.03 80.04 79.97 80.05 80.02

方法 B 80.02 79.94 79.98 79.97 80.03
79.95 79.97 79.97

假设它们都服从正态分布,方差相等,问两种测量

方法的平均性能是否相等?(取 $\alpha = 0.05$)

10. 某车间为提高铸件的硬度,进行技术革新,采用新方法测得 9 件,其硬度为 31.75、30.90、33.83、32.88、32.89、31.86、31.80、31.75、32.24,又测得用老方法生产的 8 件,其硬度为 31.84、30.46、31.31、30.75、29.15、30.51、30.43、30.74。假设铸件的硬度服从正态分布,且标准差保持不变,能否认为新方法生产的铸件的硬度有显著性提高?(取 $\alpha = 0.05$)

11. 为比较正常成年男女所含红细胞数的差异,在某地区随机抽取 9 名男性和 9 名女性测试,结果如下:

男性 445 508 458 469 465 466 516 492 486
女性 432 396 452 448 422 390 415 436 421

假设成年男女所含红细胞数都服从正态分布,且方差相等,试检验:正常成年男女所含红细胞数的平均值是否有显著差异?(取 $\alpha = 0.05$)

12. 为比较不同季节出生的女婴体重的方差,从某年 12 月和 6 月出生的女婴中分别随机地抽取 8 名,测其体重(单位:g)如下:

12 月出生的女婴

3520 2960 2560 3260 3960 2960 3220 3060

6 月出生的女婴

3220 3760 3000 2920 3740 3060 3080 2940

假设新生女婴体重服从正态分布,问新生女婴体重的方差是否是冬季的比夏季的小?(取 $\alpha = 0.05$)

R 实验 8

实验 8.1 正态总体方差的假设检验

回顾本章例 8.2.1,某厂生产的钢管内径服从正态分布 $X \sim N(\mu, \sigma^2)$,内径的设计值为 100mm,现在从该厂生产的一批产品中抽取 10 件,测其内径,数据如下:100.36,100.31,99.99,100.11,100.64,100.85,99.42,99.91,99.35,100.10。分别在下列条件下:

(1)已知 $\sigma^2 = 0.5^2$;

(2)σ^2 未知,

检验假设 $H_0 : \mu = 100$,$H_1 : \mu \neq 100$。取显著性水平 $\alpha = 0.05$。

由已知数据计算得 $\bar{x} = 100.104$，$s = 0.476$

正态总体 $X \sim N(\mu, \sigma^2)$，要检验的假设为

$$H_0 : \mu = 100, \quad H_1 : \mu \neq 100。$$

（1）已知 $\sigma^2 = 0.5^2$，选择检验统计量

$$Z = \frac{\bar{X} - \mu_0}{\sigma / \sqrt{n}} \sim N(0, 1)，$$

$\alpha = 0.05$，查表得拒绝域 $\quad W = \{|Z| \geq z_{\alpha/2} = Z_{0.025} = 1.96\}$，
计算统计量 Z 的观测值，得

$$|Z| = \left| \frac{100.104 - 100}{0.5 / \sqrt{10}} \right| = 0.658 < 1.96。$$

这部分需要用 z. test，这个函数在 BSDZ 包中，因此先用 install. packages("BSDA")下载包，之后用 library(BSDA)调用这个包，之后执行以下代码：

```
> x1<-c(100.36,100.31,99.99,100.11,100.64,100.85,99.42,
99.91,99.35,100.10)
>z. test(x1,mu=100,sigma. x=0.5)
         One-sample z-Test
data:  x1
z=0.65775,p-value=0.5107
alternative hypothesis:true mean is not equal to 100
95 percent confidence interval:
 99.7941 100.4139
sample estimates:
mean of x
 100.104
```

代码运行结果显示，Z 统计量为 0.65775，与我们前面计算的一致。Z 统计量的相伴概率 p-value = 0.5107。因此在显著性水平 $\alpha = 0.05$ 的情况下，不拒绝原假设，认为内径的值符合设计要求。

（2）σ^2 未知，选择检验统计量

$$t = \frac{\bar{X} - \mu_0}{S / \sqrt{n}} \sim t(n-1)$$

$\alpha = 0.05$，查表得拒绝域 $W = \{|t| \geq t_{\alpha/2}(n-1) = t_{0.025}(9) = 2.262\}$，
计算统计量 t 的观测值，得

$$|t| = \left| \frac{100.104 - 100}{0.476 / \sqrt{10}} \right| = 0.691 < 2.262，$$

选择检验统计量 t，运行如下代码：

```
>t.test(x1,mu=100)
        One Sample t-test

data:  x1
t=0.69098,df=9,p-value=0.507
alternative hypothesis:true mean is not equal to 100
95 percent confidence interval:
 99.76352 100.44448
sample estimates:
mean of x
 100.104
```

t 统计量为 0.69098，与我们前面计算的一致。t 统计量的相伴概率 p-value=0.507。因此在显著性水平 $\alpha=0.05$ 的情况下，不拒绝原假设，认为内径的值符合设计要求。

实验 8.2　正态总体均值的假设检验

参考本章例 8.2.4，某切割机在正常工作时，切割每段金属棒的平均长度为 10.5cm，标准差是 0.15cm，今从一批产品中随机地抽取 15 段进行测量，其结果如下：

　10.4　10.6　10.1　10.4　10.5　10.3　10.3　10.2

　10.9　10.6　10.8　10.5　10.7　10.2　10.7

假定切割的长度服从正态分布 $N(\mu,\sigma^2)$，试问金属棒的平均长度是否正常？（$\alpha=0.05$）

由已知数据计算得 $\bar{x}=10.48$，$s^2=0.056$，$s=0.237$。

需检验平均长度是否正常，则要检验的假设为

$$H_0:\mu=10.5,\quad H_1:\mu\neq10.5,$$

正态总体 $N(\mu,\sigma^2)$，未知 σ^2，选择检验统计量

$$t=\frac{\overline{X}-\mu_0}{S/\sqrt{n}}\sim t(n-1),$$

$\alpha=0.05$，查表得拒绝域 $W=\{|t|\geq t_{\alpha/2}(n-1)=t_{0.025}(14)=2.1448\}$，计算统计量 t 的观测值，得

$$|t|=\left|\frac{10.48-10.5}{0.237/\sqrt{15}}\right|=0.327<2.1448$$

R 代码如下：

```
> x<-c(10.4,  10.6,  10.1,  10.4,10.5,10.3,  10.3,  10.2,
+ 10.9,  10.6,  10.8,  10.5,  10.7,  10.2,  10.7)
>t.test(x,mu=10.5)

        One Sample t-test
```

```
data:  x
t=-0.32733,df=14,p-value=0.7483
alternative hypothesis:true mean is not equal to 10.5
95 percent confidence interval:
  10.34895 10.61105
sample estimates:
mean of x
   10.48
```

从 R 运行的结果看，t 统计量为 -0.32733，与我们前面计算的结果一致。t 统计量的相伴概率 p-value $=0.7483$。因此在显著性水平 $\alpha=0.05$ 的情况下，不拒绝原假设，认为金属棒的平均长度正常。

实验 8.3 两个正态总体的检验

回顾 8.3 节例题，考查某种物品在处理前后的含脂率是否发生显著性变化，为此在处理前和处理后分别抽取容量为 7 和 8 的样本，含脂率分别如下：

处理前　0.19　0.18　0.21　0.30　0.41　0.12　0.27

处理后　0.15　0.13　0.07　0.24　0.19　0.06　0.08　0.12

假设处理前和处理后的含脂率都服从正态分布。

（1）处理前后含脂率的方差是否有显著性差异？（$\alpha=0.05$）

（2）处理后含脂率的均值是否显著降低？（$\alpha=0.05$）

（1）运用 R 软件代码如下：

```
>x1<-c(0.19,0.18,0.21,0.30,0.41,0.12,0.27)
>x2<-c(0.15,0.13,0.07,0.24,0.19,0.06,0.08,0.12)
>var.test(x1,x2)
  F test to compare two variances

data:  x1 and x2
F=2.3505,num df=6,denom df=7,p-value=0.2882
alternative hypothesis: true ratio of variances is not
equal to 1
95 percent confidence interval:
  0.459206 13.387148
sample estimates:
ratio of variances
         2.35049
```

F 值没有落入拒绝域，其相伴概率 p-value $=0.2882$。所以在 $\alpha=0.05$ 时，不拒绝原假设，认为处理前后含脂率的方差没有显著性差异。

（2）如果用 R 语言计算，代码如下：

```
>t. test (x1,x2,var. equal=TRUE,conf. level=0. 95)

  Two Samplet-test

data:  x1 and x2
t=2. 6761,df=13,p-value=0. 01904
alternative hypothesis: true difference in means is not
equal to 0
95 percent confidence interval:
  0. 02119964 0. 19880036
sample estimates:
mean of x mean of y
     0. 24       0. 13
```

t 统计量的值落入拒绝域，其相伴概率为 0.01904，小于 0.05。所以在 $\alpha = 0.05$ 时，拒绝原假设，认为处理后含脂率的均值显著降低了。

部分习题参考答案与提示

习题 1.1

1. (1) $S = \left\{ \dfrac{i}{n} \mid i = 0, 1, 2, \cdots, 100n \right\}$；(2) $S = \{10, 11, 12, \cdots\}$；

(3) $S = \{00, 100, 0100, 0101, 0110, 1100, 1010, 1011, 0111,$
$1101, 1110, 1111\}$；

(4) $S = \{(\rho, \theta) \mid \rho < 1, 0 \leqslant \theta < 2\pi\}$；

(5) $S = \{(x, y, z) \mid x > 0, y > 0, z > 0, x + y + z = 1\}$。

2. (1) 记正面为 T，反面为 F，
$S = \{TTT, TTF, TFT, FTT, TFF, FTF, FFT, FFF\}$，$A = \{TTT,$
$TTF, TFT, FTT\}$；

(2) $S = \{1, 2, 3, \cdots\}$，$A = \{1, 2, \cdots, 8\}$；

(3) $S = \{t : t \geqslant 0\}$，$A = \{t : 72 \leqslant t \leqslant 108\}$。

3. (1) $D_1 = A\overline{B}\,\overline{C}$ 或写成 $D_1 = A - B - C$；

(2) $D_2 = AB\overline{C}$ 或写成 $D_2 = AB - C$；

(3) $D_3 = A \cup B \cup C$；

(4) $D_3 = ABC$；

(5) $D_5 = \overline{A}\,\overline{B}\,\overline{C}$；

(6) $D_6 = \overline{AB \cup BC \cup CA} = \overline{AB} \cap \overline{BC} \cap \overline{CA}$；

(7) $D_7 = \overline{A} \cup \overline{B} \cup \overline{C}$；

(8) $D_8 = AB \cup BC \cup CA$。

4. D。

5. B。

6. (1) $A \cup B = S$；

(2) $AB = \varnothing$；

(3) $AC =$ "取得球的号码是小于 5 的偶数" $= \{2, 4\}$；

(4) $\overline{AC} =$ "取得球的号码是奇数或是大于 5 的偶数" $= \{1, 3, 5,$

$6,7,8,9,10\}$ ；

(5) $\bar{A}\cap\bar{C}=$ "取得球的号码是大于等于 5 的奇数" $=\{5,7,9\}$ ；

(6) $\overline{B\cup C}=$ "取得球的号码是大于 5 的偶数" $=\{6,8,10\}$ ；

(7) $A-C=$ "取得球的号码是大于 5 的偶数" $=\{6,8,10\}$ 。

7. (1) $A_1\cup A_2$ ；(2) $A_1\bar{A}_2\bar{A}_3$ ；(3) $A_1A_2A_3$ ；(4) $\overline{A_1A_2A_3}$ ；

(5) $A_1A_2\bar{A}_3\cup A_1\bar{A}_2A_3\cup\bar{A}_1A_2A_3$ 。

习题 1.2

1. 0。

2. 相等；包含。

3. (1) $\dfrac{5}{8}$ ；(2) $\dfrac{11}{15}$ ，$\dfrac{4}{15}$ ，$\dfrac{17}{20}$ ，$\dfrac{3}{20}$ ，$\dfrac{7}{60}$ ，$\dfrac{7}{20}$ ；

(3) ① $\dfrac{1}{2}$ ，② $\dfrac{3}{8}$ 。

4. 略。

5. 0。

6. C。

7. D。

8. B。

9. (1) 0.4；(2) 0.1；(3) 0.3。

10. 略。

11. 略。

习题 1.3

1. (1) $\dfrac{113}{126}$ ；(2) $\dfrac{1}{12}$ 。

2. (1) $\dfrac{1}{12}$ ；(2) $\dfrac{1}{20}$ 。

3. 2.4×10^{-6} 。

4. (1) $\dfrac{4}{33}$ ；(2) $\dfrac{10}{33}$ 。

5. $\dfrac{C_n^l C_m^{k-l}}{C_{m+n}^k}$ 。

6. (1) $\dfrac{n}{m+n}$ ；(2) $\dfrac{nA_m^{i-1}}{A_{m+n}^i}$ ；(3) $1-\dfrac{C_m^i}{C_{m+n}^i}$ ；(4) $\dfrac{C_n^l C_m^{i-l}}{C_{m+n}^i}$ ；

（5）$\dfrac{C_n^{l-1}C_m^{i-1}(n-l+1)}{iC_{m+n}^i}$。

7. $\dfrac{C_{2n-m}^n}{2^{2n-m+1}}$。

8. $\dfrac{1}{35}$。

9. $\dfrac{13}{21}$。

10. （1）$\dfrac{25}{49}$；（2）$\dfrac{10}{49}$；（3）$\dfrac{20}{49}$；（4）$\dfrac{5}{7}$。

习题 1.4

1. $\dfrac{5}{9}$。

2. $\dfrac{1}{4}$。

习题 1.5

1. （1）$\dfrac{2}{3}$；（2）0.5。

2. 0.6。

3. 0.5。

4. 0.75。

5. （1）0.25；（2）$\dfrac{1}{3}$。

6. D。

7. C。

8. $\dfrac{3}{8}$。

9. $\dfrac{2}{3}$。

10. 0.18。

11. （1）$\dfrac{28}{45}$；（2）$\dfrac{1}{45}$；（3）$\dfrac{16}{45}$；（4）$\dfrac{1}{5}$。

12. $\dfrac{3}{5}$。

13. $\dfrac{20}{21}$。

14. （1）$\dfrac{3}{2}p-\dfrac{1}{2}p^2$；（2）$\dfrac{2p}{p+1}$。

15. （1）$\dfrac{2}{5}$；　　　（2）0.4865。

16. $\dfrac{2}{5}$。

17. （1）0.056；　（2）$\dfrac{1}{18}$。

18. 0.087。

19. $\dfrac{3}{7}$。

20. （1）0.6；　　　（2）$\dfrac{1}{3}$。

习题 1.6

1. 0.25。

2. $\dfrac{1}{4}$。

3. $p+q-pq$；$1+pq-q$；$1-pq$。

4. C。

5. D。

6. （1）必然错；（2）必然错；（3）必然错；（4）可能对。

7. 0.5043。

8. $\dfrac{3}{5}$。

9. $\dfrac{304}{729}$。

10. $2p^2(1-p)$。

11. （1）$1-(1-p^n)^2$；（2）$(2p-p^2)^n$。

章节测验 1

1. D。2. C。3. D。4. C。5. C。6. D。7. C。8. A。9. B。

10. $\dfrac{2}{9}$。

11. $\dfrac{29}{225}$。

12. $\dfrac{1}{2}+\dfrac{1}{\pi}$。

13. $C_{10}^{3}(0.3)^{3}(0.7)^{7}$。

14. 4.17%；0.8。

15. $\dfrac{1}{3}$。

16. $\dfrac{1}{6}$。

17. $\dfrac{2}{10}$，$\dfrac{17}{55}$，$\dfrac{41}{110}$；丙抽中的可能性最大。

18. 提示：$P(C(A+B))=P(CA)+P(CB)$。

19. （1）$\dfrac{25}{286}$；（2）$\dfrac{36}{143}$；（3）$\dfrac{189}{286}$。

20. （1）$\dfrac{2}{3}$；（2）$\dfrac{5}{9}$。

21. （1）0.4；（2）$\dfrac{4}{7}$；（3）0.7。

22. $\dfrac{2}{3}$。

23. $\dfrac{8}{15}$。

24. （1）0.3324；（2）149。

25. （1）0.94；（2）0.85。

26. （1）0.8；（2）0.5。

习题 2.2

1. $c=\dfrac{1}{e^{\lambda}-1}$。

2.

X	1	2	3	4
P	0.4	0.3	0.2	0.1

3.

X	0	1	2
P	$\dfrac{22}{35}$	$\dfrac{12}{35}$	$\dfrac{1}{35}$

，图形略。

4. $\dfrac{80}{81}$。

5. 9。

6. (1) 0.1205; (2) 0.1219。

7. 略。

习题 2.3

1. (4)。

2. X 的分布律为

X	0	1	2
P	$\dfrac{5}{6}$	$\dfrac{5}{33}$	$\dfrac{1}{66}$

X 的分布函数为

$$F(x) = \begin{cases} 0, & x<0, \\ \dfrac{5}{6}, & 0 \leqslant x < 1, \\ \dfrac{65}{66}, & 1 \leqslant x < 2, \\ 1, & x \geqslant 2。 \end{cases}$$

3. X 的分布律为

$$P(X=k) = C_3^k 0.4^k 0.6^{3-k}, k=0,1,2,3,$$

即

X	0	1	2	3
P	0.216	0.432	0.288	0.064

X 的分布函数为

$$F(x) = \begin{cases} 0, & x<0, \\ 0.216, & 0 \leqslant x < 1, \\ 0.648, & 1 \leqslant x < 2, \\ 0.936, & 2 \leqslant x < 3, \\ 1, & x \geqslant 3。 \end{cases}$$

4. X 的分布函数为

$$F(x) = \begin{cases} 0, & x<0, \\ \dfrac{x}{3}, & 0 \leqslant x < 3, \\ 1, & x \geqslant 3。 \end{cases}$$

习题 2.4

1. D。
2. D。

3. (1) $k=1$；(2) $F(x)=\begin{cases}0, & x<0,\\ \dfrac{1}{2}x^2, & 0\leqslant x<1,\\ 2x-\dfrac{1}{2}x^2-1, & 1\leqslant x<2,\\ 1, & x\geqslant 2;\end{cases}$ (3) 0.555。

4. (1) $a=\dfrac{1}{2}$，$b=\dfrac{1}{\pi}$；(2) $\dfrac{1}{3}$；(3) $f(x)=\begin{cases}\dfrac{1}{\pi\sqrt{1-x^2}}, & -1<x<1,\\ 0, & 其他。\end{cases}$

5. $\dfrac{2}{3}$。

6. 0.6。

7. (1) $\mathrm{e}^{-\frac{1}{2}}$；(2) $\mathrm{e}^{-\frac{1}{2}}$。

8. 1。

9. (1) 0.9544；(2) 2；(3) −4.981。

习题 2.5

1. (1) 整理得到 Y_1 的分布律为

$Y_1=2X^2+1$	1	3	9
P	0.3	0.6	0.1

(2) 整理得到 Y_2 的分布律为

$Y_2=3\lvert X\rvert+5$	5	8	11
P	0.3	0.6	0.1

2. Y 的分布律为

Y	−1	0	1
P	$\dfrac{2}{15}$	$\dfrac{1}{3}$	$\dfrac{8}{15}$

3.

Y	-1	1
P	$\dfrac{2}{3}$	$\dfrac{1}{3}$

4. (1) $f_{Y_1}(y)=\begin{cases}1, & 0<y<1, \\ 0, & \text{其他}; \end{cases}$ (2) $f_{Y_2}(y)=\begin{cases}\dfrac{1}{y}, & 1<y<e, \\ 0, & \text{其他}; \end{cases}$

(3) $f_{Y_3}(y)=\begin{cases}\dfrac{1}{2}e^{-\frac{y}{2}}, & y>0, \\ 0, & \text{其他}; \end{cases}$ (4) $f_{Y_4}(y)=\begin{cases}\dfrac{1}{\sqrt{\pi y}}, & 0<y<\dfrac{\pi}{4}, \\ 0, & \text{其他}。 \end{cases}$

5. $f_Y(y)=\begin{cases}\dfrac{2}{\pi\sqrt{1-y^2}}, & 0<y<1, \\ 0, & \text{其他}。 \end{cases}$

6. (1) $f_{Y_1}(y)=\begin{cases}\sqrt{\dfrac{2}{\pi}}e^{-\frac{y^2}{2}}, & y>0, \\ 0, & y\leqslant 0; \end{cases}$

(2) $f_{Y_2}(y)=\begin{cases}\dfrac{1}{2\sqrt{\pi(y-1)}}e^{-\frac{y-1}{4}}, & y>1, \\ 0, & y\leqslant 1; \end{cases}$

(3) $f_{Y_3}(y)=\dfrac{1}{2\sqrt{2\pi}}e^{-\frac{(y-5)^2}{8}}, \quad -\infty<y<+\infty。$

章节测验 2

1. $c=e。$

2.

X	0	1	2
P	0.553	0.395	0.052

3. (1) $P(X=k)=\dfrac{C_3^k C_{17}^{5-k}}{C_{20}^5}, \quad k=0,1,2,3;$

(2) $P(X=k)=C_5^k 0.15^k(1-0.15)^{5-k}, \quad k=0,1,2,3。$

4. $\dfrac{4}{27}。$

5. 略。

6. $P(X=k)=P(\text{前 } k-1 \text{ 次都是正面，第 } k \text{ 次是反面})+$
$\qquad P(\text{前 } k-1 \text{ 次都是反面，第 } k \text{ 次是正面})$
$\qquad =p^{k-1}(1-p)+p(1-p)^{k-1}, \quad k=2,3,\cdots。$

7. 0.8753。

8. 0.6403。

9. (1) $A=\dfrac{1}{2}$；(2) $P\left(0<X<\dfrac{\pi}{4}\right)=\dfrac{\sqrt{2}}{4}$。

10. (1) 21；(2) $F(x)=\begin{cases}0, & x<0, \\ 7x^3+\dfrac{1}{2}x^2, & 0\leqslant x<\dfrac{1}{2}, \\ 1, & x\geqslant\dfrac{1}{2};\end{cases}$ (3) $\dfrac{17}{54}$。

11. (1) 1；(2) 0.96；(3) $f(x)=\begin{cases}2x, & 0<x<1, \\ 0, & \text{其他}。\end{cases}$

12. (1) $P(Y=k)=C_5^k(e^{-2})^k(1-e^{-2})^{5-k}$，$k=0,1,\cdots,5$；

(2) $1-(1-e^{-2})^5$。

13. $f_W(y)=F'_W(y)=\begin{cases}\dfrac{1}{4\sqrt{2y}}, & 162<y<242, \\ 0, & \text{其他}。\end{cases}$

14. (1) $f_Y(y)=\begin{cases}1, & 1<y<2, \\ 0, & \text{其他};\end{cases}$ (2) 0.5。

15. $f_Y(y)=\begin{cases}\dfrac{e^{-\sqrt{y}}}{2\sqrt{y}}, & y>0, \\ 0, & \text{其他}。\end{cases}$

16. $f_Y(y)=\begin{cases}\dfrac{1}{\pi}, & -\dfrac{\pi}{2}<y<\dfrac{\pi}{2}, \\ 0, & \text{其他}。\end{cases}$

17. $f_Y(y)=\begin{cases}\dfrac{2}{3}, & 0<y\leqslant1, \\ \dfrac{1}{3}, & 1<y<2, \\ 0, & \text{其他}。\end{cases}$

习题 3.1

1. (1) (X,Y) 的联合分布律为

X	Y	
	0	1
0	4/25	6/25
1	6/25	9/25

由此，事件 $\{X=Y\}$ 的概率为 $P(X=Y)=p_{00}+p_{11}=\dfrac{4}{25}+\dfrac{9}{25}=\dfrac{13}{25}$。

（2）(X,Y) 的联合分布律为

X	Y	
	0	1
0	1/10	3/10
1	3/10	3/10

由此，事件 $\{X=Y\}$ 的概率为 $P(X=Y)=p_{00}+p_{11}=\dfrac{1}{10}+\dfrac{3}{10}=\dfrac{2}{5}$。

2. (X,Y) 的联合分布律为

Y	X			
	0	1	2	3
1	0	3/8	3/8	0
3	1/8	0	0	1/8

3. (X,Y) 的联合分布律为

Y	X		
	1	2	3
1	0	1/6	1/12
2	1/6	1/6	1/6
3	1/12	1/6	0

$P(X \geqslant 2, Y \geqslant 2)=p_{22}+p_{23}+p_{32}+p_{33}=\dfrac{1}{6}+\dfrac{1}{6}+\dfrac{1}{6}+0=\dfrac{1}{2}$。

4. （1）$k=\dfrac{1}{\pi^2}$；（2）$\dfrac{1}{16}$。

5. （1）$k=4$；（2）$F(x,y)=\begin{cases}0, & x<0 \text{ 或 } y<0, \\ x^2y^2, & 0 \leqslant x<1,\ 0 \leqslant y<1, \\ x^2, & 0 \leqslant x<1,\ y \geqslant 1, \\ y^2, & x \geqslant 1,\ 0 \leqslant y<1, \\ 1, & x \geqslant 1,\ y \geqslant 1;\end{cases}$

（3）0.5。

6. （1）1；（2）$f(x,y)=\dfrac{\partial^2 F(x,y)}{\partial x\,\partial y}=\begin{cases}\dfrac{1}{4}\mathrm{e}^{-0.5(x+y)}, & x>0, y>0, \\ 0, & \text{其他}; \end{cases}$

（3）$(1-\mathrm{e}^{-0.5})^2$。

7. （1）$f(x,y)=\begin{cases}1, & (X,Y) \in G, \\ 0, & \text{其他}; \end{cases}$ （2）$\dfrac{3}{4}$。

8. $f(x,y)=\dfrac{1}{6\pi\sqrt{3}}\mathrm{e}^{-\frac{2}{3}\left[\frac{x^2}{4}-\frac{x(y-1)}{6}+\frac{(y-1)^2}{9}\right]}$，$-\infty<x,y<+\infty$。

习题 3.2

1. (X,Y) 的联合分布律为

X	Y					
	1	2	3	4	5	6
1	1/36	1/36	1/36	1/36	1/36	1/36
2	0	1/18	1/36	1/36	1/36	1/36
3	0	0	1/12	1/36	1/36	1/36
4	0	0	0	1/9	1/36	1/36
5	0	0	0	0	5/36	1/36
6	0	0	0	0	0	1/6

Y 的边缘分布律为

Y	1	2	3	4	5	6
$p_{\cdot j}$	1/36	1/12	5/36	7/36	1/4	11/36

2. （1）X 和 Y 相互独立；（2）X 和 Y 不独立。

3. X 和 Y 独立。

4. $f(x)=\begin{cases}\dfrac{\sqrt{2}a-2\,|x|}{a^2}, & |x|<\dfrac{a}{\sqrt{2}},\\[3mm] 0, & |x|\geqslant\dfrac{a}{\sqrt{2}};\end{cases}$

$f_Y(y)=\begin{cases}\dfrac{\sqrt{2}a-2\,|y|}{a^2}, & |y|<\dfrac{a}{\sqrt{2}},\\[3mm] 0, & |y|\geqslant\dfrac{a}{\sqrt{2}}。\end{cases}$

5. （1）X,Y 不独立；（2）X,Y 独立；（3）X,Y 不独立；
（4）X,Y 不独立。

6. 0.122。

7. （1）$f(x,y)=f_X(x)f_Y(y)=\begin{cases}\dfrac{1}{2}\mathrm{e}^{-\frac{y}{2}}, & 0<x<1,y>0,\\[2mm] 0, & 其他;\end{cases}$

（2）0.1445。

习题 3.3

1. $a=0.2$，$b=0.1$。

2. $p_{ij}=P(X=i,Y=j)=p^2(1-p)^{j-2},i=1,\cdots,j-1;j=2,3,4,\cdots。$

$$P(Y=j \mid X=i) = \frac{p_{ij}}{p_{i\cdot}} = \frac{p^2(1-p)^{j-2}}{p(1-p)^{i-1}} = p(1-p)^{j-i-1}, i=1,\cdots,j-1;$$

$j = 2,3,4,\cdots$。

3. (1) 当 $n=0,1,2,\cdots$ 时，

$$P(Y=m \mid X=n) = \frac{\dfrac{e^{-14}7.14^m 6.86^{n-m}}{m!(n-m)!}}{\dfrac{14^n}{n!}e^{-14}} = C_n^m\left(\frac{7.14}{14}\right)^m\left(\frac{6.86}{14}\right)^{n-m},$$

$m=0, 1, \cdots, n$;

当 $m=0,1,2,\cdots$ 时，

$$P(X=n \mid Y=m) = \frac{\dfrac{e^{-14}7.14^m 6.86^{n-m}}{m!(n-m)!}}{\dfrac{7.14^m}{m!}e^{-7.14}} = \frac{6.86^{n-m}}{(n-m)!}e^{-6.86}, n=m,m+1,\cdots。$$

(2) $P(Y=m \mid X=10) = C_{10}^m\left(\dfrac{7.14}{14}\right)^m\left(\dfrac{6.86}{14}\right)^{10-m}, m=0,1,\cdots,10$。

4. 当 $0<y\leqslant 1$ 时，

$$f_{X|Y}(x \mid y) = \frac{f(x,y)}{f_Y(y)} = \begin{cases} \dfrac{1}{x^2 y}, & \dfrac{1}{y}<x<+\infty, \\ 0, & \text{其他}; \end{cases}$$

当 $y>1$ 时，

$$f_{X|Y}(x \mid y) = \frac{f(x,y)}{f_Y(y)} = \begin{cases} \dfrac{y}{x^2}, & y<x<+\infty, \\ 0, & \text{其他}; \end{cases}$$

当 $x>1$ 时，

$$f_{Y|X}(y \mid x) = \frac{f(x,y)}{f_X(x)} = \begin{cases} \dfrac{1}{2y\ln x}, & \dfrac{1}{x}<y<x, \\ 0, & \text{其他}。 \end{cases}$$

5. 当 $0<y<1$ 时，$f_{X|Y}(x \mid y) = \dfrac{f(x,y)}{f_Y(y)} = \begin{cases} \dfrac{1}{2y}, & 0<x<2y, \\ 0, & \text{其他}; \end{cases}$

$$F_{Y|X}(y \mid 1) = \int_{-\infty}^y f_{Y|X}(v \mid 1)\,\mathrm{d}v = \begin{cases} 0, & y\leqslant\dfrac{1}{2}, \\ \dfrac{8}{7}y^3 - \dfrac{1}{7}, & \dfrac{1}{2}<y<1, \\ 1, & y\geqslant 1。 \end{cases}$$

6. $f(x,y) = f_X(x)f_{Y|X}(y \mid x) = \begin{cases} \dfrac{1}{\sqrt{2\pi}\sigma}e^{-\frac{(y-x)^2}{2\sigma^2}}, & 1<x<2, -\infty<y<+\infty, \\ 0, & \text{其他}。 \end{cases}$

习题 3.4

1. （1）由(X,Y)的联合分布律，得$U=\max\{X,Y\}$的分布律为

$U=\max\{X,Y\}$	-1	0	1	2
$P(U=k)$	$\frac{1}{6}$	$\frac{1}{3}$	$\frac{1}{3}$	$\frac{1}{6}$

（2）由(X,Y)的联合分布律，得$V=\min\{X,Y\}$的分布律为

$V=\min\{X,Y\}$	-1	0	1
$P(V=k)$	$\frac{7}{12}$	$\frac{1}{4}$	$\frac{1}{6}$

（3）由(X,Y)的联合分布律，得$W=X+Y$的分布律为

$W=X+Y$	-2	-1	0	1	3
$P(W=k)$	$\frac{1}{6}$	$\frac{1}{3}$	$\frac{1}{12}$	$\frac{1}{4}$	$\frac{1}{6}$

2. $P(Z=k)=p(1-p)^{k-1}[2-(1-p)^{k-1}-(1-p)^k]$, $k=1,2,3,\cdots$。

3. $f_Z(z)=\begin{cases}\dfrac{3z^2}{4}, & 0<z<1,\\ 3\left(2z-\dfrac{3z^2}{4}-1\right), & 1\leqslant z<2,\\ 0, & 其他。\end{cases}$

4. （1）$f_Z(z)=\begin{cases}\dfrac{2a+z}{4a^2}, & -2a<z\leqslant0,\\ \dfrac{2a-z}{4a^2}, & 0<z<2a,\\ 0, & 其他；\end{cases}$

（2）$f_Z(z)=\begin{cases}1-e^{-z}, & 0<z\leqslant1,\\ e^{-z}(e-1), & z>1,\\ 0, & 其他。\end{cases}$

5. $f_Z(z)=\begin{cases}\dfrac{\lambda\mu}{(\lambda z+\mu)^2}, & z>0,\\ 0, & z\leqslant0。\end{cases}$

6. $f_Z(z)=\begin{cases}e^{-z}, & z>0,\\ 0, & z\leqslant0。\end{cases}$

7. $f_Z(z) = F'_Z(z) = \begin{cases} 6\lambda e^{-3\lambda z}(1 - e^{-3\lambda z}), & z > 0, \\ 0, & z \leqslant 0_\circ \end{cases}$

章节测验 3

1. (1) $\dfrac{4}{9}$;

(2) (X, Y) 的联合分布律为

X	Y		
	0	1	2
0	1/4	1/3	1/9
1	1/6	1/9	0
2	1/36	0	0

2. $\dfrac{1}{9}_\circ$

3. $0.75_\circ$

4. (Z_1, Z_2) 的联合分布律为

Z_1	Z_2	
	0	1
0	1/4	1/4
1	1/4	1/4

5. (1) (X, Y) 的联合分布律为

X	Y	
	−1	1
−1	1/4	0
1	1/2	1/4

(2) 由 (X, Y) 的联合分布律，得 $U = \max\{X, Y\}$ 的分布律为

$U = \max\{X, Y\}$	−1	1
$P(U = k)$	1/4	3/4

(3) 由 (X, Y) 的联合分布律，得 $V = \min\{X, Y\}$ 的分布律为

$V = \min\{X, Y\}$	−1	1
$P(V = k)$	3/4	1/4

6. (1) 6;

(2) $f_X(x)=\int_{-\infty}^{+\infty}f(x,y)\,dy=\begin{cases}\int_{x^2}^{x}6\,dy=6(x-x^2),&0<x<1,\\0,&\text{其他},\end{cases}$

$f_Y(y)=\int_{-\infty}^{+\infty}f(x,y)\,dx=\begin{cases}\int_{y}^{\sqrt{y}}6\,dx=6(\sqrt{y}-y),&0<y<1,\\0,&\text{其他};\end{cases}$

(3) X 和 Y 不独立；(4) 0.664。

7. (1) $c=\dfrac{21}{4}$; (2) $\dfrac{7}{15}$。

8. $B\left(n,\dfrac{\lambda_1}{\lambda_1+\lambda_2}\right)$。

9. (1) 当 $|y|<1$ 时，$f_{X|Y}(x|y)=\dfrac{f(x,y)}{f_Y(y)}=\begin{cases}\dfrac{1}{2\sqrt{1-y^2}},&-\sqrt{1-y^2}\leqslant x\leqslant\sqrt{1-y^2},\\0,&\text{其他};\end{cases}$

(2) $f_{X|Y}(x|0.5)=\begin{cases}\dfrac{\sqrt{3}}{3},&|x|\leqslant\dfrac{\sqrt{3}}{2},\\0,&\text{其他}。\end{cases}$

10. (1) (X,Y) 的联合概率密度为

$$f(x,y)=f_X(x)f_{Y|X}(y|x)=\begin{cases}x,&0<y<\dfrac{1}{x},0<x<1,\\0,&\text{其他};\end{cases}$$

(2) $\qquad f_Y(y)=\begin{cases}0,&y\leqslant0,\\\dfrac{1}{2},&0<y<1,\\\dfrac{1}{2y^2},&y\geqslant1;\end{cases}$

(3) $\qquad F_{Y|X}(y|1)=\begin{cases}0,&y\leqslant0,\\y,&0<y<1,\\1,&y\geqslant1。\end{cases}$

11. (1) $f_Z(z)=\begin{cases}\dfrac{z^2}{2},&0\leqslant z<1,\\3z-z^2-\dfrac{3}{2},&1\leqslant z<2,\\\dfrac{z^2}{2}-3z+\dfrac{9}{2},&2\leqslant z<3,\\0,&\text{其他};\end{cases}$

(2) $f_Z(z) = \begin{cases} \dfrac{1}{6}, & 0 \le z < 2, \\ \dfrac{1}{6} - \dfrac{z}{24}, & 2 \le z < 5, \\ 0, & \text{其他}; \end{cases}$

(3) $f_Z(z) = \begin{cases} 6e^{-3z}(e^z - 1), & z > 0, \\ 0, & \text{其他}; \end{cases}$ (4) $Z \sim B(m+n, p)$;

(5) $P(Z = k) = P(X + Y = k) = \dfrac{k-1}{2^k}, \quad k = 2, 3, \cdots$。

12. (1) $f_Z(z) = \begin{cases} z^2, & 0 < z < 1, \\ z(2-z), & 1 \le z < 2, \\ 0, & \text{其他}; \end{cases}$

(2) $f_Z(z) = \begin{cases} 2 - 2z, & 0 < z < 1, \\ 0, & \text{其他}。 \end{cases}$

13. (1) $f_Z(z) = \dfrac{1}{\sqrt{2\pi} \cdot \sqrt{5}} e^{-\frac{(z-1)^2}{10}}, \quad -\infty < z < +\infty, \quad f_W(w) = \dfrac{1}{\sqrt{2\pi} \cdot \sqrt{5}} e^{-\frac{(w+1)^2}{10}}, \quad -\infty < w < +\infty$; (2) 0.0367。

14. $f_Y(y) = \begin{cases} \dfrac{y^3}{6} e^{-y}, & y > 0, \\ 0, & y \le 0。 \end{cases}$

15. (1) (X, Y) 的联合分布律和边缘分布律为

X	Y			$p_{\cdot j}$
	1	2	3	
1	0	1/6	1/6	1/3
2	1/6	0	1/6	1/3
3	1/6	1/6	0	1/3
$p_{i\cdot}$	1/3	1/3	1/3	

(2) (U, V) 的联合分布律和边缘分布律为

U	V		$p_{\cdot j}$
	1	2	
2	1/3	0	1/3
3	1/3	1/3	2/3
$p_{i\cdot}$	2/3	1/3	

16. $f_Z(z) = F_Z'(z) = \begin{cases} \dfrac{9z^2}{\theta^3}\left(1 - \dfrac{z^3}{\theta^3}\right)^2, & 0 < z < \theta, \\ 0, & \text{其他}。 \end{cases}$

17. $f_Z(z) = \begin{cases} 1 - \dfrac{z}{2}, & 0 < z < 2, \\ 0, & \text{其他}. \end{cases}$

18. $f_Z(z) = \begin{cases} \dfrac{2}{(1+z)^3}, & z > 0, \\ 0, & \text{其他}. \end{cases}$

习题 4. 1

1. 0.3，1.6。

2. 4。

3. $\dfrac{\pi}{12}(b^2 + ab + a^2)$。

4. 1.2。

5. $2e^2$。

6. 14166.7 元。

7. 2。

习题 4. 2

1. $D(X) = D(Y) = \dfrac{1}{18}$。

2. 因为 $D(X) > D(Y)$，所以乙灯泡厂生产的灯泡质量较好。

3. 120，61，424。

4. $\dfrac{1}{2e}$。

习题 4. 3

1. 85，37，568。

2. （1）X 的边缘分布为

X	-1	0	1	2
P	0.1	0.2	0.3	0.4

Y 的边缘分布为

Y	1	2
P	0.5	0.5

(2) X 与 Y 不独立；(3) 0.2。

3. 0，0。

4. $\dfrac{4}{3}$，2，$\dfrac{16}{5}$，0，$\dfrac{2}{9}$，$-\dfrac{8}{135}$。

章节测验 4

1. (1) B；(2) A；(3) A；(4) A；(5) B。

2. (1) 1，4；(2) 2；(3) 20.2。

3. 1.6，10.1，1.61。

4. (1) 0，0；(2) $D(X)=D(Y)=\dfrac{R^2}{4}$；(3) 0，0；

(4) X 与 Y 不独立。

习题 5.1

1. $1-\dfrac{1}{2n}$。

2. $E(Y_n)=8$。

3. 不一定。

4. 0.872。

5. $\dfrac{1}{12}$。

习题 5.2

1. $1-\Phi(2)$。

2. $N\left(a_2,\dfrac{a_4-a_2^2}{n}\right)$。

3. 0.6826。

4. 0.8164。

5. 0.9625。

6. 0.9842。

7. (1) 0.8944；(2) 0.0019。

8. 0.0062。

9. (1) 0.0003；(2) 0.5。

10. 0.9525。

11. (1) 0.1515；(2) 0.0770。

章节测验 5

1. B。 2. C。 3. D。 4. C。 5. A。 6. B。

7. 16。

8. （1）250；（2）68。

9. （1）$P(X=k)=C_{100}^{k}0.2^{k}0.8^{100-k}(k=0,1,\cdots,100)$；

（2）0.927。

10. 98。

习题 6.1

1. $F_n(x)=\begin{cases}0, & x<0, \\ 2/15, & 0\leqslant x<1, \\ 2/5, & 1\leqslant x<2, \\ 41/60, & 2\leqslant x<3, \\ 17/20, & 3\leqslant x<4, \\ 19/20, & 4\leqslant x<5, \\ 59/60, & 5\leqslant x<6, \\ 1, & x\geqslant6。\end{cases}$

2. 略。

习题 6.2

1. $C=\dfrac{1}{3}$。

2. $C=1$。

3. $X^2=\dfrac{Z^2}{\chi^2/n}\sim F(1,n)$。

习题 6.3

1. 0.0228。

2. （1）0.99；（2）$D(S^2)=\dfrac{2\sigma^4}{15}$；（3）0.98。

章节测验 6

1. $(X_1+X_2+\cdots+X_n)/n\sim N(0,1/n)$，$(n-1)S^2\sim\chi^2(n-1)$。

2. $\dfrac{1}{\sigma^2}\sum\limits_{i=1}^{n}(X_i-\mu)^2\sim\chi^2(n)$。

3. $\dfrac{X_1+X_2+\cdots+X_9}{\sqrt{Y_1^2+Y_2^2+\cdots+Y_9^2}}\sim t(9)$。

4. （1）0.5；（2）0.431。

5. 0.8。

6. 0.95。

7. $E(\overline{X})=\mu,D(\overline{X})=\dfrac{1}{n}\sigma^2,E(S^2)=\sigma^2$。

8. （1）$f_{X_1,X_2,\cdots,X_n}(x_1,x_2,\cdots,x_n)=\left(\dfrac{1}{\sqrt{2\pi}\,\sigma}\right)^{10}\mathrm{e}^{-\sum\limits_{i=1}^{10}\frac{(x_i-\mu)^2}{2\sigma^2}}$；

（2）$\overline{X}\sim N\left(\mu,\dfrac{1}{n}\sigma^2\right)$，$f_{\overline{X}}(x)=\dfrac{\sqrt{n}}{\sqrt{2\pi}\,\sigma}\mathrm{e}^{-\frac{n(x-\mu)^2}{2\sigma^2}}$。

9. 0.6744。

10. 略。

习题 7.1

1. 参数 p 的矩估计量为 $\hat{p}=\dfrac{2}{1+n}$，参数 p 的最大似然估计量为 $\hat{p}=\dfrac{2}{1+n}$。

2. 参数 β 的矩估计量为 $\hat{\beta}=\dfrac{\overline{X}}{\overline{X}-1}$，参数 β 的最大似然估计量为 $\hat{\beta}=\dfrac{n}{\sum\limits_{i=1}^{n}\ln X_i}$。

3. 参数 c 与 θ 的矩估计值为 $\begin{cases}\hat{\theta}=\sqrt{s_n^2},\\ \hat{c}=\bar{t}-\sqrt{s_n^2},\end{cases}$ 其中，$\begin{cases}\bar{t}=\dfrac{1}{n}\sum\limits_{i=1}^{n}t_i,\\ s_n^2=\dfrac{1}{n}\sum\limits_{i=1}^{n}(t_i-\bar{t})^2;\end{cases}$

参数 c 与 θ 的最大似然估计值为 $\hat{c}=t_1$，$\hat{\theta}=\dfrac{1}{n}\sum\limits_{i=1}^{n}t_i-t_1$。

习题 7.2

1. $\hat{\lambda}=\dfrac{1}{\overline{X}}$ 是参数 λ 的相合估计量。

2. $c = \dfrac{1}{n}$。

3. $\hat{\theta}$ 不是 θ 的无偏估计量。

4. （1）证明略；（2）$\hat{\mu}_2$ 是最有效的。

5. （1）证明略；（2）$\hat{\lambda}_1$ 较 $\hat{\lambda}_2$ 有效。

习题 7.3

1. $(20.6014, 20.6836)$。

2. （1）$(47.6930, 51.1403)$，$(1.0253, 4.0288)$；

（2）48.0655，3.4323。

3. $(5.9410, 6.0257)$，5.9478。

4. （1）$(-0.1369, 0.1769)$；（2）$(0.4250, 1.9983)$。

5. $(0.0447, 0.2843)$，0.2652。

6. $(10.8437, 43.6280)$，36.1675。

章节测验 7

1. $\hat{\theta} = 3\overline{X}$。

2. $\hat{\theta} = \dfrac{\overline{X}^2}{(1-\overline{X})^2}$。

3. -0.094，0.0967。

4. 参数 θ 的矩估计值和最大似然估计值均为 $\hat{\theta} = 5/6$。

5. 0.4996。

6. $\hat{\theta} = \min\limits_{1 \leqslant i \leqslant n}\{x_i\}$。

7. $\hat{\alpha} = \min\limits_{1 \leqslant i \leqslant n}\{x_i\}$，$\hat{\theta} = \dfrac{n}{\sum\limits_{i=1}^{n} \ln x_i - n\ln \min\limits_{1 \leqslant i \leqslant n}\{x_i\}}$。

8. 矩估计值为 $\hat{\theta} = \dfrac{3}{2} - \dfrac{1}{n}\sum\limits_{i=1}^{n} x_i$；最大似然估计值为 $\hat{\theta} = N/n$。

9. 证明略。

10. （1）证明略；

（2）$\hat{\theta} = \max\limits_{1 \leqslant i \leqslant n}\{X_i\}/2$；$\theta$ 的最大似然估计量 $\hat{\theta} = \max\limits_{1 \leqslant i \leqslant n}\{X_i\}/2$ 不是 θ 的无偏估计量，而是 θ 的渐近无偏估计量，同时是 θ 的相合估计量。

11. 证明略。

12. 证明略。

13. σ^2 的最大似然估计量为 $\hat{\sigma}^2 = \dfrac{1}{2n}\sum_{i=1}^{n} Z_i^2$；$\hat{\sigma}^2$ 是参数 σ^2 的无偏估计量。

14. $k = \sqrt{\dfrac{2n(n-1)}{\pi}}$。

15. $\hat{\theta}_1$ 和 $\hat{\theta}_2$ 都是参数 θ 的无偏估计量；当 $n=1$ 时，$D(\hat{\theta}_1) = D(\hat{\theta}_2) = \theta^2$，$\hat{\theta}_1$ 与 $\hat{\theta}_2$ 的有效性相同；当 $n>1$ 时，$D(\hat{\theta}_1) < D(\hat{\theta}_2) = \theta^2$，$\hat{\theta}_1$ 较 $\hat{\theta}_2$ 有效。

16. （1）证明略；

（2）$D(\hat{\theta}_2) = D(\hat{\theta}_3)$，$\hat{\theta}_2$ 与 $\hat{\theta}_3$ 的有效性相同；当 $1 \leqslant n \leqslant 7$ 时，$D(\hat{\theta}_1) < D(\hat{\theta}_2) = D(\hat{\theta}_3)$，$\hat{\theta}_1$ 较 $\hat{\theta}_2$ 与 $\hat{\theta}_3$ 有效；当 $n>7$ 时，$D(\hat{\theta}_1) > D(\hat{\theta}_2) = D(\hat{\theta}_3)$，$\hat{\theta}_2$ 与 $\hat{\theta}_3$ 较 $\hat{\theta}_1$ 有效。

17. （1）估计量 $\hat{\theta}_1, \hat{\theta}_2, \hat{\theta}_3$ 都是参数 θ 的无偏估计量；

（2）当 $n=1$ 时，$D(\hat{\theta}_1) = D(\hat{\theta}_2) = D(\hat{\theta}_3) = \dfrac{\theta^2}{3}$，$\hat{\theta}_1, \hat{\theta}_2, \hat{\theta}_3$ 的有效性相同；当 $n>1$ 时，$D(\hat{\theta}_2) < D(\hat{\theta}_1) < D(\hat{\theta}_3)$，$\hat{\theta}_2$ 较 $\hat{\theta}_1$ 有效，$\hat{\theta}_1$ 较 $\hat{\theta}_3$ 有效；

（3）$\hat{\theta}_3$ 不是参数 θ 的相合估计量。

18. 证明略；当 $a = \dfrac{n_1}{n_1+n_2}$ 且 $b = \dfrac{n_2}{n_1+n_2}$ 时，$D(Y)$ 达到最小。

19. （1）均值 μ 的置信水平为 95% 的双侧置信区间为 (5.608, 6.392)，单侧置信区间的置信上限为 6.329；

（2）均值 μ 的置信水平为 95% 的双侧置信区间为 (5.5584, 6.4416)，单侧置信区间的置信上限为 6.3562。

20. (54, 73)；71。

21. （1）均值 μ 的置信水平为 90% 的置信区间为 (2.1209, 2.1291)；

（2）μ 的置信水平为 90% 的置信区间为 (2.1175, 2.1325)。

22. 平均直径差 $\mu_1 - \mu_2$ 的置信水平为 95% 的置信区间为 (−0.3773, 0.4773)。

23. 品种 A 与 B 的平均亩产量之差的置信水平为 95% 的置信区间为 (−6.1874, 17.6874)。

24. 两批导线的均值差 $\mu_1 - \mu_2$ 的置信水平为 95% 的双侧置信区间为 (−0.0020, 0.0061)，单侧置信区间的置信下限与置信上限分别为 −0.0012 与 0.0053。

25. 两班加工的套筒直径的方差比 σ_A^2/σ_B^2 的置信水平为 90%

的置信区间为（0.3159, 12.9006），单侧置信区间的置信上限为 8.2975。

26. 方差比 σ_A^2/σ_B^2 的置信水平为 95% 的置信区间为（0.2217, 3.6008）。

27. 所有使用该产品的用户中对该产品满意的人的概率的置信水平为 95% 的双侧置信区间为（0.6857, 0.8049），单侧置信区间的置信下限为 0.6965。

28. 该修理工修理机器的平均时间的置信水平为 95% 的双侧置信区间为（16.0133, 101.0163），单侧置信区间的置信上限为 83.2487min。

习题 8.1

1. 拒绝原假设，有可能犯第一类错误；不拒绝原假设，有可能犯第二类错误。

2. 略。

3. 0.0037，0.0367。

习题 8.2

1. 接受。

2. 认为该批轮胎寿命的均值满足设定要求。

3. 认为保险丝的熔化时间的方差与正常无显著差异。

4. 认为这批导线的标准差显著地偏大。

习题 8.3

1. （1）相等；（2）相等。

章节测验 8

1. 略。

2. 拒绝原假设。

3. 等于。

4. 等于。

5. 可以认为这次考试考生的平均成绩为 70 分。

6. 没有显著性差异。

7. 符合要求。

8. 认为抗压强度的方差 $\sigma^2 \geqslant 900$。

9. 不相等。

10. 有显著性提高。

11. 有显著差异。

12. 不能认为新生女婴体重的方差冬季比夏季小。

附　表

附表1　泊松分布表

$$P(X \leqslant x) = \sum_{k=0}^{x} \frac{\lambda^k e^{-\lambda}}{k!}$$

x	λ								
	0. 1	0. 2	0. 3	0. 4	0. 5	0. 6	0. 7	0. 8	0. 9
0	0.9048	0.8187	0.7408	0.6730	0.6065	0.5488	0.4966	0.4493	0.4066
1	0.9953	0.9825	0.9631	0.9384	0.9098	0.8781	0.8442	0.8088	0.7725
2	0.9998	0.9989	0.9964	0.9921	0.9856	0.9769	0.9659	0.9526	0.9371
3	1.0000	0.9999	0.9997	0.9992	0.9982	0.9966	0.9942	0.9909	0.9865
4		1.0000	1.0000	0.9999	0.9998	0.9996	0.9992	0.9986	0.9977
5				1.0000	1.0000	1.0000	0.9999	0.9998	0.9997
6							1.0000	1.0000	1.0000

x	λ								
	1. 0	1. 5	2. 0	2. 5	3. 0	3. 5	4. 0	4. 5	5. 0
0	0.3679	0.2231	0.1353	0.0821	0.0498	0.0302	0.0183	0.0111	0.0067
1	0.7358	0.5578	0.4060	0.2873	0.1991	0.1359	0.0916	0.0611	0.0404
2	0.9197	0.8088	0.6767	0.5438	0.4232	0.3208	0.2381	0.1736	0.1247
3	0.9810	0.9344	0.8571	0.7576	0.6472	0.5366	0.4335	0.3423	0.2650
4	0.9963	0.9814	0.9473	0.8912	0.8153	0.7254	0.6288	0.5321	0.4405
5	0.9994	0.9955	0.9834	0.9580	0.9161	0.8576	0.7851	0.7029	0.6160
6	0.9999	0.9991	0.9955	0.9858	0.9665	0.9347	0.8893	0.8311	0.7622
7	1.0000	0.9998	0.9989	0.9958	0.9881	0.9733	0.9489	0.9134	0.8666
8		1.0000	0.9998	0.9989	0.9962	0.9901	0.9786	0.9597	0.9319
9			1.0000	0.9997	0.9989	0.9967	0.9919	0.9829	0.9682
10				0.9999	0.9997	0.9990	0.9972	0.9933	0.9863
11				1.0000	0.9999	0.9997	0.9991	0.9976	0.9945
12					1.0000	0.9999	0.9997	0.9992	0.9980

x	λ								
	5. 5	6. 0	6. 5	7. 0	7. 5	8. 0	8. 5	9. 0	9. 5
0	0.0041	0.0025	0.0015	0.0009	0.0006	0.0003	0.0002	0.0001	0.0001
1	0.0266	0.0174	0.0113	0.0073	0.0047	0.0030	0.0019	0.0012	0.0008
2	0.0884	0.0620	0.0430	0.0296	0.0203	0.0138	0.0093	0.0062	0.0042
3	0.2017	0.1512	0.1118	0.0818	0.0591	0.0424	0.0301	0.0212	0.0149

（续）

x	λ								
	5.5	6.0	6.5	7.0	7.5	8.0	8.5	9.0	9.5
4	0.3575	0.2851	0.2237	0.1730	0.1321	0.0996	0.0744	0.0550	0.0403
5	0.5289	0.4457	0.3690	0.3007	0.2414	0.1912	0.1496	0.1157	0.0885
6	0.6860	0.6063	0.5265	0.4497	0.3782	0.3134	0.2562	0.2068	0.1649
7	0.8095	0.7440	0.6728	0.5987	0.5246	0.4530	0.3856	0.3239	0.2687
8	0.8944	0.8472	0.7916	0.7291	0.6620	0.5925	0.5231	0.4557	0.3918
9	0.9462	0.9161	0.8774	0.8305	0.7764	0.7166	0.6530	0.5874	0.5218
10	0.9747	0.9574	0.9332	0.9015	0.8622	0.8159	0.7634	0.7060	0.6453
11	0.9890	0.9799	0.9661	0.9466	0.9208	0.8881	0.8487	0.8030	0.7520
12	0.9955	0.9912	0.9840	0.9730	0.9573	0.9362	0.9091	0.8758	0.8364
13	0.9983	0.9964	0.9929	0.9872	0.9784	0.9658	0.9486	0.9261	0.8981
14	0.9994	0.9986	0.9970	0.9943	0.9897	0.9827	0.9726	0.9585	0.9400
15	0.9998	0.9995	0.9988	0.9976	0.9954	0.9918	0.9862	0.9780	0.9665
16	0.9999	0.9998	0.9996	0.9990	0.9980	0.9963	0.9934	0.9889	0.9823
17	1.0000	0.9999	0.9998	0.9996	0.9992	0.9984	0.9970	0.9947	0.9911
18		1.0000	0.9999	0.9999	0.9997	0.9994	0.9987	0.9976	0.9957
19			1.0000	1.0000	0.9999	0.9997	0.9995	0.9989	0.9980
20					1.0000	0.9999	0.9998	0.9996	0.9991

x	λ								
	10.0	11.0	12.0	13.0	14.0	15.0	16.0	17.0	18.0
0	0.0000	0.0000	0.0000						
1	0.0005	0.0002	0.0001	0.0000	0.0000				
2	0.0028	0.0012	0.0005	0.0002	0.0001	0.0000	0.0000		
3	0.0103	0.0049	0.0023	0.0010	0.0005	0.0002	0.0001	0.0000	0.0000
4	0.0293	0.0151	0.0076	0.0037	0.0018	0.0009	0.0004	0.0002	0.0001
5	0.0671	0.0375	0.0203	0.0107	0.0055	0.0028	0.0014	0.0007	0.0003
6	0.1301	0.0786	0.0458	0.0259	0.0142	0.0076	0.0040	0.0021	0.0010
7	0.2202	0.1432	0.0895	0.0540	0.0316	0.0180	0.0100	0.0054	0.0029
8	0.3328	0.2320	0.1550	0.0998	0.0621	0.0374	0.0220	0.0126	0.0071
9	0.4579	0.3405	0.2424	0.1658	0.1094	0.0699	0.0433	0.0261	0.0154
10	0.5830	0.4599	0.3472	0.2517	0.1757	0.1185	0.0774	0.0491	0.0304
11	0.6968	0.5793	0.4616	0.3532	0.2600	0.1848	0.1270	0.0847	0.0549
12	0.7916	0.6887	0.5760	0.4631	0.3585	0.2676	0.1931	0.1350	0.0917
13	0.8645	0.7813	0.6815	0.5730	0.4644	0.3632	0.2745	0.2009	0.1426
14	0.9165	0.8540	0.7720	0.6751	0.5704	0.4657	0.3675	0.2808	0.2081
15	0.9513	0.9074	0.8444	0.7636	0.6694	0.5681	0.4667	0.3715	0.2867
16	0.9730	0.9441	0.8987	0.8355	0.7559	0.6641	0.5660	0.4677	0.3750
17	0.9857	0.9678	0.9370	0.8905	0.8272	0.7489	0.6593	0.5640	0.4686
18	0.9928	0.9823	0.9626	0.9302	0.8826	0.8195	0.7423	0.6550	0.5622
19	0.9965	0.9907	0.9787	0.9573	0.9235	0.8752	0.8122	0.7363	0.6509
20	0.9984	0.9953	0.9884	0.9750	0.9521	0.9170	0.8682	0.8055	0.7307

（续）

x	λ								
	10.0	11.0	12.0	13.0	14.0	15.0	16.0	17.0	18.0
21	0.9993	0.9977	0.9939	0.9859	0.9712	0.9469	0.9108	0.8615	0.7991
22	0.9997	0.9990	0.9970	0.9924	0.9833	0.9673	0.9418	0.9047	0.8551
23	0.9999	0.9995	0.9985	0.9960	0.9907	0.9805	0.9633	0.9367	0.8989
24	1.0000	0.9998	0.9993	0.9980	0.9950	0.9888	0.9777	0.9594	0.9317
25		0.9999	0.9997	0.9990	0.9974	0.9938	0.9869	0.9748	0.9554
26		1.0000	0.9999	0.9995	0.9987	0.9967	0.9925	0.9848	0.9718
27			0.9999	0.9998	0.9994	0.9983	0.9959	0.9912	0.9827
28			1.0000	0.9999	0.9997	0.9991	0.9978	0.9950	0.9897
29				1.0000	0.9999	0.9996	0.9989	0.9973	0.9941
30					0.9999	0.9998	0.9994	0.9986	0.9967
31					1.0000	0.9999	0.9997	0.9993	0.9982
32						1.0000	0.9999	0.9996	0.9990
33							0.9999	0.9998	0.9995
34							1.0000	0.9999	0.9998
35								1.0000	0.9999
36									0.9999
37									1.0000

附表 2　标准正态分布表

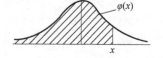

$$\Phi(x)=\int_{-\infty}^{x}\frac{1}{\sqrt{2\pi}}e^{-\frac{t^2}{2}}\mathrm{d}t$$

x	0.00	0.01	0.02	0.03	0.04	0.05	0.06	0.07	0.08	0.09
0.0	0.5000	0.5040	0.5080	0.5120	0.5160	0.5199	0.5239	0.5279	0.5319	0.5359
0.1	0.5398	0.5438	0.5478	0.5517	0.5557	0.5596	0.5636	0.5675	0.5714	0.5753
0.2	0.5793	0.5832	0.5871	0.5910	0.5948	0.5987	0.6026	0.6064	0.6103	0.6141
0.3	0.6179	0.6217	0.6255	0.6293	0.6331	0.6368	0.6406	0.6443	0.6480	0.6517
0.4	0.6554	0.6591	0.6628	0.6664	0.6700	0.6736	0.6772	0.6808	0.6844	0.6879
0.5	0.6915	0.6950	0.6985	0.7019	0.7054	0.7088	0.7123	0.7157	0.7190	0.7224
0.6	0.7257	0.7291	0.7324	0.7357	0.7389	0.7422	0.7454	0.7486	0.7517	0.7549
0.7	0.7580	0.7611	0.7642	0.7673	0.7704	0.7734	0.7764	0.7794	0.7823	0.7852
0.8	0.7881	0.7910	0.7939	0.7967	0.7995	0.8023	0.8051	0.8078	0.8106	0.8133
0.9	0.8159	0.8186	0.8212	0.8238	0.8264	0.8289	0.8315	0.8340	0.8365	0.8389
1.0	0.8413	0.8438	0.8461	0.8485	0.8508	0.8531	0.8554	0.8577	0.8599	0.8621
1.1	0.8643	0.8665	0.8686	0.8708	0.8729	0.8749	0.8770	0.8790	0.8810	0.8830
1.2	0.8849	0.8869	0.8888	0.8907	0.8925	0.8944	0.8962	0.8980	0.8997	0.9015

（续）

x	0.00	0.01	0.02	0.03	0.04	0.05	0.06	0.07	0.08	0.09
1.3	0.9032	0.9049	0.9066	0.9082	0.9099	0.9115	0.9131	0.9147	0.9162	0.9177
1.4	0.9192	0.9207	0.9222	0.9236	0.9251	0.9265	0.9278	0.9292	0.9306	0.9319
1.5	0.9332	0.9345	0.9357	0.9370	0.9382	0.9394	0.9406	0.9418	0.9429	0.9441
1.6	0.9452	0.9463	0.9474	0.9484	0.9495	0.9505	0.9515	0.9525	0.9535	0.9545
1.7	0.9554	0.9564	0.9573	0.9582	0.9591	0.9599	0.9608	0.9616	0.9625	0.9633
1.8	0.9641	0.9649	0.9656	0.9664	0.9671	0.9678	0.9686	0.9693	0.9699	0.9706
1.9	0.9713	0.9719	0.9726	0.9732	0.9738	0.9744	0.9750	0.9756	0.9761	0.9767
2.0	0.9772	0.9778	0.9783	0.9788	0.9793	0.9798	0.9803	0.9808	0.9812	0.9817
2.1	0.9821	0.9826	0.9830	0.9834	0.9838	0.9842	0.9846	0.9850	0.9854	0.9857
2.2	0.9861	0.9864	0.9868	0.9871	0.9875	0.9878	0.9881	0.9884	0.9887	0.9890
2.3	0.9893	0.9896	0.9898	0.9901	0.9904	0.9906	0.9909	0.9911	0.9913	0.9916
2.4	0.9918	0.9920	0.9922	0.9925	0.9927	0.9929	0.9931	0.9932	0.9934	0.9936
2.5	0.9938	0.9940	0.9941	0.9943	0.9945	0.9946	0.9948	0.9949	0.9951	0.9952
2.6	0.9953	0.9955	0.9956	0.9957	0.9959	0.9960	0.9961	0.9962	0.9963	0.9964
2.7	0.9965	0.9966	0.9967	0.9968	0.9969	0.9970	0.9971	0.9972	0.9973	0.9974
2.8	0.9974	0.9975	0.9976	0.9977	0.9977	0.9978	0.9979	0.9979	0.9980	0.9981
2.9	0.9981	0.9982	0.9982	0.9983	0.9984	0.9984	0.9985	0.9985	0.9986	0.9986
3.0	0.9987	0.9987	0.9987	0.9988	0.9988	0.9989	0.9989	0.9989	0.9990	0.9990
3.1	0.9990	0.9991	0.9991	0.9991	0.9992	0.9992	0.9992	0.9992	0.9993	0.9993
3.2	0.9993	0.9993	0.9994	0.9994	0.9994	0.9994	0.9994	0.9995	0.9995	0.9995
3.3	0.9995	0.9995	0.9995	0.9996	0.9996	0.9996	0.9996	0.9996	0.9996	0.9997
3.4	0.9997	0.9997	0.9997	0.9997	0.9997	0.9997	0.9997	0.9997	0.9997	0.9998

附表 3　t 分布表

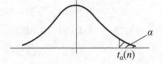

$P(t(n) > t_\alpha(n)) = \alpha$

n	α						
	0.20	0.15	0.10	0.05	0.025	0.01	0.005
1	1.376	1.963	3.0777	6.3138	12.7062	31.8207	63.6574
2	1.061	1.386	1.8856	2.9200	4.3027	6.9646	9.9248
3	0.978	1.250	1.6377	2.3534	3.1824	4.5407	5.8409
4	0.941	1.190	1.5332	2.1318	2.7764	3.7469	4.6041
5	0.920	1.156	1.4759	2.0150	2.5706	3.3649	4.0322
6	0.906	1.134	1.4398	1.9432	2.4469	3.1427	3.7074
7	0.896	1.119	1.4149	1.8946	2.3646	2.9980	3.4995

（续）

n	α						
	0.20	0.15	0.10	0.05	0.025	0.01	0.005
8	0.889	1.108	1.3968	1.8595	2.3060	2.8965	3.3554
9	0.883	1.100	1.3830	1.8331	2.2622	2.8214	3.2498
10	0.879	1.093	1.3722	1.8125	2.2281	2.7638	3.1693
11	0.876	1.088	1.3634	1.7959	2.2010	2.7181	3.1058
12	0.873	1.083	1.3562	1.7823	2.1788	2.6810	3.0545
13	0.870	1.079	1.3502	1.7709	2.1604	2.6503	3.0123
14	0.868	1.076	1.3450	1.7613	2.1448	2.6245	2.9768
15	0.866	1.074	1.3406	1.7531	2.1315	2.6025	2.9467
16	0.865	1.071	1.3368	1.7459	2.1199	2.5835	2.9208
17	0.863	1.069	1.3334	1.7396	2.1098	2.5669	2.8982
18	0.862	1.067	1.3304	1.7341	2.1009	2.5524	2.8784
19	0.861	1.066	1.3277	1.7291	2.0930	2.5395	2.8609
20	0.860	1.064	1.3253	1.7247	2.0860	2.5280	2.8453
21	0.859	1.063	1.3232	1.7207	2.0796	2.5177	2.8314
22	0.858	1.061	1.3212	1.7171	2.0739	2.5083	2.8188
23	0.858	1.060	1.3195	1.7139	2.0687	2.4999	2.8073
24	0.857	1.059	1.3178	1.7109	2.0639	2.4922	2.7969
25	0.856	1.058	1.3163	1.7081	2.0595	2.4851	2.7874
26	0.856	1.058	1.3150	1.7056	2.0555	2.4786	2.7787
27	0.855	1.057	1.3137	1.7033	2.0518	2.4727	2.7707
28	0.855	1.056	1.3125	1.7011	2.0484	2.4671	2.7633
29	0.854	1.055	1.3114	1.6991	2.0452	2.4620	2.7564
30	0.854	1.055	1.3104	1.6973	2.0423	2.4573	2.7500
31	0.8535	1.0541	1.3095	1.6955	2.0395	2.4528	2.7440
32	0.8531	1.0536	1.3086	1.6939	2.0369	2.4487	2.7385
33	0.8527	1.0531	1.3077	1.6924	2.0345	2.4448	2.7333
34	0.8524	1.0526	1.3070	1.6909	2.0322	2.4411	2.7284
35	0.8521	1.0521	1.3062	1.6896	2.0301	2.4377	2.7238
36	0.8518	1.0516	1.3055	1.6883	2.0281	2.4345	2.7195
37	0.8515	1.0512	1.3049	1.6871	2.0262	2.4314	2.7154
38	0.8512	1.0508	1.3042	1.6860	2.0244	2.4286	2.7116
39	0.8510	1.0504	1.3036	1.6849	2.0227	2.4258	2.7079
40	0.8507	1.0501	1.3031	1.6839	2.0211	2.4233	2.7045
41	0.8505	1.0498	1.3025	1.6829	2.0195	2.4208	2.7012
42	0.8503	1.0494	1.3020	1.6820	2.0181	2.4185	2.6981
43	0.8501	1.0491	1.3016	1.6811	2.0167	2.4163	2.6951
44	0.8499	1.0488	1.3011	1.6802	2.0154	2.4141	2.6923
45	0.8497	1.0485	1.3006	1.6794	2.0141	2.4121	2.6896

附表4 χ^2 分布表

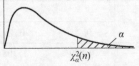

$P(\chi^2(n) > \chi_\alpha^2(n)) = \alpha$

n	α									
	0.995	0.99	0.975	0.95	0.90	0.10	0.05	0.025	0.01	0.005
1	0.000	0.000	0.001	0.004	0.016	2.706	3.843	5.025	6.637	7.882
2	0.010	0.020	0.051	0.103	0.211	4.605	5.992	7.378	9.210	10.597
3	0.072	0.115	0.216	0.352	0.584	6.251	7.815	9.348	11.344	12.837
4	0.207	0.297	0.484	0.711	1.064	7.779	9.488	11.143	13.277	14.860
5	0.412	0.554	0.831	1.145	1.610	9.236	11.070	12.832	15.085	16.748
6	0.676	0.872	1.237	1.635	2.204	10.645	12.592	14.440	16.812	18.548
7	0.989	1.239	1.690	2.167	2.833	12.017	14.067	16.012	18.474	20.276
8	1.344	1.646	2.180	2.733	3.490	13.362	15.507	17.534	20.090	21.954
9	1.735	2.088	2.700	3.325	4.168	14.684	16.919	19.022	21.665	23.587
10	2.156	2.558	3.247	3.940	4.865	15.987	18.307	20.483	23.209	25.188
11	2.603	3.053	3.816	4.575	5.578	17.275	19.675	21.920	24.724	26.755
12	3.074	3.571	4.404	5.226	6.304	18.549	21.026	23.337	26.217	28.300
13	3.565	4.107	5.009	5.892	7.041	19.812	22.362	24.735	27.687	29.817
14	4.075	4.660	5.629	6.571	7.790	21.064	23.685	26.119	29.141	31.319
15	4.600	5.229	6.262	7.261	8.547	22.307	24.996	27.488	30.577	32.799
16	5.142	5.812	6.908	7.962	9.312	23.542	26.296	28.845	32.000	34.267
17	5.697	6.407	7.564	8.682	10.085	24.769	27.587	30.190	33.408	35.716
18	6.265	7.015	8.231	9.390	10.865	25.989	28.869	31.526	34.805	37.156
19	6.843	7.632	8.906	10.117	11.651	27.203	30.143	32.852	36.190	38.580
20	7.434	8.260	9.591	10.851	12.443	28.412	31.410	34.170	37.566	39.997
21	8.033	8.897	10.283	11.591	13.240	29.615	32.670	35.478	38.930	41.399
22	8.643	9.542	10.982	12.338	14.042	30.813	33.924	36.781	40.289	42.796
23	9.260	10.195	11.688	13.090	14.848	32.007	35.172	38.075	41.637	44.179
24	9.886	10.856	12.401	13.848	15.659	33.196	36.415	39.364	42.980	45.558
25	10.519	11.523	13.120	14.611	16.473	34.381	37.652	40.646	44.313	46.925
26	11.160	12.198	13.844	15.379	17.292	35.563	38.885	41.923	45.642	48.290
27	11.807	12.878	14.573	16.151	18.114	36.741	40.113	43.194	46.962	49.642
28	12.461	13.565	15.308	16.928	18.939	37.916	41.337	44.461	48.278	50.993
29	13.120	14.256	16.147	17.708	19.768	39.087	42.557	45.772	49.586	52.333
30	13.787	14.954	16.791	18.493	20.599	40.256	43.773	46.979	50.892	53.672
31	14.457	15.655	17.538	19.280	21.433	41.422	44.985	48.231	52.190	55.000
32	15.134	16.362	18.291	20.072	22.271	42.585	46.194	49.480	53.486	56.328
33	15.814	17.073	19.046	20.866	23.110	43.745	47.400	50.724	54.774	57.646
34	16.501	17.789	19.806	21.664	23.952	44.903	48.602	51.966	56.061	58.964
35	17.191	18.508	20.569	22.465	24.796	46.059	49.802	53.203	57.340	60.272
36	17.887	19.233	21.336	23.269	25.643	47.212	50.998	54.437	58.619	61.581
37	18.584	19.960	22.105	24.075	26.492	48.363	52.192	55.667	59.891	62.880
38	19.289	20.691	22.878	24.884	27.343	49.513	53.384	56.896	61.162	64.181
39	19.994	21.425	23.654	25.695	28.196	50.660	54.572	58.119	62.426	65.473
40	20.706	22.164	24.433	26.509	29.050	51.805	55.758	59.342	63.691	66.766

注：当 $n > 40$ 时，$\chi_\alpha^2(n) \approx \dfrac{1}{2}(z_\alpha + \sqrt{2n-1})^2$。

附表 5　F 分布表

$$P(F(n_1, n_2) > F_\alpha(n_1, n_2)) = \alpha \quad (\alpha = 0.10)$$

n_2	n_1=1	2	3	4	5	6	7	8	9	10	12	15	20	24	30	40	60	120	∞
1	39.86	49.50	53.59	55.83	57.24	58.20	58.91	59.44	59.86	60.19	60.71	61.22	61.74	62.00	62.26	62.53	62.79	63.06	63.33
2	8.53	9.00	9.16	9.24	9.29	9.33	9.35	9.37	9.38	9.39	9.41	9.42	9.44	9.45	9.46	9.47	9.47	9.48	9.49
3	5.54	5.46	5.39	5.34	5.31	5.28	5.27	5.25	5.24	5.23	5.22	5.20	5.18	5.18	5.17	5.16	5.15	5.14	5.13
4	4.54	4.32	4.19	4.11	4.05	4.01	3.98	3.95	3.94	3.92	3.90	3.87	3.84	3.83	3.82	3.80	3.79	3.78	3.76
5	4.06	3.78	3.62	3.52	3.45	3.40	3.37	3.34	3.32	3.30	3.27	3.24	3.21	3.19	3.17	3.16	3.14	3.12	3.10
6	3.78	3.46	3.29	3.18	3.11	3.05	3.01	2.98	2.96	2.94	2.90	2.87	2.84	2.82	2.80	2.78	2.76	2.74	2.72
7	3.59	3.26	3.07	2.96	2.88	2.83	2.78	2.75	2.72	2.70	2.67	2.63	2.59	2.58	2.56	2.54	2.51	2.49	2.47
8	3.46	3.11	2.92	2.81	2.73	2.67	2.62	2.59	2.56	2.54	2.50	2.46	2.42	2.40	2.38	2.36	2.34	2.32	2.29
9	3.36	3.01	2.81	2.69	2.61	2.55	2.51	2.47	2.44	2.42	2.38	2.34	2.30	2.28	2.25	2.23	2.21	2.18	2.16
10	3.29	2.92	2.73	2.61	2.52	2.46	2.41	2.38	2.35	2.32	2.28	2.24	2.20	2.18	2.16	2.13	2.11	2.08	2.06
11	3.23	2.86	2.66	2.54	2.45	2.39	2.34	2.30	2.27	2.25	2.21	2.17	2.12	2.10	2.08	2.05	2.03	2.00	1.97
12	3.18	2.81	2.61	2.48	2.39	2.33	2.28	2.24	2.21	2.19	2.15	2.10	2.06	2.04	2.01	1.99	1.96	1.93	1.90
13	3.14	2.76	2.56	2.43	2.35	2.28	2.23	2.20	2.16	2.14	2.10	2.05	2.01	1.98	1.96	1.93	1.90	1.88	1.85
14	3.10	2.73	2.52	2.39	2.31	2.24	2.19	2.15	2.12	2.10	2.05	2.01	1.96	1.94	1.91	1.89	1.86	1.83	1.80
15	3.07	2.70	2.49	2.36	2.27	2.21	2.16	2.12	2.09	2.06	2.02	1.97	1.92	1.90	1.87	1.85	1.82	1.79	1.76
16	3.05	2.67	2.46	2.33	2.24	2.18	2.13	2.09	2.06	2.03	1.99	1.94	1.89	1.87	1.84	1.81	1.78	1.75	1.72
17	3.03	2.64	2.44	2.31	2.22	2.15	2.10	2.06	2.03	2.00	1.96	1.91	1.86	1.84	1.81	1.78	1.75	1.72	1.69
18	3.01	2.62	2.42	2.29	2.20	2.13	2.08	2.04	2.00	1.98	1.93	1.89	1.84	1.81	1.78	1.75	1.72	1.69	1.66
19	2.99	2.61	2.40	2.27	2.18	2.11	2.06	2.02	1.98	1.96	1.91	1.86	1.81	1.79	1.76	1.73	1.70	1.67	1.63
20	2.97	2.59	2.38	2.25	2.16	2.09	2.04	2.00	1.96	1.94	1.89	1.84	1.79	1.77	1.74	1.71	1.68	1.64	1.61
21	2.96	2.57	2.36	2.23	2.14	2.08	2.02	1.98	1.95	1.92	1.87	1.83	1.78	1.75	1.72	1.69	1.66	1.62	1.59
22	2.95	2.56	2.35	2.22	2.13	2.06	2.01	1.97	1.93	1.90	1.86	1.81	1.76	1.73	1.70	1.67	1.64	1.60	1.57
23	2.94	2.55	2.34	2.21	2.11	2.05	1.99	1.95	1.92	1.89	1.84	1.80	1.74	1.72	1.69	1.66	1.62	1.59	1.55
24	2.93	2.54	2.33	2.19	2.10	2.04	1.98	1.94	1.91	1.88	1.83	1.78	1.73	1.70	1.67	1.64	1.61	1.57	1.53
25	2.92	2.53	2.32	2.18	2.09	2.02	1.97	1.93	1.89	1.87	1.82	1.77	1.72	1.69	1.66	1.63	1.59	1.56	1.52
26	2.91	2.52	2.31	2.17	2.08	2.01	1.96	1.92	1.88	1.86	1.81	1.76	1.71	1.68	1.65	1.61	1.58	1.54	1.50
27	2.90	2.51	2.30	2.17	2.07	2.00	1.95	1.91	1.87	1.85	1.80	1.75	1.70	1.67	1.64	1.60	1.57	1.53	1.49
28	2.89	2.50	2.29	2.16	2.06	2.00	1.94	1.90	1.87	1.84	1.79	1.74	1.69	1.66	1.63	1.59	1.56	1.52	1.48
29	2.89	2.50	2.28	2.15	2.06	1.99	1.93	1.89	1.86	1.83	1.78	1.73	1.68	1.65	1.62	1.58	1.55	1.51	1.47
30	2.88	2.49	2.28	2.14	2.05	1.98	1.93	1.88	1.85	1.82	1.77	1.72	1.67	1.64	1.61	1.57	1.54	1.50	1.46
40	2.84	2.44	2.23	2.09	2.00	1.93	1.87	1.83	1.79	1.76	1.71	1.66	1.61	1.57	1.54	1.51	1.47	1.42	1.38
60	2.79	2.39	2.18	2.04	1.95	1.87	1.82	1.77	1.74	1.71	1.66	1.60	1.54	1.51	1.48	1.44	1.40	1.35	1.29
120	2.75	2.35	2.13	1.99	1.90	1.82	1.77	1.72	1.68	1.65	1.60	1.55	1.48	1.45	1.41	1.37	1.32	1.26	1.19
∞	2.71	2.30	2.08	1.94	1.85	1.77	1.72	1.67	1.63	1.60	1.55	1.49	1.42	1.38	1.34	1.30	1.24	1.17	1.00

（续）

$$(\alpha = 0.05)$$

n_2 \\ n_1	1	2	3	4	5	6	7	8	9	10	12	15	20	24	30	40	60	120	∞
1	161	200	216	225	230	234	237	239	241	242	244	246	248	249	250	251	252	253	254
2	18.5	19.0	19.2	19.2	19.3	19.3	19.4	19.4	19.4	19.4	19.4	19.4	19.4	19.5	19.5	19.5	19.5	19.5	19.5
3	10.1	9.55	9.28	9.12	9.01	8.94	8.89	8.85	8.81	8.79	8.74	8.70	8.66	8.64	8.62	8.59	8.57	8.55	8.53
4	7.71	6.94	6.59	6.39	6.26	6.16	6.09	6.04	6.00	5.96	5.91	5.86	5.80	5.77	5.75	5.72	5.69	5.66	5.63
5	6.61	5.79	5.41	5.19	5.05	4.95	4.88	4.82	4.77	4.74	4.68	4.62	4.56	4.53	4.50	4.46	4.43	4.40	4.36
6	5.99	5.14	4.76	4.53	4.39	4.28	4.21	4.15	4.10	4.06	4.00	3.94	3.87	3.84	3.81	3.77	3.74	3.70	3.67
7	5.59	4.74	4.35	4.12	3.97	3.87	3.79	3.73	3.68	3.64	3.57	3.51	3.44	3.41	3.38	3.34	3.30	3.27	3.23
8	5.32	4.46	4.07	3.84	3.69	3.58	3.50	3.44	3.39	3.35	3.28	3.22	3.15	3.12	3.08	3.04	3.01	2.97	2.93
9	5.12	4.26	3.86	3.63	3.48	3.37	3.29	3.23	3.18	3.14	3.07	3.01	2.94	2.90	2.86	2.83	2.79	2.75	2.71
10	4.96	4.10	3.71	3.48	3.33	3.22	3.14	3.07	3.02	2.98	2.91	2.85	2.77	2.74	2.70	2.66	2.62	2.58	2.54
11	4.84	3.98	3.59	3.36	3.20	3.09	3.01	2.95	2.90	2.85	2.79	2.72	2.65	2.61	2.57	2.53	2.49	2.45	2.40
12	4.75	3.89	3.49	3.26	3.11	3.00	2.91	2.85	2.80	2.75	2.69	2.62	2.54	2.51	2.47	2.43	2.38	2.34	2.30
13	4.67	3.81	3.41	3.18	3.03	2.92	2.83	2.77	2.71	2.67	2.60	2.53	2.46	2.42	2.38	2.34	2.30	2.25	2.21
14	4.60	3.74	3.34	3.11	2.96	2.85	2.76	2.70	2.65	2.60	2.53	2.46	2.39	2.35	2.31	2.27	2.22	2.18	2.13
15	4.54	3.68	3.29	3.06	2.90	2.79	2.71	2.64	2.59	2.54	2.48	2.40	2.33	2.29	2.25	2.20	2.16	2.11	2.07
16	4.49	3.63	3.24	3.01	2.85	2.74	2.66	2.59	2.54	2.49	2.42	2.35	2.28	2.24	2.19	2.15	2.11	2.06	2.01
17	4.45	3.59	3.20	2.96	2.81	2.70	2.61	2.55	2.49	2.45	2.38	2.31	2.23	2.19	2.15	2.10	2.06	2.01	1.96
18	4.41	3.55	3.16	2.93	2.77	2.66	2.58	2.51	2.46	2.41	2.34	2.27	2.19	2.15	2.11	2.06	2.02	1.97	1.92
19	4.38	3.52	3.13	2.90	2.74	2.63	2.54	2.48	2.42	2.38	2.31	2.23	2.16	2.11	2.07	2.03	1.98	1.93	1.88
20	4.35	3.49	3.10	2.87	2.71	2.60	2.51	2.45	2.39	2.35	2.28	2.20	2.12	2.08	2.04	1.99	1.95	1.90	1.84
21	4.32	3.47	3.07	2.84	2.68	2.57	2.49	2.42	2.37	2.32	2.25	2.18	2.10	2.05	2.01	1.96	1.92	1.87	1.81
22	4.30	3.44	3.05	2.82	2.66	2.55	2.46	2.40	2.34	2.30	2.23	2.15	2.07	2.03	1.98	1.94	1.89	1.84	1.78
23	4.28	3.42	3.03	2.80	2.64	2.53	2.44	2.37	2.32	2.27	2.20	2.13	2.05	2.01	1.96	1.91	1.86	1.81	1.76
24	4.26	3.40	3.01	2.78	2.62	2.51	2.42	2.36	2.30	2.25	2.18	2.11	2.03	1.98	1.94	1.89	1.84	1.79	1.73
25	4.24	3.39	2.99	2.76	2.60	2.49	2.40	2.34	2.28	2.24	2.16	2.09	2.01	1.96	1.92	1.87	1.82	1.77	1.71
26	4.23	3.37	2.98	2.74	2.59	2.47	2.39	2.32	2.27	2.22	2.15	2.07	1.99	1.95	1.90	1.85	1.80	1.75	1.69
27	4.21	3.35	2.96	2.73	2.57	2.46	2.37	2.31	2.25	2.20	2.13	2.06	1.97	1.93	1.88	1.84	1.79	1.73	1.67
28	4.20	3.34	2.95	2.71	2.56	2.45	2.36	2.29	2.24	2.19	2.12	2.04	1.96	1.91	1.87	1.82	1.77	1.71	1.65
29	4.18	3.33	2.93	2.70	2.55	2.43	2.35	2.28	2.22	2.18	2.10	2.03	1.94	1.90	1.85	1.81	1.75	1.70	1.64
30	4.17	3.32	2.92	2.69	2.53	2.42	2.33	2.27	2.21	2.16	2.09	2.01	1.93	1.89	1.84	1.79	1.74	1.68	1.62
40	4.08	3.23	2.84	2.61	2.45	2.34	2.25	2.18	2.12	2.08	2.00	1.92	1.84	1.79	1.74	1.69	1.64	1.58	1.51
60	4.00	3.15	2.76	2.53	2.37	2.25	2.17	2.10	2.04	1.99	1.92	1.84	1.75	1.70	1.65	1.59	1.53	1.47	1.39
120	3.92	3.07	2.68	2.45	2.29	2.17	2.09	2.02	1.96	1.91	1.83	1.75	1.66	1.61	1.55	1.50	1.43	1.35	1.25
∞	3.84	3.00	2.60	2.37	2.21	2.10	2.01	1.94	1.88	1.83	1.75	1.67	1.57	1.52	1.46	1.39	1.32	1.22	1.00

（续）

（$\alpha=0.025$）

n_2 \ n_1	1	2	3	4	5	6	7	8	9	10	12	15	20	24	30	40	60	120	∞
1	648	800	864	900	922	937	948	957	963	969	977	985	993	997	1000	1010	1010	1010	1020
2	38.5	39.0	39.2	39.2	39.3	39.3	39.4	39.4	39.4	39.4	39.4	39.4	39.4	39.5	39.5	39.5	39.5	39.5	39.5
3	17.4	16.0	15.4	15.1	14.9	14.7	14.6	14.5	14.5	14.4	14.3	14.3	14.2	14.1	14.1	14.0	14.0	13.9	13.9
4	12.2	10.6	9.98	9.60	9.36	9.20	9.07	8.98	8.90	8.84	8.75	8.66	8.56	8.51	8.46	8.41	8.36	8.31	8.26
5	10.0	8.43	7.76	7.39	7.15	6.98	6.85	6.76	6.68	6.62	6.52	6.43	6.33	6.28	6.23	6.18	6.12	6.07	6.02
6	8.81	7.26	6.60	6.23	5.99	5.82	5.70	5.60	5.52	5.46	5.37	5.27	5.17	5.12	5.07	5.01	4.96	4.90	4.85
7	8.07	6.54	5.89	5.52	5.29	5.12	4.99	4.90	4.82	4.76	4.67	4.57	4.47	4.42	4.36	4.31	4.25	4.20	4.14
8	7.57	6.06	5.42	5.05	4.82	4.65	4.53	4.43	4.36	4.30	4.20	4.10	4.00	3.95	3.89	3.84	3.78	3.73	3.67
9	7.21	5.71	5.08	4.72	4.48	4.32	4.20	4.10	4.03	3.96	3.87	3.77	3.67	3.61	3.56	3.51	3.45	3.39	3.33
10	6.94	5.46	4.83	4.47	4.24	4.07	3.95	3.85	3.78	3.72	3.62	3.52	3.42	3.37	3.31	3.26	3.20	3.14	3.08
11	6.72	5.26	4.63	4.28	4.04	3.88	3.76	3.66	3.59	3.53	3.43	3.33	3.23	3.17	3.12	3.06	3.00	2.94	2.88
12	6.55	5.10	4.47	4.12	3.89	3.73	3.61	3.51	3.44	3.37	3.28	3.18	3.07	3.02	2.96	2.91	2.85	2.79	2.72
13	6.41	4.97	4.35	4.00	3.77	3.60	3.48	3.39	3.31	3.25	3.15	3.05	2.95	2.89	2.84	2.78	2.72	2.66	2.60
14	6.30	4.86	4.24	3.89	3.66	3.50	3.38	3.29	3.21	3.15	3.05	2.95	2.84	2.79	2.73	2.67	2.61	2.55	2.49
15	6.20	4.77	4.15	3.80	3.58	3.41	3.29	3.20	3.12	3.06	2.96	2.86	2.76	2.70	2.64	2.59	2.52	2.46	2.40
16	6.12	4.69	4.08	3.73	3.50	3.34	3.22	3.12	3.05	2.99	2.89	2.79	2.68	2.63	2.57	2.51	2.45	2.38	2.32
17	6.04	4.62	4.01	3.66	3.44	3.28	3.16	3.06	2.98	2.92	2.82	2.72	2.62	2.56	2.50	2.44	2.38	2.32	2.25
18	5.98	4.56	3.95	3.61	3.38	3.22	3.10	3.01	2.93	2.87	2.77	2.67	2.56	2.50	2.44	2.38	2.32	2.26	2.19
19	5.92	4.51	3.90	3.56	3.33	3.17	3.05	2.96	2.88	2.82	2.72	2.62	2.51	2.45	2.39	2.33	2.27	2.20	2.13
20	5.87	4.46	3.86	3.51	3.29	3.13	3.01	2.91	2.84	2.77	2.68	2.57	2.46	2.41	2.35	2.29	2.22	2.16	2.09
21	5.83	4.42	3.82	3.48	3.25	3.09	2.97	2.87	2.80	2.73	2.64	2.53	2.42	2.37	2.31	2.25	2.18	2.11	2.04
22	5.79	4.38	3.78	3.44	3.22	3.05	2.93	2.84	2.76	2.70	2.60	2.50	2.39	2.33	2.27	2.21	2.14	2.08	2.00
23	5.75	4.35	3.75	3.41	3.18	3.02	2.90	2.81	2.73	2.67	2.57	2.47	2.36	2.30	2.24	2.18	2.11	2.04	1.97
24	5.72	4.32	3.72	3.38	3.15	2.99	2.87	2.78	2.70	2.64	2.54	2.44	2.33	2.27	2.21	2.15	2.08	2.01	1.94
25	5.69	4.29	3.69	3.35	3.13	2.97	2.85	2.75	2.68	2.61	2.51	2.41	2.30	2.24	2.18	2.12	2.05	1.98	1.91
26	5.66	4.27	3.67	3.33	3.10	2.94	2.82	2.73	2.65	2.59	2.49	2.39	2.28	2.22	2.16	2.09	2.03	1.95	1.88
27	5.63	4.24	3.65	3.31	3.08	2.92	2.80	2.71	2.63	2.57	2.47	2.36	2.25	2.19	2.13	2.07	2.00	1.93	1.85
28	5.61	4.22	3.63	3.29	3.06	2.90	2.78	2.69	2.61	2.55	2.45	2.34	2.23	2.17	2.11	2.05	1.98	1.91	1.83
29	5.59	4.20	3.61	3.27	3.04	2.88	2.76	2.67	2.59	2.53	2.43	2.32	2.21	2.15	2.09	2.03	1.96	1.89	1.81
30	5.57	4.18	3.59	3.25	3.03	2.87	2.75	2.65	2.57	2.51	2.41	2.31	2.20	2.14	2.07	2.01	1.94	1.87	1.79
40	5.42	4.05	3.46	3.13	2.90	2.74	2.62	2.53	2.45	2.39	2.29	2.18	2.07	2.01	1.94	1.88	1.80	1.72	1.64
60	5.29	3.93	3.34	3.01	2.79	2.63	2.51	2.41	2.33	2.27	2.17	2.06	1.94	1.88	1.82	1.74	1.67	1.58	1.48
120	5.15	3.80	3.23	2.89	2.67	2.52	2.39	2.30	2.22	2.16	2.05	1.94	1.82	1.76	1.69	1.61	1.53	1.43	1.31
∞	5.02	3.69	3.12	2.79	2.57	2.41	2.29	2.19	2.11	2.05	1.94	1.83	1.71	1.64	1.57	1.48	1.39	1.27	1.00

（续）

$(\alpha=0.01)$

n_2	1	2	3	4	5	6	7	8	9	10	12	15	20	24	30	40	60	120	∞
1	4050	5000	5400	5620	5760	5860	5930	5980	6020	6060	110	6160	6210	6230	6260	6290	6310	6340	6370
2	98.5	99.0	99.2	99.2	99.3	99.3	99.4	99.4	99.4	99.4	99.4	99.4	99.4	99.5	99.5	99.5	99.5	99.5	99.5
3	34.1	30.8	29.5	28.7	28.2	27.9	27.7	27.5	27.3	27.2	27.1	26.9	26.7	26.6	26.5	26.4	26.3	26.2	26.1
4	21.2	18.0	16.7	16.0	15.5	15.2	15.0	14.8	14.7	14.5	14.4	14.2	14.0	13.9	13.8	13.7	13.7	13.6	13.5
5	16.3	13.3	12.1	11.4	11.0	10.7	10.5	10.3	10.2	10.1	9.89	9.72	9.55	9.47	9.38	9.29	9.20	9.11	9.02
6	13.7	10.9	9.78	9.15	8.75	8.47	8.26	8.10	7.98	7.87	7.72	7.56	7.40	7.31	7.23	7.14	7.06	6.97	6.88
7	12.2	9.55	8.45	7.85	7.46	7.19	6.99	6.84	6.72	6.62	6.47	6.31	6.16	6.07	5.99	5.91	5.82	5.74	5.65
8	11.3	8.65	7.59	7.01	6.63	6.37	6.18	6.03	5.91	5.81	5.67	5.52	5.36	5.28	5.20	5.12	5.03	4.95	4.86
9	10.6	8.02	6.99	6.42	6.06	5.80	5.61	5.47	5.35	5.26	5.11	4.96	4.81	4.73	4.65	4.57	4.48	4.40	4.31
10	10.0	7.56	6.55	5.99	5.64	5.39	5.20	5.06	4.94	4.85	4.71	4.56	4.41	4.33	4.25	4.17	4.08	4.00	3.91
11	9.65	7.21	6.22	5.67	5.32	5.07	4.89	4.74	4.63	4.54	4.40	4.25	4.10	4.02	3.94	3.86	3.78	3.69	3.60
12	9.33	6.93	5.95	5.41	5.06	4.82	4.64	4.50	4.39	4.30	4.16	4.01	3.86	3.78	3.70	3.62	3.54	3.45	3.36
13	9.07	6.70	5.74	5.21	4.86	4.62	4.44	4.30	4.19	4.10	3.96	3.82	3.66	3.59	3.51	3.43	3.34	3.25	3.17
14	8.86	6.51	5.56	5.04	4.69	4.46	4.28	4.14	4.03	3.94	3.80	3.66	3.51	3.43	3.35	3.27	3.18	3.09	3.00
15	8.68	6.36	5.42	4.89	4.56	4.32	4.14	4.00	3.89	3.80	3.67	3.52	3.37	3.29	3.21	3.13	3.05	2.96	2.87
16	8.53	6.23	5.29	4.77	4.44	4.20	4.03	3.89	3.78	3.69	3.55	3.41	3.26	3.18	3.10	3.02	2.93	2.84	2.75
17	8.40	6.11	5.18	4.67	4.34	4.10	3.93	3.79	3.68	3.59	3.46	3.31	3.16	3.08	3.00	2.92	2.83	2.75	2.65
18	8.29	6.01	5.09	4.58	4.25	4.01	3.84	3.71	3.60	3.51	3.37	3.23	3.08	3.00	2.92	2.84	2.75	2.66	2.57
19	8.18	5.93	5.01	4.50	4.17	3.94	3.77	3.63	3.52	3.43	3.30	3.15	3.00	2.92	2.84	2.76	2.67	2.58	2.49
20	8.10	5.85	4.94	4.43	4.10	3.87	3.70	3.56	3.46	3.37	3.23	3.09	2.94	2.86	2.78	2.69	2.61	2.52	2.42
21	8.02	5.78	4.87	4.37	4.04	3.81	3.64	3.51	3.40	3.31	3.17	3.03	2.88	2.80	2.72	2.64	2.55	2.46	2.36
22	7.95	5.72	4.82	4.31	3.99	3.76	3.59	3.45	3.35	3.26	3.12	2.98	2.83	2.75	2.67	2.58	2.50	2.40	2.31
23	7.88	5.66	4.76	4.26	3.94	3.71	3.54	3.41	3.30	3.21	3.07	2.93	2.78	2.70	2.62	2.54	2.45	2.35	2.26
24	7.82	5.61	4.72	4.22	3.90	3.67	3.50	3.36	3.26	3.17	3.03	2.89	2.74	2.66	2.58	2.49	2.40	2.31	2.21
25	7.77	5.57	4.68	4.18	3.85	3.63	3.46	3.32	3.22	3.13	2.99	2.85	2.70	2.62	2.54	2.45	2.36	2.27	2.17
26	7.72	5.53	4.64	4.14	3.82	3.59	3.42	3.29	3.18	3.09	2.96	2.81	2.66	2.58	2.50	2.42	2.33	2.23	2.13
27	7.68	5.49	4.60	4.11	3.78	3.56	3.39	3.26	3.15	3.06	2.93	2.78	2.63	2.55	2.47	2.38	2.29	2.20	2.10
28	7.64	5.45	4.57	4.07	3.75	3.53	3.36	3.23	3.12	3.03	2.90	2.75	2.60	2.52	2.44	2.35	2.26	2.17	2.06
29	7.60	5.42	4.54	4.04	3.73	3.50	3.33	3.20	3.09	3.00	2.87	2.73	2.57	2.49	2.41	2.33	2.23	2.14	2.03
30	7.56	5.39	4.51	4.02	3.70	3.47	3.30	3.17	3.07	2.98	2.84	2.70	2.55	2.47	2.39	2.30	2.21	2.11	2.01
40	7.31	5.18	4.31	3.83	3.51	3.29	3.12	2.99	2.89	2.80	2.66	2.52	2.37	2.29	2.20	2.11	2.02	1.92	1.80
60	7.08	4.98	4.13	3.65	3.34	3.12	2.95	2.82	2.72	2.63	2.50	2.35	2.20	2.12	2.03	1.94	1.84	1.73	1.60
120	6.85	4.79	3.95	3.48	3.17	2.96	2.79	2.66	2.56	2.47	2.34	2.19	2.03	1.95	1.86	1.76	1.66	1.53	1.38
∞	6.63	4.61	3.78	3.32	3.02	2.80	2.64	2.51	2.41	2.32	2.18	2.04	1.88	1.79	1.70	1.59	1.47	1.32	1.00

（续）

（$\alpha = 0.005$）

n_2	n_1=1	2	3	4	5	6	7	8	9	10	12	15	20	24	30	40	60	120	∞
1	16200	20000	21600	22500	23100	23400	23700	23900	24100	24200	24400	24600	24800	24900	25000	25100	25300	25400	25500
2	199	199	199	199	199	199	199	199	199	199	199	199	199	199	199	199	199	199	200
3	55.6	49.8	47.5	46.2	45.4	44.8	44.4	44.1	43.9	43.7	43.4	43.1	42.8	42.6	42.5	42.3	42.1	42.0	41.8
4	31.3	26.3	24.3	23.2	22.5	22.0	21.6	21.4	21.1	21.0	20.7	20.4	20.2	20.0	19.9	19.8	19.6	19.5	19.3
5	22.8	18.3	16.5	15.6	14.9	14.5	14.2	14.0	13.8	13.6	13.4	13.1	12.9	12.8	12.7	12.5	12.4	12.3	12.1
6	18.6	14.5	12.9	12.0	11.5	11.1	10.8	10.6	10.4	10.3	10.0	9.81	9.59	9.47	9.36	9.24	9.12	9.00	8.88
7	16.2	12.4	10.9	10.1	9.52	9.16	8.89	8.68	8.51	8.38	8.18	7.97	7.75	7.65	7.53	7.42	7.31	7.19	7.08
8	14.7	11.0	9.60	8.81	8.30	7.95	7.69	7.50	7.34	7.21	7.01	6.81	6.61	6.50	6.40	6.29	6.18	6.06	5.95
9	13.6	10.1	8.72	7.96	7.47	7.13	6.88	6.69	6.54	6.42	6.23	6.03	5.83	5.73	5.62	5.52	5.41	5.30	5.19
10	12.8	9.43	8.08	7.34	6.87	6.54	6.30	6.12	5.97	5.85	5.66	5.47	5.27	5.17	5.07	4.97	4.86	4.75	4.64
11	12.2	8.91	7.60	6.88	6.42	6.10	5.86	5.68	5.54	5.42	5.24	5.05	4.86	4.76	4.65	4.55	4.44	4.34	4.23
12	11.8	8.51	7.23	6.52	6.07	5.76	5.52	5.35	5.20	5.09	4.91	4.72	4.53	4.43	4.33	4.23	4.12	4.01	3.90
13	11.4	8.19	6.93	6.23	5.79	5.48	5.25	5.08	4.94	4.82	4.64	4.46	4.27	4.17	4.07	3.97	3.87	3.76	3.65
14	11.1	7.92	6.68	6.00	5.56	5.26	5.03	4.86	4.72	4.60	4.43	4.25	4.06	3.96	3.86	3.76	3.66	3.55	3.44
15	10.8	7.70	6.48	5.80	5.37	5.07	4.85	4.67	4.54	4.42	4.25	4.07	3.88	3.79	3.69	3.58	3.48	3.37	3.26
16	10.6	7.51	6.30	5.64	5.21	4.91	4.69	4.52	4.38	4.27	4.10	3.92	3.73	3.64	3.54	3.44	3.33	3.22	3.11
17	10.4	7.35	6.16	5.50	5.07	4.78	4.56	4.39	4.25	4.14	3.97	3.79	3.61	3.51	3.41	3.31	3.21	3.10	2.98
18	10.2	7.21	6.03	5.37	4.96	4.66	4.44	4.28	4.14	4.03	3.86	3.68	3.50	3.40	3.30	3.20	3.10	2.99	2.87
19	10.1	7.09	5.92	5.27	4.85	4.56	4.34	4.18	4.04	3.93	3.76	3.59	3.40	3.31	3.21	3.11	3.00	2.89	2.78
20	9.94	6.99	5.82	5.17	4.76	4.47	4.26	4.09	3.96	3.85	3.68	3.50	3.32	3.22	3.12	3.02	2.92	2.81	2.69
21	9.83	6.89	5.73	5.09	4.68	4.39	4.18	4.01	3.88	3.77	3.60	3.43	3.24	3.15	3.05	2.95	2.84	2.73	2.61
22	9.73	6.81	5.65	5.02	4.61	4.32	4.11	3.94	3.81	3.70	3.54	3.36	3.18	3.08	2.98	2.88	2.77	2.66	2.55
23	9.63	6.73	5.58	4.95	4.54	4.26	4.05	3.88	3.75	3.64	3.47	3.30	3.12	3.02	2.92	2.82	2.71	2.60	2.48
24	9.55	6.66	5.52	4.89	4.49	4.20	3.99	3.83	3.69	3.59	3.42	3.25	3.06	2.97	2.87	2.77	2.66	2.55	2.43
25	9.48	6.60	5.46	4.84	4.43	4.15	3.94	3.78	3.64	3.54	3.37	3.20	3.01	2.92	2.82	2.72	2.61	2.50	2.38
26	9.41	6.54	5.41	4.79	4.38	4.10	3.89	3.73	3.60	3.49	3.33	3.15	2.97	2.87	2.77	2.67	2.56	2.45	2.33
27	9.34	6.49	5.36	4.74	4.34	4.06	3.85	3.69	3.56	3.45	3.28	3.11	2.93	2.83	2.73	2.63	2.52	2.41	2.29
28	9.28	6.44	5.32	4.70	4.30	4.02	3.81	3.65	3.52	3.41	3.25	3.07	2.89	2.79	2.69	2.59	2.48	2.37	2.25
29	9.23	6.40	5.28	4.66	4.26	3.98	3.77	3.61	3.48	3.38	3.21	3.04	2.86	2.76	2.66	2.56	2.45	2.33	2.21
30	9.18	6.35	5.24	4.62	4.23	3.95	3.74	3.58	3.45	3.34	3.18	3.01	2.82	2.73	2.63	2.52	2.42	2.30	2.18
40	8.83	6.07	4.98	4.37	3.99	3.71	3.51	3.35	3.22	3.12	2.95	2.78	2.60	2.50	2.40	2.30	2.18	2.06	1.93
60	8.49	5.79	4.73	4.14	3.76	3.49	3.29	3.13	3.01	2.90	2.74	2.57	2.39	2.29	2.19	2.08	1.96	1.83	1.69
120	8.18	5.54	4.50	3.92	3.55	3.28	3.09	2.93	2.81	2.71	2.54	2.37	2.19	2.09	1.98	1.87	1.75	1.61	1.43
∞	7.88	5.30	4.28	3.72	3.35	3.09	2.90	2.74	2.62	2.52	2.36	2.19	2.00	1.90	1.79	1.67	1.53	1.36	1.00

参 考 文 献

[1] 樊丽颖，左明霞，袁丽丽. 概率论与数理统计[M]. 哈尔滨：哈尔滨工业大学出版社，2017.

[2] 茆诗松，周纪芗. 概率论与数理统计[M]. 3版. 北京：中国统计出版社，2004.

[3] ROSS S M. A first course in probability[M]. New York：Pearson，2012.

[4] CHUNG K L. A course in probability theory[M]. New York：Academic Press，1974.

[5] 姚孟臣. 概率论与数理统计[M]. 2版. 北京：中国人民大学出版社，2016.

[6] 郑书富. 概率论与数理统计[M]. 厦门：厦门大学出版社，2018.

[7] 臧鸿雁，刘林，张志刚. 概率论与数理统计教学案例研究[J]. 大学数学，2022，38(2)：39-44.

[8] 同济大学数学系. 概率论与数理统计[M]. 北京：人民邮电出版社，2017.

[9] 盛骤，谢式千，潘承毅. 概率论与数理统计[M]. 5版. 北京：高等教育出版社，2019.

[10] 张天德，叶宏，刘昆仑，等. 概率论与数理统计：学习指导与习题全解[M]. 北京：人民邮电出版社，2021.

[11] 沈恒范. 概率论与数理统计教程[M]. 4版. 北京：高等教育出版社，2003.

[12] 陈希孺. 概率论与数理统计[M]. 合肥：中国科学技术大学出版社，1992.

[13] 姚孟臣. 概率论与数理统计题型精讲[M]. 4版. 北京：机械工业出版社，2005.

[14] 龙永红. 概率论与数理统计中的典型例题分析与习题[M]. 3版. 北京：高等教育出版社，2021.

[15] 杨筱菡，王勇智. 概率论与数理统计习题全解与学习指导[M]. 北京：人民邮电出版社，2018.